周　期　表

10	11	12	13	14	15	16	17	18
								$_2$He ヘリウム 4.003
			$_5$B ホウ素 10.81	$_6$C 炭素 12.01	$_7$N 窒素 14.01	$_8$O 酸素 16.00	$_9$F フッ素 19.00	$_{10}$Ne ネオン 20.18
			$_{13}$Al アルミニウム 26.98	$_{14}$Si ケイ素 28.09	$_{15}$P リン 30.97	$_{16}$S 硫黄 32.07	$_{17}$Cl 塩素 35.45	$_{18}$Ar アルゴン 39.95
$_{28}$Ni ニッケル 58.69	$_{29}$Cu 銅 63.55	$_{30}$Zn 亜鉛 65.38	$_{31}$Ga ガリウム 69.72	$_{32}$Ge ゲルマニウム 72.64	$_{33}$As ヒ素 74.92	$_{34}$Se セレン 78.96	$_{35}$Br 臭素 79.90	$_{36}$Kr クリプトン 83.80
$_{46}$Pd パラジウム 106.4	$_{47}$Ag 銀 107.9	$_{48}$Cd カドミウム 112.4	$_{49}$In インジウム 114.8	$_{50}$Sn スズ 118.7	$_{51}$Sb アンチモン 121.8	$_{52}$Te テルル 127.6	$_{53}$I ヨウ素 126.9	$_{54}$Xe キセノン 131.3
$_{78}$Pt 白金 195.1	$_{79}$Au 金 197.0	$_{80}$Hg 水銀 200.6	$_{81}$Tl タリウム 204.4	$_{82}$Pb 鉛 207.2	$_{83}$Bi ビスマス 209.0	$_{84}$Po ポロニウム 〔210〕	$_{85}$At アスタチン 〔210〕	$_{86}$Rn ラドン 〔222〕
$_{110}$Ds ダームスタチウム （281）	$_{111}$Rg レントゲニウム （280）							

$_{64}$Gd ガドリニウム 157.3	$_{65}$Tb テルビウム 158.9	$_{66}$Dy ジスプロシウム 162.5	$_{67}$Ho ホルミウム 164.9	$_{68}$Er エルビウム 167.3	$_{69}$Tm ツリウム 168.9	$_{70}$Yb イッテルビウム 173.1	$_{71}$Lu ルテチウム 175.0
$_{96}$Cm キュリウム 〔247〕	$_{97}$Bk バークリウム 〔247〕	$_{98}$Cf カリホルニウム 〔252〕	$_{99}$Es アインスタイニウム 〔252〕	$_{100}$Fm フェルミウム 〔257〕	$_{101}$Md メンデレビウム 〔258〕	$_{102}$No ノーベリウム 〔259〕	$_{103}$Lr ローレンシウム 〔262〕

ある．安定同位体がなく天然の同位体存在比が一定していない元素については，

元素の

族 周期	1	2	3	4	5	6	7	8	9
1	$_1$H 水素 1.008								
2	$_3$Li リチウム 6.941	$_4$Be ベリリウム 9.012							
3	$_{11}$Na ナトリウム 22.99	$_{12}$Mg マグネシウム 24.31							
4	$_{19}$K カリウム 39.10	$_{20}$Ca カルシウム 40.08	$_{21}$Sc スカンジウム 44.96	$_{22}$Ti チタン 47.87	$_{23}$V バナジウム 50.94	$_{24}$Cr クロム 52.00	$_{25}$Mn マンガン 54.94	$_{26}$Fe 鉄 55.85	$_{27}$Co コバルト 58.93
5	$_{37}$Rb ルビジウム 85.47	$_{38}$Sr ストロンチウム 87.62	$_{39}$Y イットリウム 88.91	$_{40}$Zr ジルコニウム 91.22	$_{41}$Nb ニオブ 92.91	$_{42}$Mo モリブデン 95.96	$_{43}$Tc テクネチウム 〔99〕	$_{44}$Ru ルテニウム 101.1	$_{45}$Rh ロジウム 102.9
6	$_{55}$Cs セシウム 132.9	$_{56}$Ba バリウム 137.3	57～71 ランタノイド	$_{72}$Hf ハフニウム 178.5	$_{73}$Ta タンタル 180.9	$_{74}$W タングステン 183.8	$_{75}$Re レニウム 186.2	$_{76}$Os オスミウム 190.2	$_{77}$Ir イリジウム 192.2
7	$_{87}$Fr フランシウム 〔223〕	$_{88}$Ra ラジウム 〔226〕	89～103 アクチノイド	$_{104}$Rf ラザホージウム 〔261〕	$_{105}$Db ドブニウム 〔262〕	$_{106}$Sg シーボーギウム 〔263〕	$_{107}$Bh ボーリウム 〔264〕	$_{108}$Hs ハッシウム 〔269〕	$_{109}$Mt マイトネリウム 〔268〕

☐ は非金属元素, ☐ は金属元素
Si, Ge, As, Sb など金属元素と非金属元素との境界付近の元素は, 金属の性質と非金属の性質の中間の性質を示す.

☐ は遷移元素 (その他は典型元素)

ランタノイド	$_{57}$La ランタン 138.9	$_{58}$Ce セリウム 140.1	$_{59}$Pr プラセオジム 140.9	$_{60}$Nd ネオジム 144.2	$_{61}$Pm プロメチウム 〔145〕	$_{62}$Sm サマリウム 150.4	$_{63}$Eu ユウロビウム 152.0
アクチノイド	$_{89}$Ac アクチニウム 〔227〕	$_{90}$Th トリウム 232.0	$_{91}$Pa プロトアクチニウム 231.0	$_{92}$U ウラン 238.0	$_{93}$Np ネプツニウム 〔237〕	$_{94}$Pu プルトニウム 〔239〕	$_{95}$Am アメリシウム 〔243〕

原子量は, 国際純正・応用化学連合 (IUPAC) 原子量委員会で承認された有効数字4桁の数値でその代表的な同位体の質量数を〔 〕の中に示す.

有機化学

小林啓二 著

三訂版

裳華房

ORGANIC CHEMISTRY

3rd. Ed.

by

KEIJI KOBAYASHI DR. SCI.

SHOKABO

TOKYO

JCOPY 〈出版者著作権管理機構 委託出版物〉

三訂版 まえがき

　本書は 1989 年に出版された『有機化学』の第三訂版である．初版以来，多くの大学で教科書として採用され，版を重ねること第 19 版にまで至ったが，ここで，再度改訂の機会をいただくことになった．

　初版発行の当時はどの大学にも教養部や一般教養課程が設置され，文系・理系を問わず専門以外の分野の基礎・教養を身に付けるべくカリキュラムが組まれていた．本書の初版は，その一般教養課程における理系の有機化学の教科書を想定して書かれたものである．化学を専門としない学生に対して有機化学をどこまで，どう教えるべきか，教える立場から苦慮された先生方も多かったはずである．本書が，理系学生の学問的素養として重きを置いたのは，有機化学の体系的な全体像を把握すること，そして，構造論と反応論を中心とする有機化学の考え方を修得することであった．多種多様な有機化学の性質や反応がいかなる法則のもとで規則正しく整理され理解されているかに多くの説明を割いたが，これにより，有機化学は決して暗記の学問ではないことも知ってもらいたかったのである．各論的記述を最小限に抑えたのもそのためである．

　その後，大学設置基準の大綱化により教養部は廃止され，専門教育が早い段階から行われるようになったが，そのタイミングで 1997 年，初版の内容に『改訂版』として手が加えられた．『改訂版』では，分子軌道による考え方を追加し，生体構成物質をまとめて独立の章とした．さらに，現代的内容を若干付け加えて専門基礎の教科書としての使用にも耐えるべく改訂したのである．

　『改訂版』からもすでに 10 年以上が経過し，今回ここに，新たな体裁で『三訂版』が出されることになった．『三訂版』では，旧版の特徴をそのまま生かしたうえで，「有機合成反応」の章を新たに書き加え，最後の章とした．当初の趣旨に沿って，この章も単に合成反応の羅列ではなく，求核的炭素と求電子的炭素とから炭素－炭素結合を形成させるという視点で反応を整理した．第 13 章までで有機化学の基礎を体系的に学び，改訂版で書き加えられた「生体構成物質」

と「分子軌道」，そして今回の「合成」の章でそれぞれ，専門への三つの入り口に進む構成と見ることもできる．

『三訂版』の最大の特徴は2色刷という点にある．本文の理解を深めるための補助として色を配したつもりである．構造式の一部や電子につけた色の意味を考えながら読んでいただければ，一層の理解につながるであろう．本書のもう一つの特徴は「コンパクト」という点である．海外で出版された教科書の邦訳版は上・中・下3巻からなる大部なものであり，いきなり有機化学の初学者が取り付くにはかなり困難があると思われる．『三訂版』は，新たな章を加え現代的事項や反応を各所に挿入したとはいえ，依然薄く，しかも内容は厚く，という点で，コンパクトという価値は失われていないだろう．

『三訂版』においても，反応の説明には共鳴理論に基づく有機電子論を用い，随所に電子の移動を表す curly arrow (⌢) を挿入し，また，試薬の攻撃に対しては通常の矢印 (→) を用いて理解の助けとした．初めて有機化学を学ぶものにとっても無理なく読みすすめられるように，平易でわかりやすい説明を心がけたつもりである．本書を教科書として使用される場合，全体をカバーできるほどの授業時間が確保できないこともあろう．授業で触れなかった部分を学生自らの学習に任すことができるはずである．「大学院入試のための勉強で，有機化学の復習に役立った」という，初版，改訂版への学生の声もそれを示しているのではないだろうか．

一方，やや程度の高いと思われる事項や応用発展的な問題を脚注や章末の問題に含めた．有機化学をさらに深く学んでみたいという興味につながってくれれば幸いである．

本書の出版にあたり，裳華房編集部の小島敏照氏には一方ならずお世話になった．色刷りのきめ細かな校正をはじめ多大な編集の労をとっていただいたことに，厚く御礼を申し上げる．

2008年10月

小 林 啓 二

目　次

1. 有機化合物―分子レベルの視点

1・1　有機化合物 …………………… 1
1・2　有機化合物の単離と精製 …… 2
1・3　構　造　式 …………………… 5
1・4　有機化合物の分類 …………… 7
　　　問　題 …………………………… 9

2. 結合の方向性と分子の構造

2・1　原子の電子構造 ……………… 11
2・2　共　有　結　合 ……………… 13
2・3　炭素原子のsp^3混成軌道 …… 14
2・4　sp^2混成とsp混成：π結合 … 16
2・5　混成軌道の比較 ……………… 19
2・6　立　体　配　座 ……………… 20
2・7　立　体　配　置 ……………… 23
　　　問　題 …………………………… 24

3. 分子の中の電子のかたより

3・1　結合の極性 …………………… 26
3・2　官能基の中の電子のかたより … 28
3・3　誘　起　効　果 ……………… 29
3・4　メソメリー効果 ……………… 31
3・5　共　　鳴 ……………………… 32
3・6　結合の開裂 …………………… 34
3・7　分　子　間　力 ……………… 35
　　　問　題 …………………………… 36

4. アルカンとシクロアルカン

4・1　アル　カ　ン ………………… 39
4・2　アルカンの命名法 …………… 40
4・3　アルカンの反応 ……………… 43
4・4　ラジカル反応 ………………… 44
4・5　反応におけるエネルギー変化 … 45
4・6　シクロアルカン ……………… 48
4・7　シクロヘキサンの立体構造 … 49
4・8　環状化合物の立体異性 ……… 51
　　　問　題 …………………………… 52

5. アルケンとアルキン

5・1　アル　ケ　ン ………………… 54
5・2　アルケンの合成 ……………… 55
5・3　アルケンの反応 ……………… 57
5・4　共役ジエン …………………… 62

5・5	アルキン……………………65	問　題……………………………67
5・6	アルキンの合成と反応………65		

6. 鏡像異性

6・1	鏡像異性体……………………70	6・5	不斉炭素原子をもたない鏡像異性体……………………77
6・2	光学活性………………………71		
6・3	立体配置の表示法……………73	6・6	光学分割と不斉合成…………78
6・4	ジアステレオ異性体…………76	問　題……………………………80

7. アルカンのハロゲン置換体

7・1	炭化水素のハロゲン置換体……82	7・4	S_N1 反応の起こりやすさ……87
7・2	ハロゲン化アルキルの合成と反応………………………………83	7・5	脱離反応………………………88
		問　題……………………………90
7・3	求核置換反応の機構…………85		

8. アルコールとエーテル

8・1	アルコール……………………92	8・5	エーテルの合成と反応………100
8・2	アルコールの合成……………94	8・6	環状エーテル…………………101
8・3	アルコールの反応……………96	問　題……………………………102
8・4	エーテル………………………99		

9. ベンゼンと芳香族炭化水素

9・1	ベンゼンの構造………………105	9・5	求電子置換反応の配向性と活性化効果………………………113
9・2	芳香族性………………………107		
9・3	芳香族炭化水素………………108	9・6	σ錯体の安定性………………114
9・4	芳香族求電子置換反応………110	問　題……………………………117

10. ベンゼン環に置換した官能基

10・1	フェノール……………………119		………………………………122
10・2	芳香族炭化水素のハロゲン置換体	10・3	アニリン………………………124

10・4　ジアゾニウム塩……………126　｜　問　題……………………127

11. カルボニル化合物

11・1　カルボニル化合物の酸化と還元
　　　　………………………130
11・2　アルデヒド………………132
11・3　ケ　ト　ン………………134
11・4　求核付加反応……………135
11・5　求核付加と脱離…………138
11・6　ケト-エノールの平衡…………140
11・7　エノールおよびエノラートイオンの反応………………141
問　題……………………………144

12. カルボン酸とその誘導体

12・1　カルボン酸………………147
12・2　カルボン酸の酸性………149
12・3　カルボン酸の合成と反応………151
12・4　エステル…………………154
12・5　カルボン酸の塩化物と無水物
　　　　………………………156
12・6　カルボン酸アミドとニトリル
　　　　………………………158
問　題……………………………161

13. アミンとニトロ化合物

13・1　ア　ミ　ン………………164
13・2　アミンの塩基性…………166
13・3　アミンの合成と反応……168
13・4　複素環式アミン…………171
13・5　ニトロ化合物……………173
問　題……………………………174

14. 生体構成物質

14・1　糖　　類…………………177
14・2　単　　糖…………………178
14・3　二　　糖…………………180
14・4　多　　糖…………………181
14・5　脂　　質…………………183
14・6　テルペンとステロイド…………186
14・7　アミノ酸…………………187
14・8　タンパク質………………190
14・9　ポリペプチドの合成……191
問　題……………………………193

15. π共役化合物と分子軌道

15・1　π電子の分子軌道………195
15・2　HOMO と LUMO……………196

15・3　電子スペクトル……………198
15・4　有機化合物の色……………199
15・5　カルボニル基の分子軌道……201
15・6　光化学反応…………………202
15・7　ペリ環状反応………………204
問　題………………………………206

16. 有機合成反応

16・1　逆合成………………………209
16・2　求電子的炭素………………210
16・3　活性メチレン基の求核的炭素
　　　………………………………211
16・4　1個の電子求引基に隣接する
　　　求核的炭素…………………213
16・5　塩基なしで生成する求核的炭素
　　　………………………………215
16・6　有機金属化合物の求核的炭素
　　　………………………………216
16・7　ヘテロ原子により安定化された
　　　求核的炭素…………………217
問　題………………………………219

問題解答……………………………………………………………………222
索　引………………………………………………………………………256

1 有機化合物 — 分子レベルの視点

多種多様な有機化合物の性質や反応を体系的に学ぶには，有機化合物を分子のレベルで認識し，記述する必要がある．構造式はその最も重要な手段である．有機化合物の分子の姿は，どのようにして明らかになるのだろう．

1·1 有機化合物

化学は物質の科学である．現在までに存在が確認されている物質の種類は9000万を軽く超える[1]．このうち90％近くは，構成元素として炭素を含む．有機化学（organic chemistry）は，これら膨大な数の炭素化合物を対象とする化学である．炭素という一つの元素がこれほど多くの化合物をつくるのは，炭素原子が互いにいくつも結合して，炭素原子の鎖を伸ばすことができるからである．このような炭素の特徴的性質は，炭素化合物の化学を体系化するうえでも好都合である．少数の化合物の性質や反応について理解すれば，基本的に，炭素数のより多い，あるいは炭素鎖のより複雑な化合物にも当てはめて考えることができるからである．

炭素化合物はまた，**有機化合物**（organic compound）ともよばれる．動物や植物の器官（organ）がつくりだす物質はいずれも炭素を含み，19世紀の前半ごろまでは，生命力の作用でしか生みだされないものと考えられていた．その後，有機化合物も人工的に**合成**（synthesis）できることがわかり，有機化合物とい

---

[1] アメリカ化学会のケミカル・アブストラクツ・サービス（Chemical Abstracts Service, 略してCAS）は，世界中の化学関係の学術雑誌から論文を抄録し，化学情報をデータベース化している．これらの情報はコンピュータにより検索ができるシステムになっている．2008年9月には，約9800万の物質がCASに登録されていた．近年は，タンパク質と核酸の物質数が急激に増加している．

う言葉のもつ本来の意味は失われたものの，天然物か合成物質かによらず，炭素化合物はすべて有機化合物とよばれるようになった[1]．現在でも有機化合物が生命現象に深く関わっていることはいうまでもない（第14章）．

有機化合物には炭素のほか，たいてい水素が含まれ，また酸素，窒素，硫黄などが含まれることもごく普通である．その他の非金属元素はいうまでもなく，アルミニウム，スズなどの金属元素を構成元素とするものもあり，有機化学が取り扱う物質の種類は多様に広がっている．

有機化合物は，一般に次のような性質をもつ．
（a）可燃性で，燃えると二酸化炭素と水を生成する．
（b）融点や沸点が低い．
（c）アルコールや糖類などのように水に溶ける有機化合物もあるが，一般には水に溶けにくい．有機溶媒には溶けるものが多い．
（d）密度が $1\,\mathrm{g\,cm^{-3}}$ に満たないものが多い．
（e）有機化合物の反応は一般に遅い．反応速度を速くするために，触媒を使うことも多い．反応生成物として単一のものが得られることはまれで，たいていの場合，主生成物のほかにいくつかの副生成物ができる．

1·2 有機化合物の単離と精製

前節であげた有機化合物の一般的性質は，直接に目で見て確かめられる**巨視的**（macroscopic）な性質である．有機化合物を**微視的**（microscopic）な分子のレベルで捕えるには，一般に次のような手順を必要とする．

(1) 物質の単離

不純物を除いて，より純粋な物質にすることを**精製**（purification）といい，混合物の中から単一の成分を分離し，純粋に取りだすことを**単離**（isolation）という．分離ののち，さらに精製を行うことにより得られた物質が，純粋な単一物質であると確認されれば，単離が達成されたことになる．

---

[1] CO，CO_2，H_2CO_3 とその塩，HCN とその塩などは無機化合物として取り扱われる．

分離や精製には，一般に次のような方法が用いられる．

抽 出（extraction） 溶媒に対する溶解度の違いを利用して分離する．適切な溶媒を選べば，その溶媒に溶けやすい物質だけが溶けるので，より難溶性の物質と分離することができる．天然物の単離では，動植物など生の試料から抽出によってまず粗製物を得るということが多い．

再 結 晶（recrystallization） 不純物を含む固体試料の精製に最もひんぱんに用いられる．適当な溶媒に高温で試料を十分に溶かし，溶けない不純物を沪過により除いてから冷却し，結晶を析出させる．不純物の多くは母液中に残る．

蒸 留（distillation） 沸点の違いを利用した液体混合物の分離・精製法である．沸点の高い場合は，**減圧蒸留**（vacuum distillation）を行う．また，水に溶けにくい物質の場合は，水蒸気をふき込みながら蒸留する方法も用いられる．これは**水蒸気蒸留**（steam distillation）とよばれ，水の蒸気圧と目的物質の蒸気圧の和が大気圧に達した温度で沸騰が始まり，目的物質が水とともに留出する．

昇 華（sublimation） 蒸気圧の高い固体物質の精製に用いられる．

クロマトグラフィー（chromatography） 固体吸着剤を固定相として長いガラス管に充てんしカラムをつくる．各種の溶媒を展開剤にしてカラムの中で混合物を移動させると，各成分の吸着力の差によって成分が分離する．固定相と

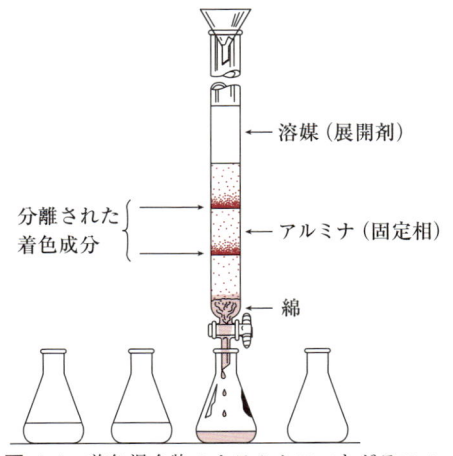

図 1.1 着色混合物のカラムクロマトグラフィー

しては，シリカゲルやアルミナが使われる．これは**カラムクロマトグラフィー**（column chromatography）とよばれ，簡便で効率のよい分離・精製法である（**図 1.1**）．固定相を薄くガラス板上に塗り，面上で展開させる**薄層クロマトグラフィー**（thin layer chromatography，TLC）もよく利用される．固体の表面に液体を付着させて固定相とし，気体または液体を展開剤として混合物を移動させる分配型クロマトグラフィーは，両媒質への分配力の差によって分離が行われる．**ガスクロマトグラフィー**（gas chromatography）は，分配型クロマトグラフィーの一つである．

(2) 純度の確認

純粋な物質はそれぞれ固有の物理的性質をもつ．精製をくり返し，一定の沸点や融点を示すようになれば純粋になったものと見なすことができる．不純物では沸点や融点の温度幅が広く，再現性のある値は得られない．

クロマトグラフィー法は定量分析にも使えるので，これによって純度を確認することもできる．

(3) 実験式の決定

有機化合物を分子のレベルで記述するための第一歩は，構成元素とそれらの原子数の比を知ることである．構成元素の原子数の比を最も簡単な整数比にして表した化学式を**実験式**（empirical formula）という．実験式を求めるための実験を元素分析という．炭素と水素については，既知量の試料を完全燃焼させたとき，次の反応式に従って生成する二酸化炭素と水の量を測ることにより元素分析が行われる．

$$C_nH_m + \left(n + \frac{m}{4}\right)O_2 \longrightarrow n\,CO_2 + \frac{m}{2}H_2O$$

窒素は窒素ガスに導くか，あるいはアンモニアに変換して定量する．酸素は通常，酸素以外のすべての構成元素の量を差し引いた残りを含有量とする．

(4) 分子式の決定

化合物の分子量は，実験式の式量の整数倍になるはずである．したがって，分子量が求まると**分子式**（molecular formula）が決まる．実験室で最も簡便に

できる分子量測定法は，凝固点降下を利用する方法である．

(5) 官能基の検出

炭素と水素だけからなる有機化合物を**炭化水素** (hydrocarbon) という．炭化水素以外の有機化合物の分子は，炭化水素の母体骨格の水素原子が他の原子あるいは原子団に置き換わった形をしている．これらの原子あるいは原子団は，化合物に特有の性質を与え，**官能基** (functional group)，あるいは**特性基** (characteristic group)[1] とよばれる．官能基はそれぞれ特有の化学的性質や反応性を示すから，有機化合物の性質はそのまま官能基の性質に置き換えて考えることができる (1・4 節)．

化合物にどのような官能基が含まれているかを知るには，官能基の特性反応を調べればよい．たとえば，分子式が $C_5H_{10}O$ と決定された試料について銀鏡反応が認められたとする (11・1 節)．このことから，還元性の官能基としてアルデヒド基 (−CHO) の存在が確認され，分子式の中の酸素原子は，$-C{\lessgtr}{}^{O}_{H}$ の形で分子に含まれていることがわかる．分子式から官能基の部分だけを抜き出し，C_4H_9CHO のように表した化学式を**示性式** (rational formula) という．

1・3 構 造 式

分子式に含まれる各原子がどのような順序で結合しているかを示すため，原子間の結合を価標で表したものが**構造式** (structural formula) である．分子式が同じでも，炭素骨格の形や官能基の種類，あるいはその位置や数が異なれば，別の構造式で表される．このように，分子式が同じで構造式が異なる現象を構造異性といい，構造異性の関係にある化合物を互いに**構造異性体** (structural isomer) という．

---

1) 炭化水素の骨格の中に $\mathrm{>C=C<}$ や $-C≡C-$ などの多重結合があると，これらもそれぞれ特徴ある化学的性質を示す．これら多重結合と特性基をまとめて官能基というのが普通である．

先の例に挙げた分子式 $C_5H_{10}O$ のアルデヒドには，次の四つの構造異性体が考えられる．

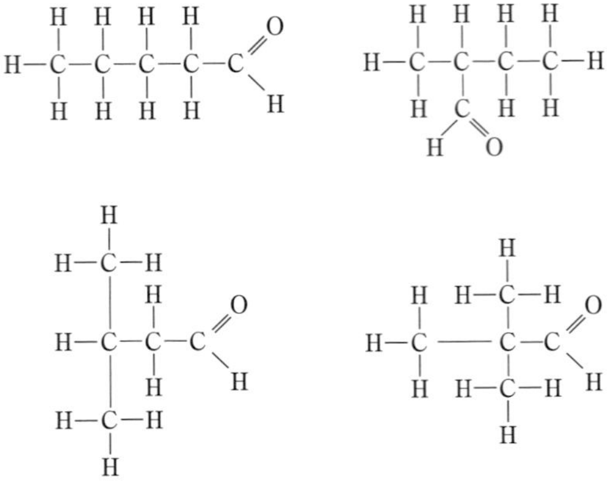

[構造式：4種類のC₅H₁₀Oアルデヒドの構造異性体]

また，アルデヒド $C_5H_{10}O$ に対し，官能基の異なる構造異性体には，たとえば次のような化合物がある．

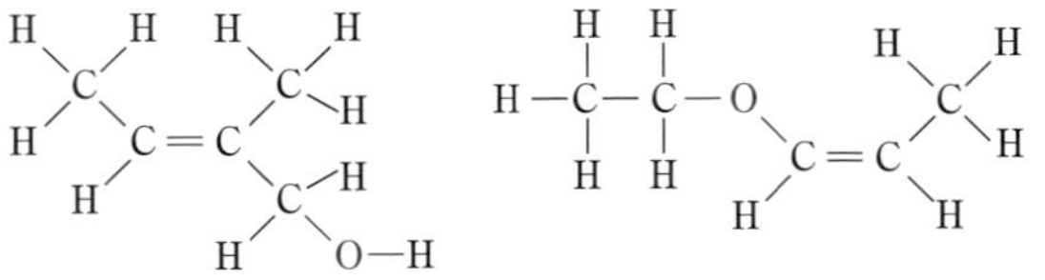

[構造式：官能基の異なる構造異性体]

構造式を示す場合，価標をすべて記す必要はなく，誤解の恐れがない限り一部分を省略することができる．

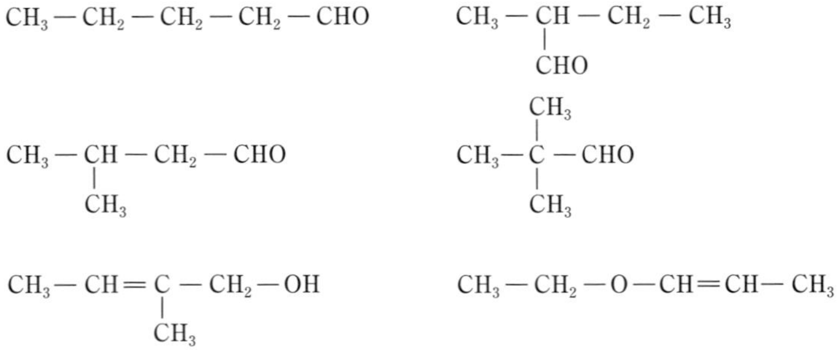

$CH_3-CH_2-CH_2-CH_2-CHO$ $CH_3-CH-CH_2-CH_3$
                                                     $|$
                                                    CHO

$CH_3-CH-CH_2-CHO$ $CH_3-\underset{\underset{CH_3}{|}}{\overset{\overset{CH_3}{|}}{C}}-CHO$
       $|$
      CH_3

$CH_3-CH=C-CH_2-OH$ $CH_3-CH_2-O-CH=CH-CH_3$
           $|$
          CH_3

炭素鎖が長い化合物や環状の化合物では，下のような線表示の構造式も用いられる．炭素骨格についた水素原子はすべて省略されている．したがって線の末端は－CH_3である．

構造異性体同士は，物理的および化学的性質が異なり，それぞれ別の化合物である．

構造式は原子価の概念に基づいて分子を平面上で図式的に表したものであり，立体的な構造の違いは構造式の中で区別されていない[1]．構造式を使うさい，実際には分子の構造が立体的なものであることに留意すべきである．

化合物の構造式を決定し，もし立体異性体[1]が存在する可能性があれば，さらに立体構造も明らかにしたうえで分子構造が決定されたことになる．分子構造を決めるには，構造が既知の化合物へ種々の反応によって誘導したり，あるいはより簡単な構造の化合物に分解するなどの方法がとられる．

このような化学的な方法のほかに，現在では機器分析とよばれるいろいろな物理的方法が利用されている．最も普通に用いられるのが，各種の**分光法**(spectroscopy)である．これらの方法では，一般にごく微量の試料 (10 mg 以下) から，構造に対する豊富な知見が得られる．特に，異性体の識別や分子の立体構造を知るうえで強力な手段となる．

1·4　有機化合物の分類

有機化合物は炭素鎖の骨格の形によって，おおよそ次の三つに分類される．

（a）**非環式化合物**　炭素鎖が環状構造をもたずにつながった化合物．

（b）**炭素環式化合物**　炭素原子だけが連なって形成される環状の化合物．炭素環式化合物はさらに，**脂環式**(alicyclic)化合物と**芳香族**(aromatic)化合物

---

1) 空間的な結合の方向が異なる化合物を立体異性体という（2·7 節）．立体異性体の立体構造の表し方は 6·3 節その他で述べる．

とに区別される．

（c）複素環式化合物　環内に最低1個，炭素以外の原子すなわち**ヘテロ原子**（heteroatom）を含む環状化合物．ヘテロ原子としては，酸素，窒素，硫黄が一般的である．

非環式化合物は，脂環式化合物とともに**脂肪族**（aliphatic）化合物ともよばれる．

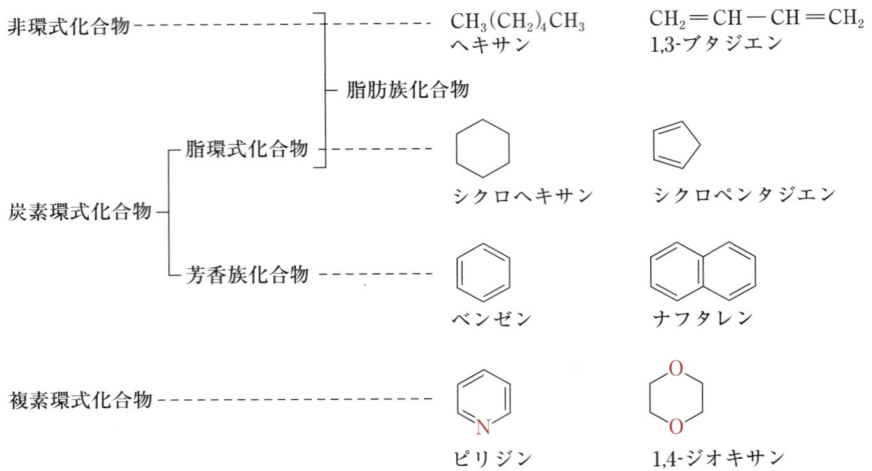

炭素と水素だけからなる脂肪族および芳香族化合物は，それぞれ脂肪族炭化水素，芳香族炭化水素とよばれる．

ある化合物の水素原子を他の原子または原子団で置き換えた化合物を，もとの化合物の置換体といい，水素原子の代りに導入された原子や原子団を**置換基**（substituent）という．

炭素鎖の骨格に置換基として官能基が導入された化合物では，官能基の種類によって化合物を分類することもできる．官能基は，どのような化合物の中にあっても類似の化学的挙動を示す．ある化学的な変化が官能基に起こっても，分子の残りの部分はもとの構造を保持している例が多い．したがって，炭素鎖骨格のいかんにかかわらず，官能基のみに注目して有機化合物を分類すれば，有機化合物の体系化に好都合である．**表1.1**に主な官能基と，それを含む一群

表 1.1 代表的な官能基

構　造	官能基の名称	化合物の名称
R−CH=CH−R′	炭素炭素二重結合	アルケン
R−C≡C−R′	炭素炭素三重結合	アルキン
R−X	ハロゲン	ハロゲン化物
R−OH	ヒドロキシ基	アルコール
R−O−R′	エーテル結合	エーテル
R−CHO	ホルミル基 （アルデヒド基）	アルデヒド
R−CO−R′	カルボニル基	ケトン
R−COOH	カルボキシル基	カルボン酸
R−NO₂	ニトロ基	ニトロ化合物
R−NH₂	アミノ基	アミン
R−SO₃H	スルホ基	スルホン酸

官能基以外の残基を R−，R′−で表している．

の化合物に与えられる一般的な名称を示す．

問　題

1 げっけい樹の葉から単離されたある化合物 1.36 g を完全燃焼させたところ 4.40 g の CO_2 と 1.44 g の H_2O が生成した．また，分子量は 136 であった．この化合物の分子式を求めよ．

2 紅茶から抽出されたある化合物は，C，H，N，O からなり，その質量組成は C，49.48 %；H，5.15 %；N，28.87 % であった．また，分子量は 194 であった．この化合物の分子式を求めよ．

3 次の線表示の構造式を，C や H を省略しない完全な構造式に直せ．

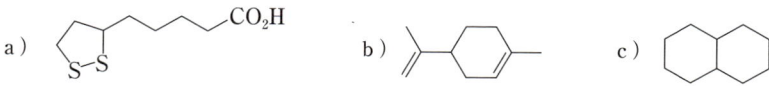

a)　　　　　　　　　　　b)　　　　　　　　　　　c)

4 次の分子式に対し可能な構造式をすべて書け．

　　a）C_5H_{10}　　b）C_3H_6O　　c）$C_3H_6Cl_2$　　d）$C_4H_{11}N$

5 下記の化合物の中の官能基を，その名称とともに示せ．

a) 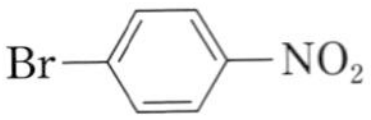 Br—〈 〉—NO₂   b) CH₂=CH—CN

c) 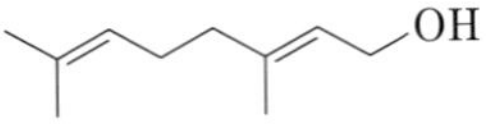 （構造式：OH を持つゲラニオール様構造）   d) 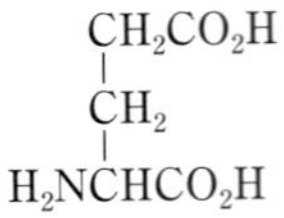 $\begin{array}{c} CH_2CO_2H \\ | \\ CH_2 \\ | \\ H_2NCHCO_2H \end{array}$

e) 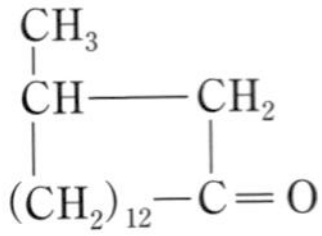 $\begin{array}{c} CH_3 \\ | \\ CH—CH_2 \\ | \quad\quad | \\ (CH_2)_{12} \; C=O \end{array}$

6 次の化合物の例を構造式で書け．

a) 脂肪族炭化水素　　　　b) 芳香族炭化水素
c) 脂環式のアミン　　　　d) 酸素からなる複素環式化合物
e) 非環式のアルデヒド　　f) アルキン
g) ケトンのハロゲン置換体　h) 5員環の複素環式化合物
i) 芳香族カルボン酸
j) ニトロ基を置換基としてもつ複素環式化合物

7 次の化合物を官能基で分類すると，どのような名称でよばれるか．

a) CH₂=CHCH₂CH₂CH₃   b) (CH₃)₃COH

c) (CH₃)₂CHOCH₃   d)  〈 〉—CH₂CH(NH₂)CH₃

e) 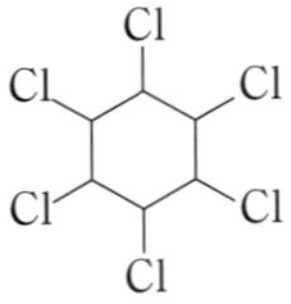 （ヘキサクロロシクロヘキサン構造）   f) 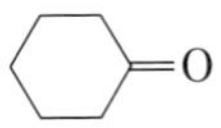 〈 〉=O

8 C_4H_8O の分子式で表される化合物のうち，次の化合物の例を一つ，構造式で示せ．

a) ケトン　　　　　　　b) 複素環式化合物
c) アルデヒド　　　　　d) エーテル
e) アルコール

2 結合の方向性と分子の構造

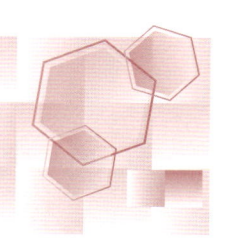

有機化合物の分子は主として共有結合でつくられている．共有結合はイオン結合と異なり結合に方向性があるため，分子にはそれぞれ固有の立体構造が現れる．立体構造の基礎になるのは，炭素原子の混成軌道である．本章では，構造式により表しつくせなかった分子の立体構造について学ぼう．

2·1 原子の電子構造

原子の中で核のまわりにある電子の状態は，量子力学に基づいて数学的に表現された**原子軌道**（atomic orbital）によって記述される．軌道とはいっても，電子が核のまわりを一定の軌跡を描いてまわっているわけではない．原子軌道からは，電子の存在する位置を，確率として知ることができるだけである．

電子の位置を視覚的に描くには，電子の存在する確率（電子密度といってもよい）を点の濃淡で表してみればよい．ぼんやりと雲のような形が浮かんでくるだろう．これを電子雲とよぶ．

電子の状態，すなわち原子軌道は，主量子数，方位量子数および磁気量子数の 3 組の量子数により規定され，それらの値によって電子のエネルギー，原子軌道の形および向きがそれぞれ固有のものに定まる．

主量子数が 1 の場合は方位量子数 0 の 1s 軌道しかとれないが，主量子数 2 では，方位量子数 0 の 2s 軌道と方位量子数 1 の 2p 軌道がある．p 軌道はさらに磁気量子数によって 3 種の軌道（p_x，p_y，p_z）にわけられる．

s 軌道は**図 2.1** に示したように球対称の形で，方向性がない．1s 軌道と 2s 軌道の違いは，主として大きさであり，2s 軌道の方が大きい．三つの p 軌道はどれも同じ形であるが，方向性があり 3 本の座標軸に沿って互いに直角に配向

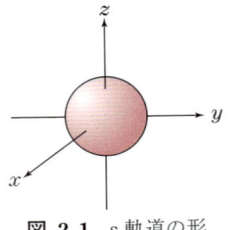

図 2.1 s軌道の形

している（**図2.2**）．いずれも原子核の位置では電子の存在確率がゼロで，核の両脇に軸に沿った電子雲を与える．

これら原子軌道に許されるエネルギーを順番に並べると，**図2.3**のようなエネルギー準位として表される．主量子数1の1s軌道のエネルギー準位が最も低く，主量子数2，3，…の順にエネルギー準位は高くなる．また，s軌道とp軌道ではs軌道の方が少しエネルギー準位が低い．電子は低いエネルギー準位の空の軌道から順次つまっていく（積み上げ原理：Aufbau Principle）．一つの軌道には電子を2個しか入れることができず，この2個の

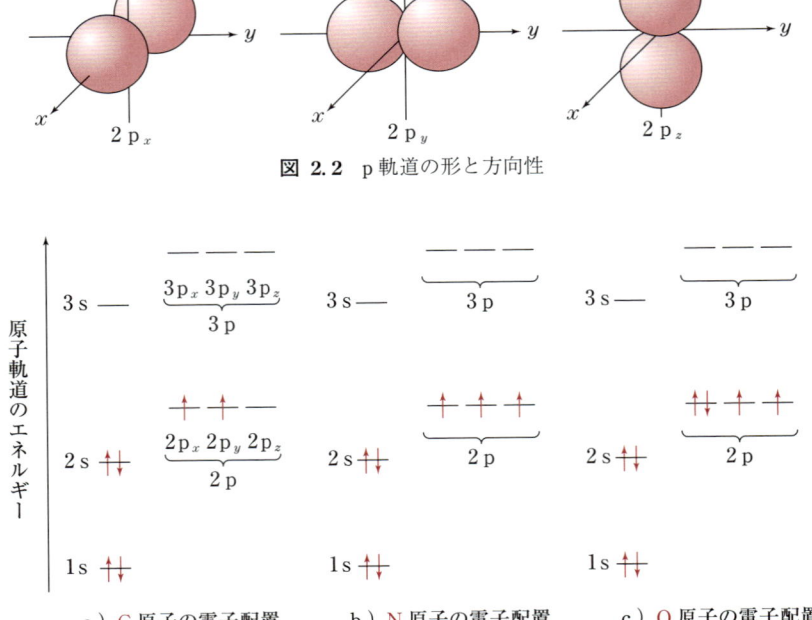

図 2.2 p軌道の形と方向性

a) C原子の電子配置　　b) N原子の電子配置　　c) O原子の電子配置
図 2.3 エネルギー準位と主な原子の基底状態における電子配置

電子は逆のスピン（電子の自転の向きが互いに逆方向，↑と↓で表す）をもたねばならない（パウリ（Pauli）の排他原理）．同一エネルギーの3種のp軌道には，3個目の電子までは対をつくらずに分散して収容される（フント（Hund）の規則）．

主な元素の電子配置を，**図2.3**に模式的に示す．

2·2 共有結合

原子軌道同士が互いに近づいて重なると，二つの原子核を中心にして，新しく**分子軌道**（molecular orbital）が形成される[1]．原子軌道の場合と同様，分子軌道にも2個の電子しか入ることができない．このとき，電子は二つの核の中間に存在する確率が大きくなり，電子が仲だちとなって二つの原子核は互いに引き合う形となる．しかしあまり核同士が近づくと，逆に原子核同士が反発し合うようになるので，つり合いのとれた平均的な距離に固定されている．このようにして形成される化学結合が**共有結合**（covalent bond）である．

いろいろな原子軌道の重なりで分子軌道ができる例を**図2.4**に示す．いずれ

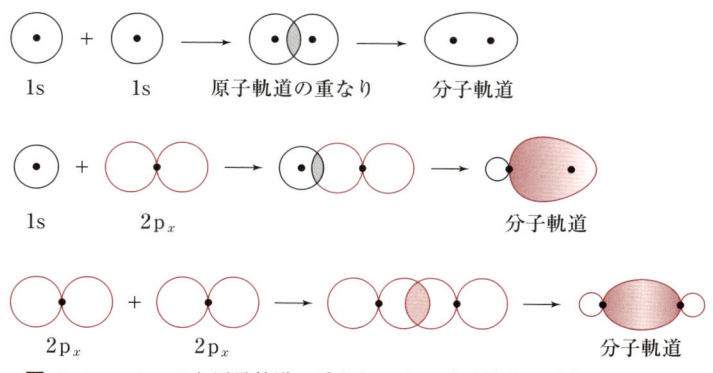

図 2.4 いろいろな原子軌道の重なりによる分子軌道の形成．これらの分子軌道に電子が2個収容されて σ 結合ができる．

---

1) ここでは，2個の原子の間で形成される分子軌道，すなわち局在化分子軌道を考える（図2.4）．第15章では，分子を構成する原子のすべての原子核を中心にした分子軌道を考える．

の場合も，分子軌道の形は結合軸のまわりに対称的である．このような分子軌道に収容されている電子対を σ 電子といい，この共有結合を **σ 結合**という．単結合とよばれる結合は σ 結合でできている．

共有結合の大きな特徴は，方向性があることである．水の分子 H_2O を例に考えてみよう．酸素原子は図 2.3 の (c) に示すように $2p_y$ 軌道と $2p_z$ 軌道に不対電子をもち，それぞれが水素原子の 1s 軌道にある不対電子と対をなして共有結合をつくる．分子軌道の形成にさいし，軸方向で原子軌道が重なるときに最も強い結合ができるので，H_2O 分子の H−O−H 結合角は，p_y と p_z のなす角，つまり 90° になると予想される．実際の結合角は 104.5° であり，基本的には予想どおりとみなすことができる[1]．

2・3 炭素原子の sp³ 混成軌道

炭素原子は図 2.3 (a) の電子配置をもち，対をつくっていない電子が二つの 2p 軌道に分散している．これから予想される炭素の原子価は 2 価で，その結合角は水分子の酸素原子と同様に 90° である．ところが，実際の炭素は 4 価の結合をつくる．最も簡単な有機化合物であるメタン CH_4 の構造を**図 2.5 (a)** に示した．四つの C−H 結合はどれも 1.09 Å で，正四面体の中心から頂点の方

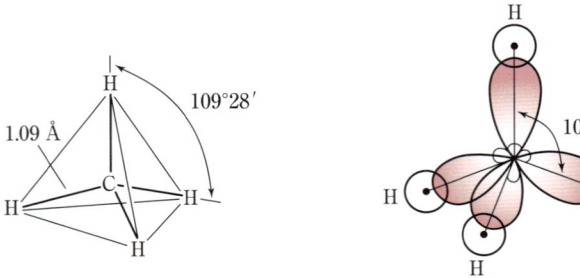

(a) メタン分子の構造 　　　(b) 4 本の σ 結合の形成

図 2.5　メタン

---

1) sp³ 混成軌道によっても説明できる（本章末の問題 4）．

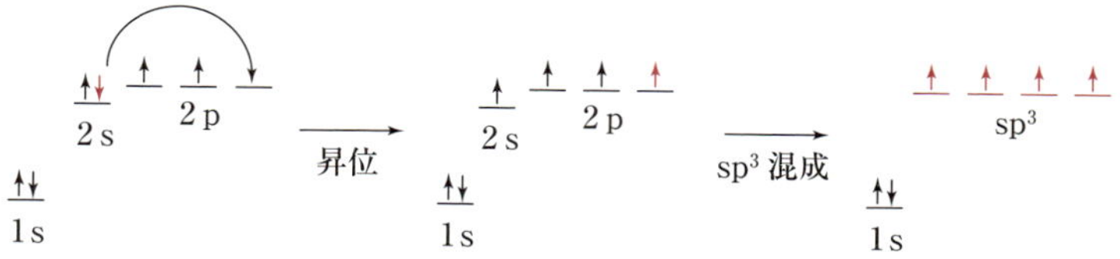

2·3 炭素原子のsp³混成軌道

図 2.6 炭素の原子軌道の昇位と混成

向に伸びている．結合角もすべて等しく，109°28′ である．

このような実際の炭素原子の結合は，混成軌道の考え方により次のように説明される．まず，共有結合をつくるにさいし，2s軌道にある電子対のうちの一つを空の2p_z軌道に移す．これで，炭素原子が4価になる．このような電子の移動を**昇位**(promotion) という (**図 2.6**)．昇位にはエネルギーが必要であるが，4本の共有結合の形成により放出されるエネルギーで十分に補うことができる．4本の結合が等価になるのはどのように説明されるのだろう．これは，s軌道と3個のp軌道が混ざり合って新しく四つの等価な軌道ができるためと考える．このような軌道の再構成を**混成**(hybridization) とよび，新しくできた原子軌道を**混成軌道**(hybrid orbital) という．メタンの混成軌道は，1個のs軌道と3個のp軌道をまぜ合わせてつくられるのでsp³混成軌道とよばれる (**図**

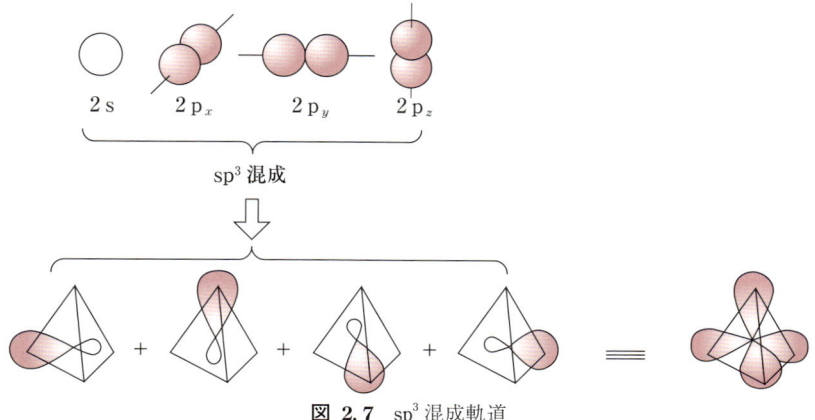

図 2.7 sp³混成軌道

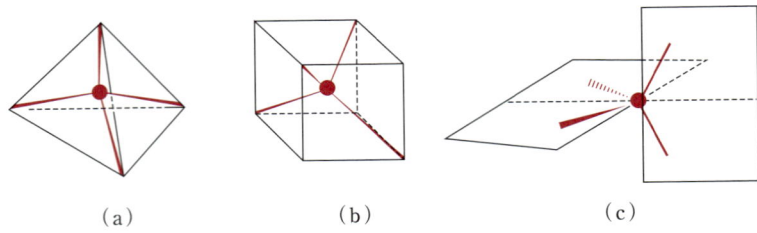

図 2.8 4本の sp³ 混成軌道の結合の方向
 (a) 正四面体の頂点の方向
 (b) 立方体のひとつおきの頂点の方向
 (c) 109°28′ で交わる2本の結合が，直交する二つの面上にそれぞれ伸びる方向．二つの面はそれぞれ他の面の結合角を垂直に2等分している．

2.7)．sp³ 混成軌道には s 軌道の性質が 1/4，p 軌道の性質が 3/4 備わっていることになる．sp³ 混成軌道は四方向に伸びた電子雲同士の反発が最も少なくなるように，互いに最も離れた位置をとる．このため，sp³ 混成軌道は正四面体の中心から各頂点の方向に伸びている[1]．あるいは，立方体の中心から一つおきの各頂点に伸びていると見てもよい（**図 2.8**）．

　メタン分子では，4個の sp³ 混成軌道がそれぞれ水素原子と σ 結合をつくっている（**図 2.5 (b)**）．2個の sp³ 混成炭素原子同士が重なり合って結合すると，炭素－炭素の σ 結合が生成する．

2·4 sp² 混成と sp 混成：π 結合

　炭素原子がつくる結合には，sp³ 混成では説明できないものもある．エチレン H₂C=CH₂ 分子は平面分子で，その炭素原子は sp² 混成軌道により説明される．すなわち，2s 電子が昇位して，2s 軌道と二つの p 軌道，p_x, p_y が混ざり合い新し

---

[1] 四つの sp³ 混成軌道は，s, p_x, p_y および p_z 原子軌道をそれぞれ次のように混ぜ合わせて（一次結合により）得られる．

$$\text{sp}^3(\text{i}) = \frac{1}{2}(s + p_x + p_y + p_z) \qquad \text{sp}^3(\text{ii}) = \frac{1}{2}(s + p_x - p_y - p_z)$$

$$\text{sp}^3(\text{iii}) = \frac{1}{2}(s - p_x + p_y - p_z) \qquad \text{sp}^3(\text{iv}) = \frac{1}{2}(s - p_x - p_y + p_z)$$

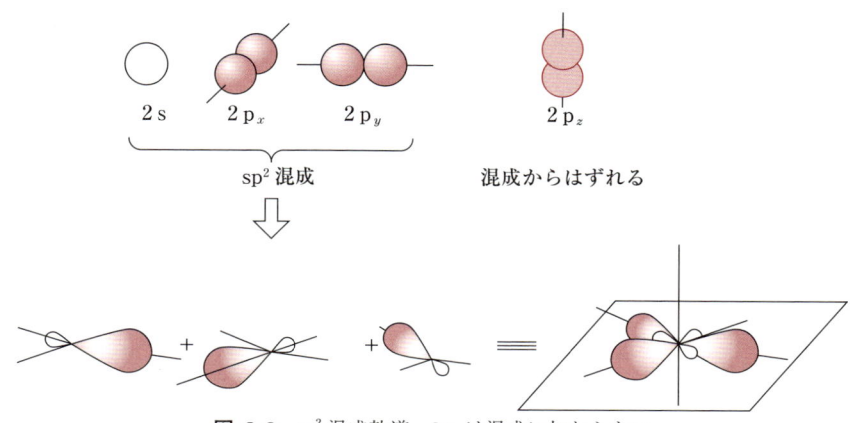

図 2.9 sp² 混成軌道，$2p_z$ は混成に加わらない

い等価な三つの混成軌道ができる（**図 2.9**）[1]．sp² 混成軌道は正三角形の中心から各頂点の方向に伸びており，結合は平面上で互いに 120°の角をなす（**図 2.10**）．混成に使われない $2p_z$軌道は，sp² 混成軌道がつくる平面から垂直にでている．

エチレン分子では，2 個の sp² 混成炭素原子が軸方向から重なり合って 1 本の炭素－炭素 σ

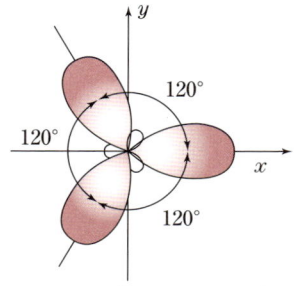

図 2.10 sp² 混成軌道の方向性

結合を形成し，それぞれの炭素原子の残りの sp² 軌道は水素原子と結合している（**図 2.11**）．炭素－炭素 σ 結合の形成にともない，$2p_z$ 軌道同士も重なりあって分子軌道が形成され，それぞれがもち寄った合計 2 個の電子で満たされる．p_z 軌道が最も効果的に重なるのは，両方の sp² 混成炭素原子の平面が同一平面

---

1) sp² 混成軌道は，s, p_x, p_y 軌道を次のように混成して得られる．

$$sp^2(i) = \frac{1}{\sqrt{3}}\{s + \sqrt{2}\,p_x\}$$

$$sp^2(ii) = \frac{1}{\sqrt{3}}\left\{s + \sqrt{2}\left(-\frac{1}{2}p_x + \frac{\sqrt{3}}{2}p_y\right)\right\}$$

$$sp^2(iii) = \frac{1}{\sqrt{3}}\left\{s + \sqrt{2}\left(-\frac{1}{2}p_x - \frac{\sqrt{3}}{2}p_y\right)\right\}$$

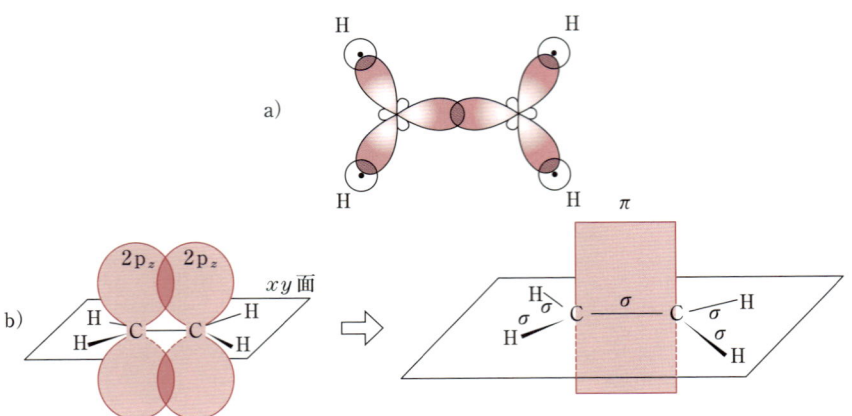

図 2.11 エチレンにおける (a) σ 結合の形成と (b) π 結合の形成：π 結合がつくる面の方向

上にあるときである．その結果，エチレン分子の炭素原子と水素原子はすべてひとつの平面上にのることになる．p_z 軌道がつくる分子軌道に入った電子を π 電子といい，π 電子対でできる共有結合を **π 結合** という．すなわち二重結合は，1 本の σ 結合と 1 本の π 結合からできていることになる．

σ 結合は，結合軸のまわりで回転させても分子軌道の形に変化を与えないので，単結合は自由に回転する．しかし，π 結合をねじろうとすると，分子面に垂直な p_z 軌道同士の重なりをこわさなければならないので，大きなエネルギーを必要とする．したがって，二重結合の場合には，結合軸のまわりの回転は容易には起こらない．

図 2.12 2 個の sp 混成軌道

炭素原子の混成軌道には，sp 混成軌道とよばれるものもある．sp 混成軌道は，1 個の s 軌道と 1 個の p 軌道からできる等価な二つの軌道で，互いに 180° で逆方向に伸びている（**図 2.12**）[1]．アセチレン HC≡CH 分子は 4

---

[1] sp 混成軌道は s，p_x 軌道を次のように混成して得られる．

$$\text{sp(i)} = \frac{1}{\sqrt{2}}(s + p_x) \qquad \text{sp(ii)} = \frac{1}{\sqrt{2}}(s - p_x)$$

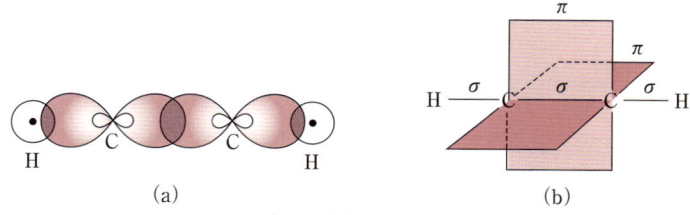

図 2.13 アセチレンにおける (a) σ 結合の形成と，(b) π 結合がつくる面の方向

個の原子が一直線上に並んだ構造をしており，この炭素原子は sp 混成軌道の例である．炭素–炭素三重結合には sp 軌道同士の σ 結合のほかに，混成に加わらない p_y と p_z 軌道同士がそれぞれ重なり合ってできる 2 組の π 結合が含まれる（**図 2.13**）．

2·5 混成軌道の比較

混成軌道の違いにより，炭素の結合の性質はどう変化するだろう．**表 2.1** に例を示す．

混成に組み込まれる p 軌道の割合が多くなるほど，C–H 結合距離は長くなる．球対称の s 軌道にくらべ p 軌道は核の位置から外に向って伸びた形をしているためである（**図 2.14**）．一方，炭素–炭素結合距離は，結合次数が増すほど短くなり，それとともに結合解離エネルギーは大きくなる．

表 2.1 炭素原子の混成軌道の比較

化合物	結合次数	混成	C···C 結合距離 Å	C···C 結合解離エネルギー kJ mol^{-1}	C–H 結合距離 Å	C–H 結合解離エネルギー kJ mol^{-1}
エタン H_3C-CH_3	1	sp^3	1.535	368	1.094	412
エチレン $H_2C=CH_2$	2	sp^2	1.339	718	1.087	455
アセチレン $HC≡CH$	3	sp	1.203	960	1.060	500

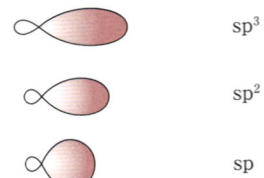

図 2.14 模式的な混成軌道の形の比較

エタンとエチレンの炭素-炭素結合の結合解離エネルギーの差, 350 kJ mol^{-1} は, 大ざっぱに見積って π 結合 1 個あたりの結合エネルギーとみなすことができる. この値から, π 結合は σ 結合よりも弱いことがわかる.

混成軌道の概念は, 窒素原子にも当てはまる. アンモニアのようにピラミッド型の結合角をもつ窒素原子は, sp^3 混成により説明できる (13・1 節). 四つの混成軌道のうちの一つは, 非共有電子対によって占められている.

sp^2 混成の窒素原子では, 平面上で互いに 120° の角度をなす方向に混成軌道が伸び, この面と垂直に, 混成に加わらない p 軌道が存在する. 価電子 5 個が 3 本の結合をつくるので, p 軌道に一対の非共有電子対が存在する (図 2.15 (a)) か, あるいは sp^2 混成軌道の一つを非共有電子対で満たして p 軌道に残りの電子 1 個をもつ (図 2.15 (b)) (13・4 節).

2・6 立体配座

エタン CH$_3$-CH$_3$ の sp^3 炭素-炭素結合を回転させると, 炭素原子に結合したそれぞれ 3 個ずつの水素原子が占める相対的な空間配置が変化する. このような単結合のまわりの回転により生ずる立体構造を**立体配座** (conformation) という.

立体配座を表すにはニューマン (Newman) 投影式が用いられる. 分子を C-C 結合軸の延長線上から見て目に近い方の炭素原子を点で, 遠い方の炭素原

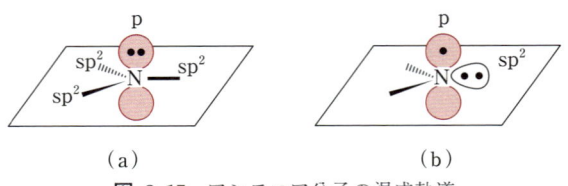

図 2.15 アンモニア分子の混成軌道

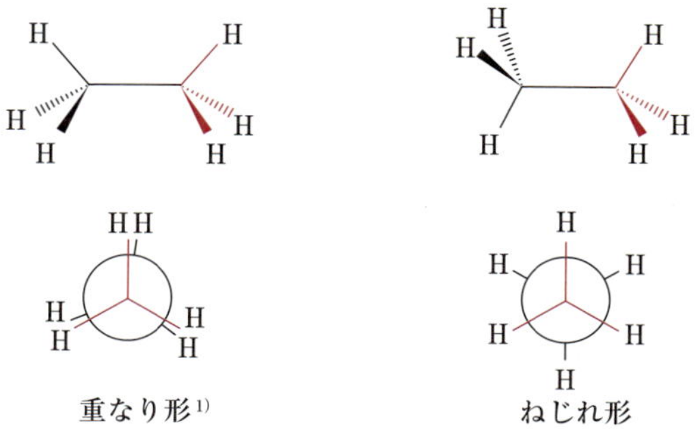

2·6 立体配座

図 2.16 エタンの立体配座とニューマン投影式

子を円で表す．それぞれの炭素原子から放射線状に出ている各3本の結合を投影する．エタンには無数の立体配座が存在するが，このうち，特徴的な配座をニューマン投影式で**図 2.16**に示す．エタンの立体配座のうち最もエネルギーが高いのは**重なり形**（eclipsed）配座で，最もエネルギーが低いのは**ねじれ形**（staggered）配座である．これらの配座の間には約 $13\,\mathrm{kJ\,mol^{-1}}$ のエネルギー差がある．

個々のエタン分子はねじれ形，重なり形に固定されているわけではなく相互に移り変る．平均として，より安定なねじれ形配座の形で存在する分子の方が多い．

ねじれ形が安定な主な理由は，6個の水素原子がお互いに遠く離れて位置しているため，C−H共有結合の電子間の反発エネルギーが最小になるためと考えられている．

ブタン $CH_3-CH_2-CH_2-CH_3$ は，三つのC−C結合の立体配座に応じていろいろな形をとる．中央のC−C結合のまわりの回転軸とエネルギーとの関係は**図 2.17**のようになる．C−CH$_3$結合同士の重なり形（ねじれ角 $\theta = 0$）が，最もエネルギーの高い状態である．エネルギーが極小になるねじれ形配座には，ブタンの場合，**アンチ**（anti）形と**ゴーシュ**(gauche)形がある（**図 2.18**）．このう

---

1) 重なり形のC−H結合はすべて重なっているはずであるが，わかりやすいように，少しねじった形で示している．

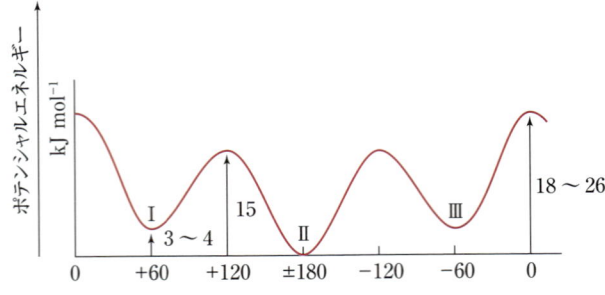

図 2.17 ブタン分子の中央の C–C 結合のねじれ角とポテンシャルエネルギーの関係

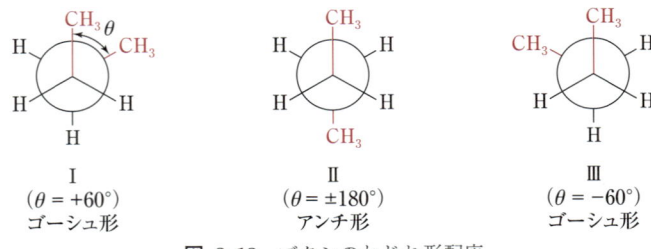

図 2.18 ブタンのねじれ形配座

ち，メチル基同士が遠く離れたアンチ形の方がより安定な配座となる．

　アンチ形とゴーシュ形をへだてているエネルギー障壁は低いので，二つの立体配座は単結合のまわりの回転により容易に相互変換をする．したがって，ある立体配座に固定されたブタン分子を単離することは不可能である．単離はできないものの，図 2.17 に現れるようなポテンシャルエネルギーの極小にある配座の分子を，互いに**回転異性体**（rotational isomer, rotamer），または**配座異性体**（conformational isomer, conformer）とよぶ．

　高分子化合物の分子鎖の形態にも立体配座が関与している．たとえば，ポリエチレン $-(CH_2CH_2)_n-$ 単結晶の折れたたみ構造[1] や，ポリペプチド鎖のらせん

---

1) ラメラ構造という．

構造などは，立体配座が関係した構造である．

2·7 立体配置

結合の空間的な配置に注目した立体構造を**立体配置**（configuration）といい，立体配置の違いによる異性体を**立体異性体**（stereoisomer）という．たとえば，下の一対の化合物 A と B はそれぞれ立体異性体の関係にある．立体異性体の一方の構造の中で，いくつかの結合を切って互いに交換すると，相手方の立体異性体の構造となる．単結合の回転により速い平衡にある配座異性体の場合と異なり，立体異性体のそれぞれは別の化合物として単離することができる．下の A と B は，中央の C−C 結合をどのようにまわしても一致することなく，別の構造である．

鏡像異性体（enantiomer）（6·1節），**ジアステレオ異性体**（diastereoisomer）（6·4節），環状化合物の**シス-トランス異性体**（図 2.19 (a)）などは，いずれも sp^3 炭素原子の立体配置の違いによる立体異性体の例である．

sp^2 炭素の立体配置に起因する立体異性体もある．炭素−炭素二重結合を軸とする回転は，sp^2 混成炭素の p 軌道同士の重なり，すなわち π 結合を断ち切らなければならないので大きなエネルギーを必要とする．このように，二重結合

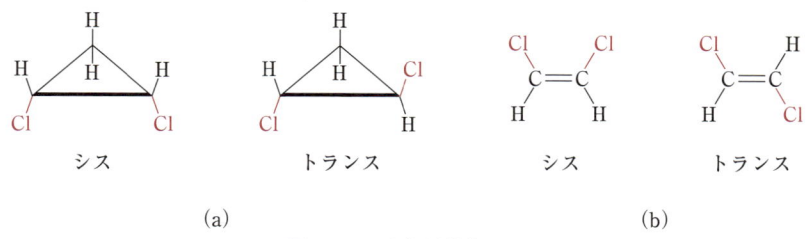

図 2.19　立体異性体の例
(a) 環状化合物のシス-トランス異性体，(b) 二重結合のシス-トランス異性体．

が自由に回転できないため，二重結合のまわりの立体配置の違いにより2種類の異性体が存在する．XHC＝CHX については，同じ基が二重結合の同じ側にあるものをシス (*cis*) 形，反対側にあるものをトランス (*trans*) 形という[1]．シス-トランス異性は**幾何異性** (geometrical isomerism) ともよばれる．

幾何異性体は互いに物理的性質や化学的性質が異なる．一般に，トランス形の方が融点が高く，有機溶媒への溶解度が低い．また，XHC＝CHX の型の二置換エチレンの場合，置換基 X が立体的にぶつかり合わないトランス形の方が一般に安定である．

問　題

1 次の化合物の炭素原子はどのような混成状態か．
  a) $CH_2=O$　　　　b) $CH_3-CH=CH_2$
  c) $CH_3-C≡N$　　d) $O=C=O$
  e) CO_3^{2-}　　　　f) $CH_3-CH=N-OH$

2 次の化合物には一対の異性体が存在する．構造の違いを説明せよ．

◯-CH=N-◯

3 次の化合物の窒素原子は，どのような混成状態か．
  a) $CH_3-CH=NH$　　b) NH_4^+　　c) CH_3-NO_2

4 H_2O 分子の構造を酸素原子の sp^3 混成軌道で説明してみよ．オキソニウムイオン H_3O^+ についても試みよ．

5 次の構造式の中の原子に，非共有電子対があるものには ： を記入し，形式電荷をもつ原子には ＋，－ を記入せよ．
  a) $CH_3-C≡N$　　b) $CH_3-N≡C$　　c) $CH_2-N≡N$

---

1) 多置換の二重結合のまわりの配置については，*Z-E* 表示法を用いる．二重結合の2個の炭素原子の各々について，それに結合している2個の基に順位をつけ (p. 73)，上位の基どうしが同じ側にある配置を *Z*，反対側にある配置を *E* で表す．

d) $CH_2=N=N$ e) $CH_3-N\begin{smallmatrix}\nearrow O \\ \searrow O\end{smallmatrix}$ f) $CH_3-N\begin{smallmatrix}CH_3 \\ | \\ \end{smallmatrix}-O$
CH_3

g) $CH_3-C\begin{smallmatrix}\nearrow O \\ \searrow H\end{smallmatrix}$

6 次の記述に当てはまる化合物の例を構造式で示せ．

a) 酸素原子が π 結合をしている化合物

b) sp 混成の炭素原子と sp^2 混成の炭素原子がともに含まれる化合物

c) sp^2 混成の窒素原子を含む化合物

d) sp^2 混成の炭素原子を含む脂環式炭化水素

7 次の構造式で表される化合物には立体異性体が存在するか．

a) $CH_3CH=CHCH_2CH_3$ b) $CH_2=CHCH_2CH_2CH_3$

c) $CH_3-\underset{OH}{\overset{|}{C}H}-\underset{Cl}{\overset{|}{C}H}-CH_3$ d) $HC\equiv CCH(CH_3)_2$

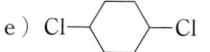

e) Cl—◯—Cl f) O=◯—Cl

8 次の化合物の太線で指示した C—C 結合に関し，ねじれ形配座をニューマン投影式で描け．

a) $CH_3\mathbf{CH_2-CH_3}$ b) $CH_3\mathbf{CH_2-CH}\underset{Cl}{\overset{|}{C}}H_3$

9 ポリプロピレン $\left[\begin{smallmatrix}CH-CH_2 \\ | \\ CH_3\end{smallmatrix}\right]_n$ には，分子鎖を引き伸ばしてジグザグ形にしたとき，CH_3 基が交互に向く異性体 A と，CH_3 基がすべて同じ側を向く異性体 B が考えられる．A にならって B の構造を描け．A と B は立体配座が違うのか，あるいは立体配置が違うのか．

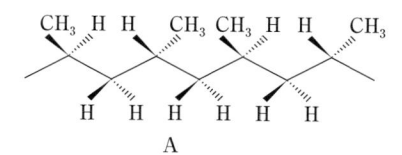

A

3 分子の中の電子のかたより

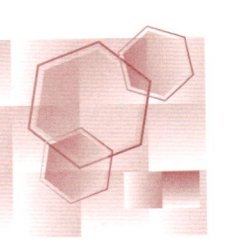

有機化合物の性質や反応性を支配する最も重要な要因は，分子の中の電子の かたより である．本章では，σ結合やπ結合をつくる電子が一方の原子に引き寄せられることによって起こる種々の電子効果について学ぶ．さらに，π電子が一つのπ結合に束縛されていない非局在化した電子状態について考察する．

3·1 結合の極性

酸素分子 O_2 のような等核2原子分子の間の共有結合では，両原子核の中間に電子密度の高い部分がある．しかし，異種の原子間に形成される共有結合では，どちらかの原子がより電子を引き寄せ，電子分布にかたよりが生じる．その結果，電子を引きつけ電子密度の高くなった原子（陰性の原子）は，部分的に負の電荷を帯び，電子を与える方の原子（陽性の原子）は正の電荷を帯びる．このような状態を結合の**分極**（polarization）という[1]．分極した結合は**極性**（polarity）をもつ．

共有電子が完全に一方の原子に引き寄せられるような状況が生じれば，共有結合はイオン開裂をする．共有結合が極性をもつことを，構造式の上で δ を使って次のように表す．

$$-\overset{|}{\underset{|}{C}}{}^{\delta+}-Cl^{\delta-} \quad \longrightarrow \quad -\overset{|}{\underset{|}{C}}{}^{+} \quad :Cl^{-}$$

極性をもつ結合 　　イオン開裂 　　イオン

---

[1] 外部電場の作用で正負の極に分かれる現象が本来の分極の意味である．試薬の接近によりつくられる局所的な外部電場によって分極が誘起され，反応にまで進むことになる．一方，極性をもつ結合も永久分極の状態にあると見なせる．本書では，誘起分極と永久分極を特に区別することなく用いている．

どちらの原子が正電荷を帯びるか，またその結合の極性の大きさはどの程度か，という判断は**電気陰性度**（electronegativity）の値が目安となる．**表 3.1**にポーリング（Pauling）の電気陰性度の値を示す．電気陰性度の差が大きい原子同士の結合ほど極性の強い結合である．

表 3.1 ポーリングの電気陰性度

H	Li	Be	B	C	N	O	F	Br
2.1	1.0	1.5	2.0	2.5	3.0	3.5	4.0	2.8
	Na	Mg	Al	Si	P	S	Cl	I
	0.9	1.2	1.5	1.8	2.1	2.5	3.0	2.5

結合の極性を定量的に表すには，結合の双極子モーメント（結合モーメント）が用いられる．原子間距離 l を隔てて一方の原子に $\delta+$，他方の原子に $\delta-$ の電荷を生じる結合は

$$\mu = \delta \times l$$

の**双極子モーメント**（dipole moment）をもつ[1]．

表 3.2に，主な結合の双極子モーメント μ の値を示す．

表 3.2 共有結合の結合モーメント μ/D

O−H	1.51	C−O	0.74
N−H	1.31	C−N	0.22
C−Cl	1.46	C=O	2.3
C−Br	1.38	C=N	0.9
C−I	1.19	C≡N	3.5

多原子分子では，各結合モーメントのベクトル和として分子全体の双極子モーメントが計算される[2]．結合モーメントの大きな結合が含まれていても，分子が対称的な構造であれば，分子全体としては双極子モーメントがゼロで，

---

1) δ を C，l を m の次元で表すと，μ は C m の単位になるが，通常，$1\mathrm{D} = 3.3356 \times 10^{-30}$ C m で換算した D（Debye，デバイ）単位を用いることが多い．
2) 分子の双極子モーメントは，誘電率の温度変化を測定することにより実験的に求めることができる．

極性をもたない．このような分子を**無極性** (nonpolar) 分子という．一般の非対称構造をもつ有機分子では，分子全体として極性が現れ，極性分子とよばれる．

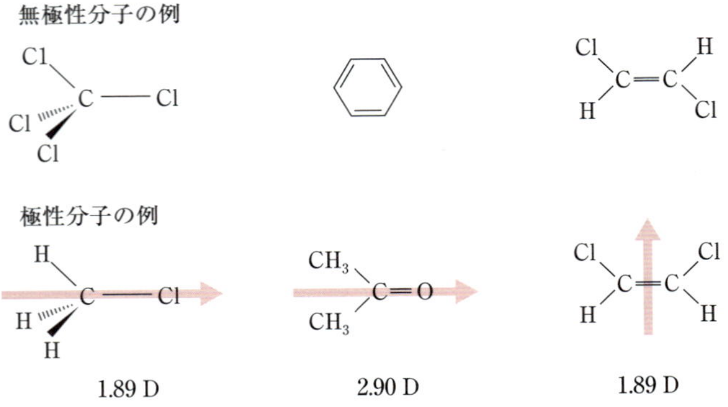

無極性分子の例

極性分子の例

1.89 D   2.90 D   1.89 D

3·2 官能基の中の電子のかたより

炭化水素を形成する C–C 結合と C–H 結合の極性は，あまり大きくない．しかし，官能基には極性の大きな結合が含まれ，それぞれの官能基に特性を与える原因となる．いくつかの例を考えてみよう．

(1) ヒドロキシ基 −OH（第 8 章）

酸素と水素の電気陰性度の差が大きいから，$O^{\delta-}-H^{\delta+}$ という分極が強い．このためイオン化傾向の大きい金属ナトリウムと反応して水素を発生するなど，酸に近い反応性を示す．

(2) アミノ基 −NH$_2$（第 13 章）

N–H の分極は O–H よりずっと小さく，酸としての性質は弱い．窒素原子は sp^3 混成で非共有電子対をもつため（13·1 節），むしろ塩基としての性質をもつ．

(3) カルボニル基 ⟩C=O（第 11 章）

炭素原子はエチレンの炭素原子と同様に sp^2 混成で，酸素との結合のうち 1 本は σ 結合，もう 1 本は π 結合である．π 電子は電気陰性度の大きな酸素原子

図 3.1 カルボニル基の極性．π 電子が酸素原子に引きつけられると C は +，O は − の電荷を帯びる．

の方に強く引きつけられているため，π 結合の極性は強い (**図 3.1**).

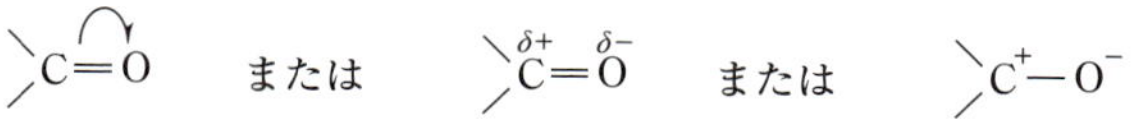

$$\text{>C=O} \quad \text{または} \quad \text{>}\overset{\delta+}{C}=\overset{\delta-}{O} \quad \text{または} \quad \text{>}C^+-O^-$$

カルボニル基の極性には σ 結合による寄与もあるが，σ 電子は核の拘束を強く受けているので，π 電子の寄与に比べてずっと弱い．

(4) シアノ基 −CN

炭素原子は，アセチレンの炭素原子と同じ sp 混成である．3 本の結合のうち 2 本は π 結合で，これらが分極している．窒素の電気陰性度は酸素より小さいので，カルボニル基ほど極性は強くない．

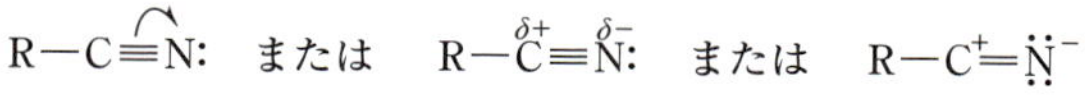

$$R-C\equiv N: \quad \text{または} \quad R-\overset{\delta+}{C}\equiv\overset{\delta-}{N}: \quad \text{または} \quad R-C^+\equiv\ddot{N}^-$$

3・3 誘起効果

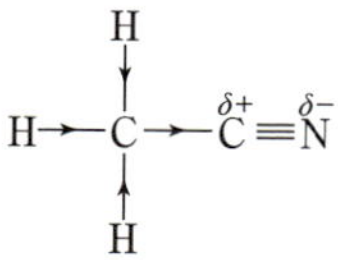

官能基の中の電子分布のかたよりは，官能基に近接する炭素骨格部分にも分極を誘起する．たとえばメタン CH_4 にシアノ基を置換すると，C−C(≡N) 結合の共有電子対が $\delta+$ に分極した C(≡N) の炭素原子に引き寄せられる．そのため，CH_3 の炭素原子は CH_4 の炭素原子にくらべて電子が少ない状態になる．この影響は，C−H 結合にまでおよび，C−H 結合の電子対は，CH_4 の場合よりも C 原子の方に強く引きつけられる．このように，σ 結合を通して電子密度にかたよりが誘起される傾向を**誘起効果** (inductive effect) または I 効果と

表 3.3 置換基 X の誘起効果とその大小関係

電子求引性（→ X）	電子供与性（← X）
$-\overset{+}{N}\begin{smallmatrix}R\\R\\R\end{smallmatrix}$ > $-NO_2$ > $-NR_2$	$-\overset{-}{N}-R$ > $-O^-$
$-\overset{+}{O}\begin{smallmatrix}R\\R\end{smallmatrix}$ > $\begin{cases}-\overset{+}{S}\begin{smallmatrix}R\\R\\R\end{smallmatrix}\\ -OR\end{cases}$	$-\underset{CH_3}{\overset{CH_3}{\mid}}C-CH_3$ > $-\underset{CH_3}{\overset{CH_3}{\mid}}C-H$ > $-\underset{CH_3}{\overset{H}{\mid}}C-H$ > $-CH_3$
$-F$ > $\begin{cases}-Cl > -Br > -I\\ -OR > -NR_2\end{cases}$	$-S^-$ > $-O^-$

いう（前頁の図では → によって示した）．

炭素原子との結合 C−X において原子または置換基 X が共有電子を X の方に引き寄せるとき，X は**電子求引性**（electron withdrawing）の誘起効果をもつといい，逆に，X が σ 結合の共有電子を炭素原子の方に押しやるとき，X は**電子供与性**（electron donating）の誘起効果をもつという．原子団 X の誘起効果の例をその相対的な強さとともに**表 3.3** に示す．X が電気陰性度の大きな原子や正電荷をもつ原子の場合には，強い電子求引性の誘起効果が現れる．逆に，負電荷をもつ原子は，電子供与性の誘起効果を示す．アルキル基は電子供与性の置換基である．

誘起効果による電子のかたよりは，σ 結合を介して次々と伝達される．たとえば $CH_3-CH_2-CH_2-Cl$ の分子において，Cl の電子求引性誘起効果により ① の炭素原子上には正電荷が生じるが，それを補うように隣接する C② から共有電子が引き寄せられる．その結果，C② にもわずかながら正電荷が生じる．このようにして C③ まで Cl 原子の誘起効果がおよぶ．しかし，結合を介するにつれ誘起電子効果の伝わり方は著しく減少する．

$$\overset{\delta\delta\delta+}{CH_3} \longrightarrow \overset{\delta\delta+}{CH_2} \longrightarrow \overset{\delta+}{CH_2} \longrightarrow \overset{\delta-}{Cl}$$
$$\quad ③ \qquad\qquad ② \qquad\qquad ①$$

3・4 メソメリー効果

誘起効果では，σ結合における電子密度のかたよりに注目した．一方，カルボニル基でみたような（3・2節）π結合におけるπ電子密度のかたよりは，不飽和結合を通して伝わる．たとえば，アクリルアルデヒド $CH_2=CH-CHO$（下図）では，カルボニル基の分極により正電荷を帯びた sp^2 炭素 ① は隣接する sp^2 炭素 ② から π 電子を引き寄せる．その結果，③ の sp^2 炭素上では π 電子が不足して正電荷が生じ，全体としてⅢのような π 電子系の分極が誘起される．

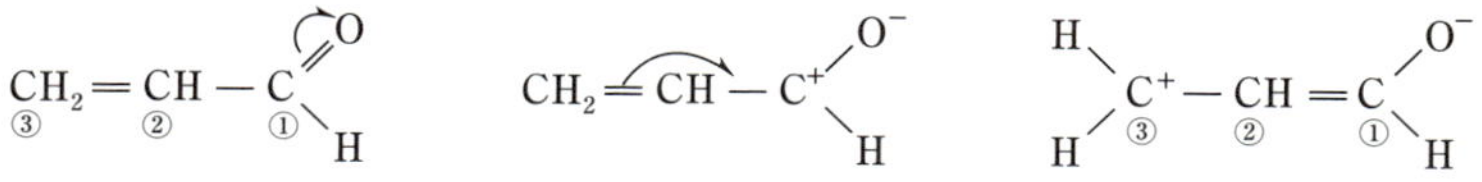

$$CH_2=CH-C\overset{O}{\underset{H}{\diagup}}$$
③ ② ①
Ⅰ

$$CH_2=CH-C^+\overset{O^-}{\underset{H}{\diagup}}$$
Ⅱ

$$\overset{H}{\underset{H}{\diagdown}}C^+-CH=C\overset{O^-}{\underset{H}{\diagup}}$$
③ ② ①
Ⅲ

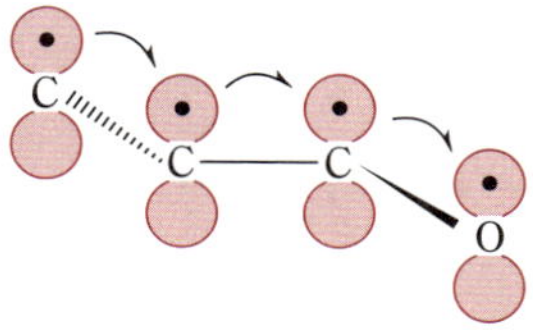

また，メチルビニルエーテル $CH_2=CH-OCH_3$ では，酸素原子上の非共有電子対が π 軌道の方に流れ出て，末端の sp^2 炭素 ② に負電荷を生ずるような分極を起こす．

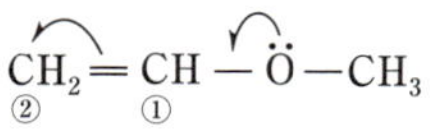

$$CH_2=CH-O-CH_3 \quad \text{または} \quad :CH_2^--CH=O^+-CH_3$$
② ①

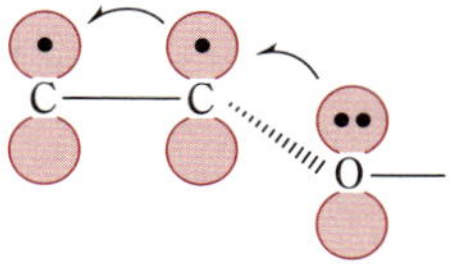

このように，π 電子や非共有電子対が，それと隣接する不飽和結合と相互作用して不飽和結合の π 電子系に分極を誘起する効果を，**メソメリー効果**（mesomeric effect）またはM効果という．アルデヒド基のように，不飽和結合から電子を引き寄せる場合を電子求引性のメソメリー効果といい，メチルビニルエーテルの酸素原子のように，不飽和結合に電子を与える場合を電子供与性

のメソメリー効果とよぶ．

表3.4に，いくつかの置換基のメソメリー効果の例を示した．

表 3.4　置換基のメソメリー効果とその大小関係

電子求引性（$-\overset{\frown}{C}=\overset{\frown}{X}$）	電子供与性（$-\overset{\frown}{X}$）
$-\underset{\|}{C}=\overset{+}{N}\diagdown\!\!\!\diagup\!\!{}^R_R$ ＞ $-\underset{\|}{C}=N\diagdown\!\!\!\diagup\!\!{}^R_R$	$-\ddot{\underset{..}{O}}{:}^-$ ＞ $-\ddot{\underset{..}{O}}R$
$-\underset{\|}{C}=O$ ＞ $-\underset{\|}{C}=N\diagdown\!\!\!\diagup\!\!{}^R_R$ ＞ $-\underset{\|}{C}=C\diagdown\!\!\!\diagup\!\!{}^R_R$	$-\ddot{\underset{..}{O}}{:}^-$ ＞ $-N\diagdown\!\!\!\diagup\!\!{}^R_R$ ＞ $-\ddot{\underset{..}{O}}R$
	$-\ddot{\underset{..}{F}}{:}$ ＞ $-\ddot{\underset{..}{Cl}}{:}$ ＞ $-\ddot{\underset{..}{Br}}{:}$ ＞ $-\ddot{\underset{..}{I}}{:}$

　飽和炭化水素の炭素骨格に置換した官能基は，誘起効果を与えるだけであるが，多重結合や芳香環に置換した場合は，誘起効果以上に大きなメソメリー効果を与える．エーテル結合やアミノ基，ハロゲン原子のメソメリー効果は，誘起効果とは逆に電子供与性となる．

3·5　共　鳴

　アクリルアルデヒドの構造式はⅠで表されるが，3·4節でみたようにメソメリー効果が働くため，ⅡやⅢの構造で表すこともできる．

$$CH_2=CH-\underset{\underset{H}{\|}}{C}=O \longleftrightarrow CH_2=CH-\underset{\underset{H}{\|}}{\overset{+}{C}}-O^- \longleftrightarrow \overset{+}{CH_2}-CH=\underset{\underset{H}{\|}}{C}-O^-$$

　　　　Ⅰ　　　　　　　　　　Ⅱ　　　　　　　　　　Ⅲ

　実際のアクリルアルデヒドは，Ⅰ，Ⅱ，およびⅢの構造式を重ね合わせて平均化したような電子構造をもつ．Ⅰ，Ⅱ，Ⅲを電子の収容されたp軌道（π軌道）で表すと**図3.2**のようになる．Ⅰ，Ⅱ，Ⅲはいずれも，π電子が特定の結合や原子に固定された構造であるが，これらを重ね合わせるということは，π電子が分子全体に広がって分布している，あるいは，分子全体を動きまわっていることを意味する．これをπ電子の**非局在化**（delocalization）という．電子は

3・5 共鳴

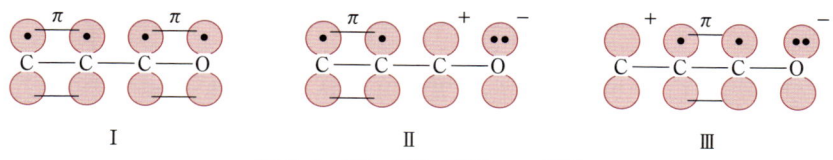

図 3.2 $CH_2=CH-CHO$ の π 電子

せまい空間に閉じ込められているよりも，広く非局在化している方が安定な状態である．I，II，III のような π 電子を局在化させて書いた構造式を**極限構造**（canonical structure）または**共鳴構造**（resonance structure）といい，実際の電子状態はこれらの**共鳴混成体**（resonance hybrid）であるという．極限構造を ↔ で結んで共鳴混成体を表す．共鳴混成体への各極限構造の寄与の程度には違いがあり，寄与の最も大きなものを主極限構造という．共鳴混成体を表す構造式は，通常，主極限構造式で代表させる．したがって，アクリルアルデヒドを通常は I の構造式で表してよい．

このように，分子の中の原子配置を変えることなく，電子配置に関して異なる構造が二つ以上書ける場合に，共鳴混成体が実際の電子状態を表すと考えるのが**共鳴**（resonance）の概念である．

炭酸イオン CO_3^{2-} の炭素－酸素結合はすべて等価で同じ結合距離（1.28 Å）をもち，C-O 単結合（1.43 Å）と C=O 二重結合（1.21 Å）の中間の長さである．これは，下の三つの極限構造がすべて同じ割合で共鳴混成体に寄与していることを示す．

ニトロ基 $-NO_2$ は平面構造をもち，窒素原子は sp^2 混成である．二つの窒素－酸素結合は等価で，二つの酸素原子はそれぞれ $\frac{1}{2}-$ のイオン価をもつ．

1,3-ブタジエンは次の共鳴混成体で表される（第 15 章）.

$$CH_2=CH-CH=CH_2 \longleftrightarrow \overset{+}{CH_2}-CH=CH-\overset{-}{CH_2} \longleftrightarrow \overset{-}{CH_2}-CH=CH-\overset{+}{CH_2}$$
   I   II   III

共鳴により表される実際の電子状態は，仮想的な主極限構造よりもエネルギーが低く，安定である．このエネルギー差を**共鳴エネルギー**（resonance energy）[1]といい，1,3-ブタジエンの場合は，約 14.6 kJ mol^{-1} である．

共鳴混成体に寄与する極限構造が多いほど，π 電子は広く非局在化し共鳴エネルギーも大きくなる．

3·6 結合の開裂

炭素原子が形成する σ 結合 C-X には，C と X の電気陰性度の差により 2 通りの分極があり得る．これらの分極がさらに強まって結合のイオン開裂にまで進むと，それぞれ，**カルボカチオン**[2]（carbocation）$\overset{+}{>}C-$，**カルボアニオン**（carbanion）:$\overset{-}{>}C-$ を生ずる．このように，結合電子対が一方の原子または原子団にかたよった開裂を**ヘテロリシス**（heterolysis）という．

$$>\overset{\delta+}{C}\frown\overset{\delta-}{X} \longrightarrow >C^+ \quad + \quad :X^-$$
                              カルボカチオン

$$>\overset{\delta-}{C}\frown\overset{\delta+}{X} \longrightarrow >C:^- \quad + \quad X^+$$
                              カルボアニオン

π 結合も分極が強まると開裂に至る．たとえばカルボニル基はシアン化物イオン CN^- が接近することによりますます強く分極し，ついには π 結合が開裂して C-O 単結合となる．

---

1) 分子軌道法でいう非局在化エネルギー（delocalization energy）に相当する．
2) カルベニウムイオン（carbenium ion）ともよばれる．

このように，炭素の結合の分極が分子内や分子間で作用し合って結合の開裂にまで高められて起こる反応を**イオン反応**という．

アルカンのC−H結合のように，分極の小さい共有結合が反応を起こす場合には，結合電子対は各原子に1個ずつ分配され，不対電子をもつ電気的に中性な原子または原子団を生成することが多い．このような開裂を**ホモリシス**（homolysis）という．

不対電子をもつ原子または原子団は**ラジカル**（radical）または**遊離基**（free radical）とよばれる．ラジカルの生成を経る反応を**ラジカル反応**という．

カルボカチオン，カルボアニオン，あるいは炭素ラジカルのように，反応途上に生成する活性な分子種を**反応中間体**（reaction intermediate）という．

3·7 分子間力

結合の極性は，分子と分子の間に作用する力，すなわち分子間力の原因ともなる．極性が関係する分子間力として次の二つが重要である．

(1) 水素結合

O，N，Fのような電気陰性度の大きな原子に結合した水素原子は，いくらか正電荷を帯びている．このような水素原子は，非共有電子対をもち電子密度の高い原子との間に比較的弱い結合をつくる．この結合を，**水素結合**（hydrogen bond）という．O−H⋯O，O−H⋯N，N−H⋯O，N−H⋯Nなどが代表的な水素結合である．いずれも20 kJ mol^{-1}程度の結合エネルギーで，共有結合のエネルギーよりかなり小さい．

水素結合が前ページのサリチル酸のように、一つの分子の中で形成されることもある。これを分子内水素結合とよぶ。

(2) 双極子-双極子相互作用

双極子モーメントをもつ分子、すなわち極性分子の間には、静電的な分子間の引力が働く。これを双極子-双極子間力といい、二つの双極子モーメントの大きさの積に比例する。すなわち、極性の大きな分子間ほど、この引力は強い。

分子間力は、沸点、融点、溶解度などの巨視的な物理的性質に大きな影響を与える。分子間の水素結合の存在が沸点を高くしたり、水との水素結合が溶解度を増す例はきわめて多い。同程度の分子量をもつ化合物では、極性の強い化合物の方が、極性の弱い化合物や無極性の化合物よりも一般に融点や沸点が高い。

O_2, N_2, CO_2 など双極子モーメントをもたない無極性の分子でも、低温では液体や固体になる。このような分子では、分子内電子の運動で瞬間的に双極子モーメントが誘起され、この瞬間的双極子モーメント間の相互作用が引力となる。この分子間力は**分散力** (dispersion force) またはロンドン (London) 力とよばれる。分散力は極性の有無にかかわらずすべての分子の間に働き、一般に大きい分子ほど強い[1]。分子間力として分散力だけが作用する場合、沸点と分子量とはよい対応関係を示す（たとえば直鎖状アルカンの沸点、4・1節）。

分散力も含め、分子の双極子モーメントに起因する静電的な分子間力をまとめて**ファンデルワールス** (van der Waals) **力**という。

問題

1 ジクロロメタン CH_2Cl_2、およびクロロホルム $CHCl_3$ の双極子モーメントを、表3.2 を参照して計算せよ。ただし C-H 結合の結合モーメントは無視できるものとする。

---

[1] 分散力の起源は分極である (3・1節)。すなわち、分散力は電子雲のかたよりやすさによるから、σ電子よりもπ電子の方で大きく作用する。また、電子雲が核に束縛されず外部電場の影響を受けやすい重原子を含む分子の方が一般に分散力は大きい。

2 次の各組の分子では，どちらの極性が大きいか．

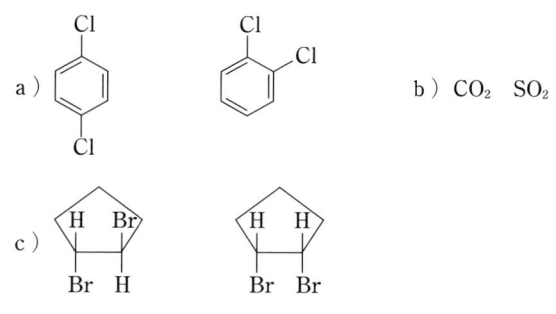

a) 1,4-ジクロロベンゼン と 1,2-ジクロロベンゼン

b) CO_2　SO_2

c) trans-1,2-ジブロモシクロペンタン と cis-1,2-ジブロモシクロペンタン

3 スルフェン酸塩化物 RSCl の S−Cl 結合および臭化シアン BrCN の Br−C 結合の分極の状態を予想せよ．

4 カルボニル化合物の電子求引性メソメリー効果は次の順に減少する．この理由を説明せよ．

$$-\underset{O}{\overset{H}{C}} > -\underset{O}{\overset{Cl}{C}} > -\underset{O}{\overset{O-R}{C}} > -\underset{O}{\overset{NH_2}{C}} > -\underset{O}{\overset{O^-}{C}}$$

5 次の化合物の共鳴に寄与する極限構造式を書け．

a) $CH_2=CH-O-CH=CH_2$

b) $CH_3-\underset{O}{\overset{\|}{C}}-CH=CH-CH=CH_2$

c) フラン

d) p-ベンゾキノン

e) アニソール (C$_6$H$_5$−OCH$_3$)

f) $CH_3-\underset{O}{\overset{\|}{C}}-CH=CH-O-CH_3$

6 次の各組の化合物のうち，沸点の高い化合物はどちらか．

a) $CH_3CH_2CH_2CH_2CH_3$ と $CH_3CH_2CH_2CH_2OH$

b) $CH_3CH_2OCH_2CH_3$ と $CH_3CH_2CH_2CH_2OH$

c) cis-1,2-ジクロロエチレン と trans-1,2-ジクロロエチレン

d) $CH_3CH_2CH_2NH_2$ と $CH_3-N(CH_3)_2$

e) CH_3CHO と CH_3CH_2OH

f) CCl_4 と CH_2Cl_2

7 カルボン酸 $R-\overset{O}{\underset{\|}{C}}-O-H$ は水素結合により会合した二量体を形成する．どのような構造が予想されるか．

8 次の化合物にはいずれも分子内水素結合が可能である．分子内水素結合を点線で示して構造式を書け．

a) $HO-CH_2CH_2-OH$

b) $(CH_3)_2N-CH_2CH_2-COOH$

c) o-ニトロフェノール (OH と NO_2 が隣接)

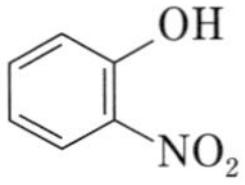

d) o-メトキシアニリン (OCH_3 と NH_2 が隣接)

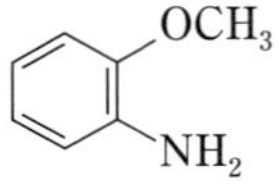

4 アルカンとシクロアルカン

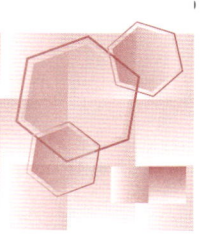

炭化水素のうち,炭素原子がすべて sp^3 混成からなるアルカンとシクロアルカンは飽和炭化水素とよばれ,有機化合物の構造の基本骨格となり,また命名法の基礎ともなる.アルカンの反応性に関与するラジカル反応を通して反応機構の考え方に触れる.シクロアルカンの立体構造,特に天然の有機化合物中によくみられるシクロヘキサン環の立体構造についても理解しよう.

4・1 アルカン

多重結合をもたない非環式炭化水素を**アルカン**(alkane)という[1].アルカンはまた,多重結合をもたない脂環式炭化水素とともに飽和(saturated)炭化水素ともよばれる.アルカンの炭素鎖は $-CH_2-$ の単位で増加し,その分子式は一般式 C_nH_{2n+2} で表される.このような,炭素鎖の長さだけが違う一群の化合物を**同族列**(homologous series)という.同族列の中の化合物を互いに**同族体**(homolog)という.同一の官能基をもつ化合物群も,同族列にまとめることが

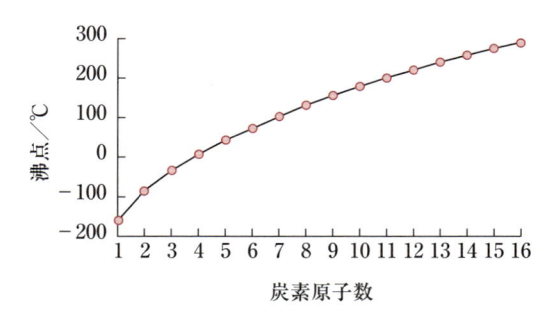

図 4.1 直鎖アルカンの沸点と炭素原子数の関係

---
1) パラフィン(paraffin)とよばれることもある.

表 4.1 C_5 アルカン異性体の融点と沸点

名称	構造式	融点/℃	沸点/℃
ペンタン	$CH_3CH_2CH_2CH_2CH_3$	−129.7	36.1

2-メチルブタン (イソペンタン)	$CH_3CHCH_2CH_3$
	  |
	  CH_3
		−159.9	27.9

2,2-ジメチルプロパン (ネオペンタン)	CH_3
	  |
	CH_3-C-CH_3
	  |
	  CH_3
		−16.6	9.5

できる．同族体は化学的性質が互いによく似ており，融点，沸点などは炭素数とともにかなり規則的に変化する．図 4.1 に，直鎖アルカンの沸点を図示した．C_1（沸点 −161.5 ℃）〜 C_4（−0.5 ℃）は気体，C_5（36.1 ℃）〜 C_{17}（301.8 ℃）は液体，C_{18}（融点 28.2 ℃）以上は固体である．

枝分かれのあるアルカンの沸点は，同じ炭素数の直鎖アルカンの沸点より低い（表 4.1）．分散力（3・7 節）による分子間の引力が分子の表面積と関係することを示している．また，直鎖アルカンの融点は一般に枝分かれしたアルカンよりも低い（表 4.1）．

アルカンは水に不溶で，水よりも密度が小さい．

石油と天然ガスはアルカンの豊富な天然資源である．天然ガスの主成分はメタン CH_4 である．石油を分留すると，留出温度により，ガソリン留分またはナフサ（約 30〜200 ℃），灯油（約 160〜270 ℃），軽油（約 200〜350 ℃），重油（約 300 ℃ 以上）などの留分が得られる．

4·2 アルカンの命名法

化合物に名前をつける場合，「国際純正・応用化学連合」(International Union of Pure and Applied Chemistry，略称 IUPAC) の規則[1]による系統的な命名法が

---

1) IUPAC 規則は英語による命名法を定めたものである．日本語名は，原則として英語名を字訳（発音に関係なく綴字を機械的に仮名書き）する．本書では，必要に応じて IUPAC 規則による英語名も併記する．

4・2 アルカンの命名法

表 4.2 直鎖アルカン C_nH_{2n+2} の名称

n	名 称		n	名 称	
1	メタン	methane	8	オクタン	octane
2	エタン	ethane	9	ノナン	nonane
3	プロパン	propane	10	デカン	decane
4	ブタン	butane	11	ウンデカン	undecane
5	ペンタン	pentane	12	ドデカン	dodecane
6	ヘキサン	hexane	13	トリデカン	tridecane
7	ヘプタン	heptane	20	イコサン	icosane

国際的に用いられる．構造がわかる以前からよび慣らわされていた慣用名と異なり，IUPAC の系統的な名称では構造からその名称をつけ，逆に名称からその構造を知ることができる．

表 4.2 に直鎖アルカン (alkane) の名称を示す．語尾はいずれも ane で終る．

アルカンの分子から水素原子 1 個を除いた残りの炭化水素基 $C_nH_{2n+1}-$ をアルキル (alkyl) 基とよぶ．**アルキル基**は，アルカンの語尾の ane を yl に変えて命名する．

枝分かれしたアルカンは，分子中の最も長い直鎖を母体とし，このアルカンに側鎖が置換した誘導体として命名する．側鎖は次のように表す．

（a）側鎖の位置がなるべく小さくなるように，主鎖のどちらか一方の端から炭素原子に番号をつける．

（b）側鎖の位置は，結合している炭素原子の番号で示す．

（c）側鎖置換基の名称をアルファベット順に並べる．

（d）同じ置換基が 2 個以上存在するときは，di (2 個)，tri (3 個)，tetra (4 個) などをつける．

$$^1CH_3-{}^2CH-{}^3CH_2-{}^4CH-{}^5CH_2-{}^6CH_3$$
$$\quad\quad\ \ |\quad\quad\quad\ \ |$$
$$\quad\quad CH_3\quad\quad CH_2CH_3$$

4-エチル-2-メチルヘキサン
4-ethyl-2-methylhexane

$$\quad\quad CH_3\ \ CH_3$$
$$\quad\quad\ \ |\quad\ \ |$$
$$CH_3-CH-C-CH_3$$
$$\quad\quad\quad\quad\ |$$
$$\quad\quad\quad\ CH_3$$

2, 2, 3-トリメチルブタン
2, 2, 3-trimethylbutane

枝分かれしたアルキル基[1]は，基となっている炭素原子の番号を1とし，この炭素原子から始まる最長炭素鎖に相当するアルキル基名の前に側鎖のアルキル基名をつけて示す．

$$^4CH_3-{}^3CH_2-{}^2CH-{}^1CH_2-\quad \text{2-メチルブチル}$$
$$\underset{CH_3}{|}$$

簡単なアルキル基に対しては，次のように慣用名を IUPAC 名として用いることが認められている．

$(CH_3)_2CH-$　　イソプロピル　　　$CH_3CH_2\underset{\underset{CH_3}{|}}{CH}-$　　s-ブチル (sec-ブチル)

$(CH_3)_2CHCH_2-$　イソブチル

$$\underset{\underset{CH_3}{|}}{\overset{\overset{CH_3}{|}}{CH_3-C-}}\quad \begin{array}{l}t\text{-ブチル}\\(tert\text{-ブチル})\end{array}$$

$^7CH_3-{}^6CH_2-{}^5CH_2-{}^4CH-{}^3CH_2-{}^2CH-{}^1CH_3$　4-t-ブチル-2-メチルヘプタン[2]
$\quad\quad\quad\quad\quad\quad\quad\quad\quad |\quad\quad\quad\quad\quad |$
$\quad\quad\quad\quad\quad\quad CH_3-\underset{\underset{CH_3}{|}}{\overset{\overset{CH_3}{|}}{C}}-CH_3\quad\quad CH_3$　4-t-butyl-2-methylheptane

$^7CH_3-{}^6CH_2-{}^5CH_2-{}^4CH-{}^3CH_2-{}^2CH-{}^1CH_3$　4-イソプロピル-2-メチルヘプタン
$\quad\quad\quad\quad\quad\quad\quad\quad\quad |\quad\quad\quad\quad\quad |$
$\quad\quad\quad\quad\quad\quad CH_3-CH-CH_3\quad\quad CH_3$　4-isopropyl-2-methylheptane

簡単なアルカンのいくつかは慣用名が IUPAC 名として認められている[3]．

$(CH_3)_2CHCH_3$　イソブタン　　$(CH_3)_2CHCH_2CH_3$　イソペンタン

$$\underset{\underset{CH_3}{|}}{\overset{\overset{CH_3}{|}}{CH_3-C-CH_3}}\quad \text{ネオペンタン}\quad (CH_3)_2CHCH_2CH_2CH_3\quad \text{イソヘキサン}$$

---

1) 直鎖状のアルキル基に対し n- (normal の略) をつけて n-ブチルなどとよぶことがあるが，これは慣用名であり，IUPAC 名として認められていない．
2) 異性を表す s-, t- はアルファベット順では無視するが，isopropyl などは i の部に入れる．
3) 母体のアルカンのみに認められ，置換体には使えない．

アルカンの炭素原子（*）は何個の炭素原子と結合しているかにより，第一級炭素，第二級炭素，……のように分類される．

第一級 (primary) ／ 第二級 (secondary) ／ 第三級 (tertiary) ／ 第四級 (quaternary)

4·3 アルカンの反応

アルカンは極性の強い結合をもたないので反応性に乏しく，実験室で行う通常の反応条件下では反応しない．しかし，工業的には重要な反応があり，それらの反応生成物は各種化学工業製品の原料として供給される．

(1) クラッキング（熱分解）

高沸点の石油留分を約 800 ℃ の高温で熱分解すると，より分子量の小さな炭化水素に変換される．

$$CH_3CH_2CH_2CH_2CH_3 \xrightarrow{熱分解} \begin{cases} CH_2=CH_2 + CH_3-CH_2-CH_3 \\ CH_3-CH=CH_2 + CH_3-CH_3 \end{cases}$$

クラッキング（cracking）は C−C 結合や C−H 結合のラジカル開裂によって進む．

(2) リホーミング（接触改質）

石油のガソリン留分（ナフサ）を白金系の触媒の存在下，水素の存在下で高温高圧で処理すると，ベンゼンやトルエンなど種々の芳香族炭化水素が得られる．

$$CH_3(CH_2)_5CH_3 \xrightarrow[\substack{Pt\,触媒 \\ 固体酸触媒}]{高温高圧} \text{トルエン}(C_6H_5-CH_3) + 4H_2$$

ヘプタン　　　　　　　　　　　　　　　トルエン

石油化学工業が発達する以前は，芳香族炭化水素の天然資源は石炭であったが，現在では石油を原料にしてリホーミング（reforming）により主に生産され

ている．リホーミングはカルボカチオンを中間体とするイオン反応とされている[1]．

(3) ハロゲン化 (halogenation)

高温，あるいは光を当てながらアルカンと塩素または臭素を反応させると，ハロゲン化が起こる．

$$CH_3CH_3 \xrightarrow[光]{Cl_2} CH_3CH_2-Cl + HCl$$

この反応のように，一つの原子あるいは原子団が他の原子または原子団で置き換わる反応を**置換反応** (substitution reaction) とよぶ．

4·4 ラジカル反応

化学反応で結合の組み換えはどのような段階を経て起こるのだろうか．化学反応の各段階を分子レベルでくわしく解き明かしたものを**反応機構** (reaction mechanism) という．反応機構は有機化合物の数多い反応を整理し体系化する上で重要であるだけでなく，新しい反応を予測する助けともなる．

アルカンのハロゲン置換反応は**連鎖反応** (chain reaction) の機構で進行する．反応途上，非常に活性で短寿命の反応中間体としてラジカルが生成する．

① $Cl_2 \xrightarrow{熱または光} 2Cl\cdot$

② $Cl\cdot + CH_4 \longrightarrow HCl + CH_3\cdot$

③ $CH_3\cdot + Cl_2 \longrightarrow CH_3-Cl + Cl\cdot$

①は連鎖が開始する段階であり，塩素ラジカル（塩素原子）が生成する．塩素ラジカルは②でメタンから水素を引きぬき炭素ラジカル，この例ではメチルラジカルを生成する．③の反応で塩素ラジカルが再生すると，これは②にもどってメタンと反応し再びメチルラジカルを与える．これにより，②と③の反応は無限に継続し，連鎖の成長段階を形成する．最後に系内に残ったラジ

---

[1] カルボカチオン中間体がさまざまな転位反応を起こすので，枝分かれの多いアルカンも生成する．

カル同士が，たとえば次のように結合すると連鎖は終結する．

④ $\begin{cases} 2\mathrm{Cl}\cdot \longrightarrow \mathrm{Cl}_2 \\ 2\mathrm{CH}_3\cdot \longrightarrow \mathrm{CH}_3-\mathrm{CH}_3 \\ \mathrm{CH}_3\cdot + \mathrm{Cl}\cdot \longrightarrow \mathrm{CH}_3-\mathrm{Cl} \end{cases}$

アルカンは自らラジカルに開裂するのではなく，②の段階にみられるように，別途生成したラジカルの作用で水素原子（水素ラジカル）が引きぬかれ，アルキルラジカルに変換される．水素原子の引きぬき反応によるアルキルラジカルの生成しやすさは，その結合する炭素原子の種類に依存し，

$$\begin{array}{c} \mathrm{R} \\ | \\ \mathrm{R}-\mathrm{C}-\mathrm{H} \\ | \\ \mathrm{R} \end{array} > \begin{array}{c} \mathrm{R} \\ | \\ \mathrm{R}-\mathrm{C}-\mathrm{H} \\ | \\ \mathrm{H} \end{array} > \begin{array}{c} \mathrm{H} \\ | \\ \mathrm{R}-\mathrm{C}-\mathrm{H} \\ | \\ \mathrm{H} \end{array}$$

の順序になる．第三級炭素原子に結合した水素原子が最も引きぬかれやすい．

水素原子のラジカルとしての引きぬかれやすさの順序は，結合解離エネルギー（**表4.3**）の順序と一致し，また生成する炭素ラジカルの安定性の順序に対応する．これを次の4・5節でもう少しくわしく考察しよう．

4・5 反応におけるエネルギー変化

メタンのC-H結合のラジカル開裂にともなうエネルギー変化（エンタルピー変化）を図に示すと，**図4.2**のようになる．原系のCH$_4$からラジカルCH$_3\cdot$に変る中間のエネルギー最高の状態を**遷移状態**（transition state）という．原系

表 4.3 結合解離エネルギー/kJ mol^{-1}

CH$_3$-H	435	C$_6$H$_5$CH$_2$-H	356	Br-Br	193
CH$_3$CH$_2$-H	410	CH$_2$=CH-H	431	Cl-Cl	243
(CH$_3$)$_2$CH-H	395	CH$_2$=CH-CH$_2$-H	366	H-Br	366
				H-Cl	432
(CH$_3$)$_3$C-H	381	C$_6$H$_5$-H	469	CH$_3$-Br	293

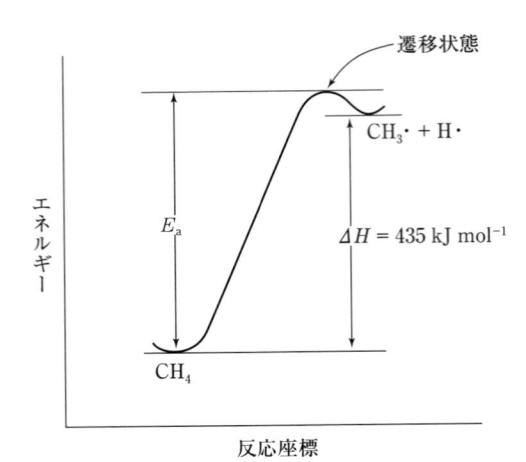

図 4.2 メタンの C−H 結合の開裂にともなうエネルギー変化

と遷移状態のエネルギー差（エンタルピー差）を**活性化エネルギー**（activation energy）E_a とよび[1]，反応が起こるためにはこれを超えるエネルギーを必要とする．

CH_4 と $CH_3\cdot + H\cdot$ とのエネルギー差はラジカル開裂にともなう反応熱，ΔH（エンタルピー変化）で，結合解離エネルギーに相当する．すなわち 435 kJ mol^{-1} の大きな吸熱反応である．一方，ラジカル開裂の逆反応，すなわち $CH_3\cdot$ と $H\cdot$ との結合反応は，ラジカル同士が出会えば必ず結合し，大きなエネルギーを放出する発熱反応である[2]．このことは，ラジカルの状態が遷移状態と非常に近いことを意味している．つまり，大きな発熱反応の遷移状態は原系に似ており，大きな吸熱反応でエネルギー的に不安定な生成物を与える反応の遷移状態は生成系に似ていると考えられる．これをラジカル開裂に当てはめると，生成するラジカルが安定なほど遷移状態も安定化し，ラジカルが生成しやすいことを意味する（**図 4.3**）．

---
1) 厳密には活性化エンタルピー（$\Delta H^{\ddagger}$）であるが，アレニウス（Arrhenius）式から求められる E_a と近似的に等しいとみなせる．$\Delta H^{\ddagger}$ と E_a との間には $E_a = \Delta H^{\ddagger} + RT$ の関係がある．
2) 化学反応が進むときは，最もエネルギーの低い経路を通るから，ラジカル開裂の反応とその逆の結合反応とは同一の遷移状態を通る．

4·5 反応におけるエネルギー変化

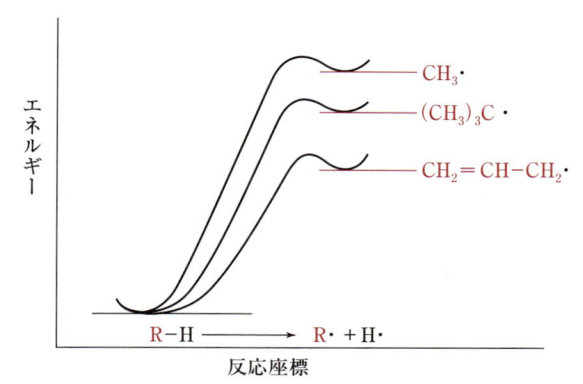

図 4.3 ラジカルの安定性と反応の起こりやすさ

先に述べた炭化水素の第一級～第三級水素原子の引きぬかれやすさの違いはあまり大きくない．これにくらべると，フェニル基やビニル基のついた炭素原子に結合する水素原子は非常に引きぬかれやすい．これは，生成するラジカルが共鳴によって安定化するためである．

トルエンに光を当てながら臭素を作用すると，ラジカル反応により容易にメチル基への臭素置換が起こる．

ラジカルだけでなく，カルボカチオン，カルボアニオン，σ 錯体（9·4節）など不安定中間体の生成反応では，これら中間体を安定化するような構造や置換基の存在は，反応速度を速め，反応を起こりやすくする．

4·6 シクロアルカン

芳香族以外の環式炭化水素を脂環式 (alicyclic) 炭化水素という．このうち C_nH_{2n} の分子式で表され，n 個の炭素原子が鎖状につながって環を形成した飽和炭化水素を**シクロアルカン** (cycloalkane) とよぶ．二つの環が 2 個以上の炭素原子を共有している二環系の脂環式炭化水素は，**ビシクロ** (bicyclo) 炭化水素とよばれる．

シクロペンタン
cyclopentane

ビシクロ[5.2.0]ノナン
bicyclo[5.2.0]nonane

脂環式炭化水素を示すのに，水素原子を省略した簡略式を使うことが多い．

脂環式炭化水素の命名法は，環の炭素数を示す母体アルカンの前に接頭語シクロ (cyclo) をつける．置換基が 2 個以上ある場合，第 1 の置換基の位置を 1 とし，環にそって番号をつける．

シクロアルカンは，炭素原子数が等しい直鎖アルカンにくらべて沸点が 10～20 ℃ ぐらい高く，密度が 20 % くらい大きい．

シクロペンタンとシクロヘキサンは石油中に存在する．ビシクロ炭化水素の骨格をもつ化合物は植物界にテルペンとして広く分布している (14・6 節)．

シクロプロパンの環は正三角形で，∠C－C－C は 60° であり，本来 109°28′ になるべき sp^3 混成軌道が大きくひずんでいる．この ひずみ のため，シクロプロパン環は開環して非環式化合物になりやすい．たとえば，Pt 触媒の存在で水素が付加しプロパンになる．

$$\text{CH}_2(\text{CH}_2-\text{CH}_2) + \text{H}_2 \xrightarrow{\text{Pt 触媒}} \text{CH}_3\text{CH}_2\text{CH}_3$$

シクロブタンの環を平面の正四角形と考えると，∠C－C－C は 90° となり，

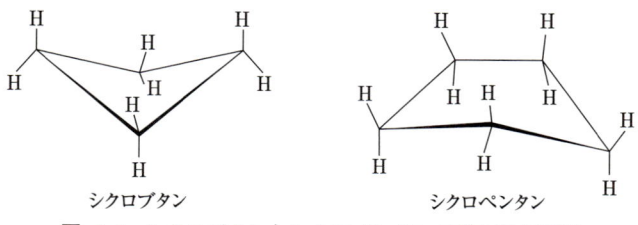

シクロブタン　　　　　　　シクロペンタン
図 4.4 シクロブタンとシクロペンタンの折れ曲り配座

この場合もかなり ひずみ が生じる．このような ひずみ を解消するため，シクロブタンは完全な平面構造をとらず，いくぶん折れ曲った環状構造になっている（**図 4.4**）．

シクロペンタン環も非平面構造である（**図 4.4**）．

シクロヘキサンは 4·7 節で述べるように，ジグザグの C–C 結合をつくることにより，109°28′ を保ったまま ひずみ のない環を形成している．

4·7 シクロヘキサンの立体構造

sp^3 混成の炭素原子が環状につながると，環の大きさによっては 109°28′ の結合角がひずんだり，とり得る立体配座が制限されることになる．シクロプロパン C_3H_6 は ひずみ の最も顕著な例である．一方，シクロヘキサン C_6H_{12} は 109°28′ の正常な結合角を保ったままで，ひずみのない 2 通りの環状構造をとることができる．一つは**いす形**（chair form），もう一方は**舟形**（boat form）とよ

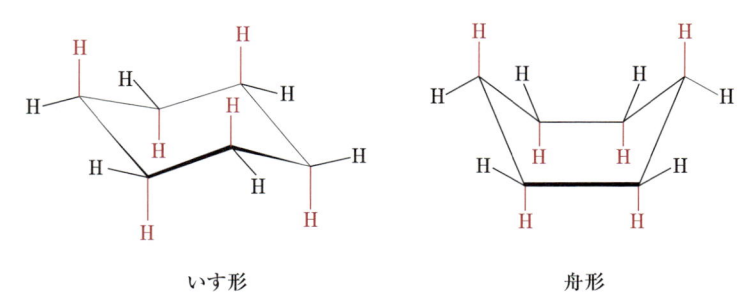

いす形　　　　　　　　　　舟形
図 4.5 シクロヘキサンの立体配座

いす形 　　　　　　　　　　　　　　　　　　　舟形

図 4.6 シクロヘキサンのいす形と舟形のニューマン投影式

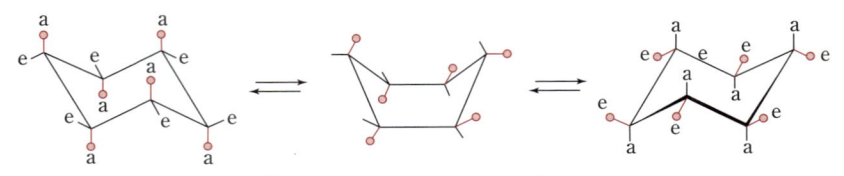

図 4.7 シクロヘキサン環の反転

ばれる（**図 4.5**）．この二つについてニューマン投影式をみると（**図 4.6**），いす形では 6 個の C−C 結合がすべてゴーシュ形配座であるのに対し，舟形では 2 個の C−C 結合で重なり形配座が存在する．このため，舟形はいす形より不安定である．いす形には二つの形があって，個々の分子は一方のいす形ともう一方のいす形との間をすみやかに変換している（**図 4.7**）．変換の途上で，舟形をはじめ種々のねじれた環構造をとる．このように，シクロヘキサン環は一定の配座に固定されているわけではない．したがっていす形や舟形のシクロヘキサンを別々に取りだすことはできない．これをシクロヘキサン環の**反転**（inversion）という．環の反転はいくつかの C−C 結合のまわりの回転が競合して起こる動きである．

シクロヘキサンには 12 個の C−H 結合が存在する．いす形では，そのうちの 6 本は環がつくる平均的分子平面に垂直で，交互に環の上下を向いている（**図 4.8**）．これらの結合を**アキシアル**

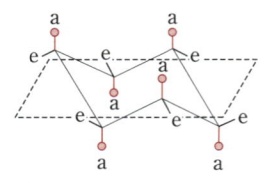

図 4.8 シクロヘキサンのアキシアル結合（a）とエクアトリアル結合（e）

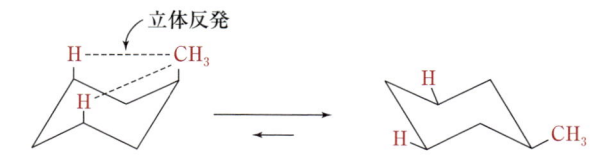

図 4.9 アキシアル結合の間の立体反発

(axial) 結合という．残り 6 本の C–H 結合は平均的分子平面にほぼ平行に出ている．これらを**エクアトリアル** (equatorial) 結合という．シクロヘキサン環の反転によって，アキシアル結合はエクアトリアル結合に，エクアトリアル結合はアキシアル結合にそれぞれ変化する（**図 4.7**）．

シクロヘキサン環に置換基が一つつくと，その置換基は環の反転によりアキシアル結合にもエクアトリアル結合にもなる．しかし，アキシアル配座は立体的に混み合うためにエクアトリアルの配座にくらべて不安定である（**図 4.9**）．たとえばメチルシクロヘキサンの場合，メチル基がエクアトリアルの配座の方がアキシアルの配座にくらべて $7.3\,\mathrm{kJ\,mol^{-1}}$ だけ安定であり，室温で 95 % はエクアトリアルのいす形で存在する[1]．

t-ブチル基のような立体的に大きな置換基がつく場合は，アキシアル結合がますます不利になり，エクアトリアル結合に立体配座は固定される．

4・8 環状化合物の立体異性

1,2-ジクロロシクロプロパンには，二つの塩素原子の相対的な配置により，二つの立体異性体が存在する．この場合も幾何異性体と同様，二つの基が環に対して同じ側にある配置をシス形，反対側にある配置をトランス形という（2・7 節図 2.19）．

平面構造をとらないシクロヘキサンのような環でも，シス–トランス立体異性が生ずる（**図 4.10**）．それぞれの置換基は環の反転によって，エクアトリア

---

[1] 存在比は $\Delta G° = -RT\ln K$ から求めることができる．

(1-a, 2-e)　　　　　　　　(1-e, 2-a)
図 4.10　シス形の 1,2-二置換シクロヘキサンの反転

ル ⇄ アキシアルという立体配座の変化をしている．しかし，相対的な上下関係は環の反転によっても変らないので，立体配置については，シクロヘキサン環を平面構造と仮定して考えてもよい．これにより，1,2-二置換シクロヘキサンのシス-トランス異性体は次のように表される．

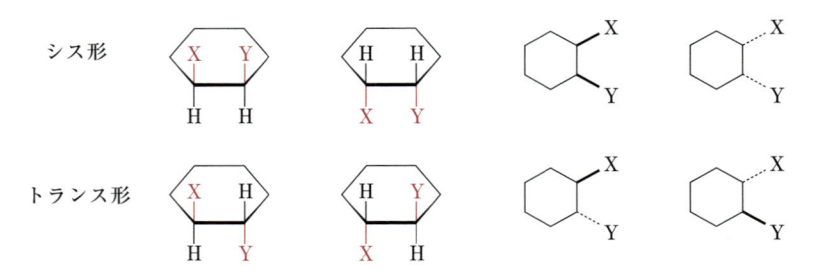

シス形

トランス形

実線（—）は紙面から手前に出た結合を，破線（‥‥）は裏側に向って出た結合をそれぞれ表している[1]．

問　題

1　次の化合物を IUPAC の規則に従って命名せよ．

　a）CH$_3$CHCH$_2$CHCH$_3$
　　　　｜　　　｜
　　　CH$_3$　CH$_3$

　b）CH$_3$CH$_2$CHCH$_2$CH$_3$
　　　　　　　｜
　　　　CH$_3$-C-CH$_3$
　　　　　　　｜
　　　　　　CH$_3$

　c）(CH$_3$CH$_2$CH$_2$)$_3$CH

　d）

---

1) 紙面の裏に出る結合を α-，紙面の手前に出る結合を β- の記号で表すことがある．

2 次の化合物の構造式を示せ．

a) 5-エチル-4,4-ジメチルオクタン
b) 2,4,6-トリメチルヘプタン
c) シクロデカン
d) 1,3,5-トリメチルシクロヘキサン

3 表4.3を利用してメタンの臭素化の反応熱を求めよ．

$$CH_4 + Br_2 \longrightarrow CH_3Br + HBr$$

4 次の化合物の水素原子 H_A と H_B は，どちらがラジカルにより引きぬかれやすいか．

a) ベンゼン環-C(H_A)(H_A)-C(H_B)(H_B)-H_B

b) $H_A-\underset{H_A}{\overset{H_A}{C}}-CH_2-\underset{CH_3}{\overset{CH_3}{C}}-H_B$

c) シクロヘキセン環 (H_A, H_A がアリル位，H_B, H_B が別位置)

d) デカリン環（H_A が橋頭，H_B が隣接位）

5 シクロペンタンの2個の水素原子を塩素原子に置換した化合物について，可能な構造式をシス-トランス異性体も含めすべて書け．

6 次の化合物 I について問 a)～e) に答えよ．

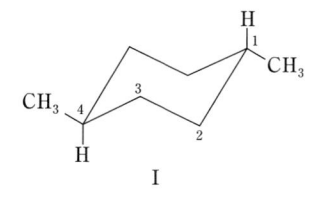

（1位に CH_3 と H，4位に CH_3 と H をもつシクロヘキサンのいす形配座図）

I

a) I はシス形かトランス形か．
b) I を舟形で表せ．
c) I を反転させて得られる別のいす形配座を描け．
d) c) で表されたいす形配座と I のいす形配座では，どちらが安定と考えられるか．

e) I の C_1-C_2 結合に関しニューマン投影式を描け．

7 次の化合物をいす形のシクロヘキサン環により図示せ．

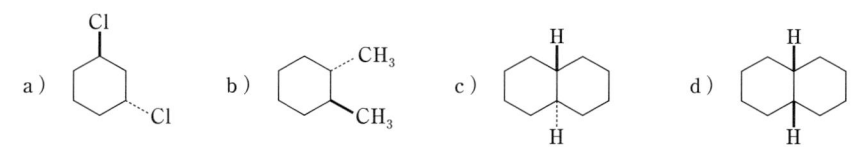

a) 1,3-ジクロロシクロヘキサン（両Cl下向き）
b) 1,2-ジメチルシクロヘキサン（両CH₃右向き）
c) デカリン（Hが上下逆向き）
d) デカリン（Hが同方向）

5 アルケンとアルキン

アルケンとアルキンは炭素-炭素の多重結合をもち，不飽和炭化水素とよばれる．多重結合が官能基として働くので，アルカンと異なり反応性が高い．多重結合に最も特徴的な付加反応を中心に，アルケンやアルキンの反応について学ぼう．

5·1 アルケン

二重結合を一つ含む非環式炭化水素を**アルケン**（alkene）という[1]．アルケンは一般式 C_nH_{2n} で表される．最も簡単なアルケン（$n = 2$）がエチレンであることから，エチレン系炭化水素ともよばれる．

アルケンの物理的性質は対応するアルカンとそれほど変らない．極性の強い結合がないから，水のような極性溶媒には溶けないが，ベンゼンや四塩化炭素など有機溶媒には溶ける．しかし，アルカンと異なり，アルケンは濃硫酸に吸収される性質がある．

アルケンの命名法は，二重結合を含む最も長い炭素鎖を主鎖とし，それに相当するアルカンの語尾 ane を ene に変える．さらに，二重結合の炭素原子の番号が最小になるように主鎖に番号をつけ，二重結合の位置をこの番号で示す．C_2H_4 に対してエチレン（ethylene）というのは慣用名であり，IUPAC の系統的な命名法ではエテン（ethene）という[2]．

$\quad CH_3CH_2CH=CH_2 \quad$ 1-ブテン
$\qquad\qquad\qquad\qquad\quad$ 1-butene

---

[1] オレフィン（olefin）とよばれることもあるが，これは慣用名である．
[2] IUPAC 名としてエチレンの使用は認められているが，$CH_2=CH-CH_3$（プロペン）に対する慣用名プロピレン（propylene）は採用されていない．

$${}^5CH_3{}^4CH{}^3CH={}^2CH{}^1CH_3 \quad\quad \text{4-メチル-2-ペンテン}$$
$$\quad\quad |\quad\quad\quad\quad\quad\quad\quad\quad \text{4-methyl-2-pentene}$$
$$\quad\quad CH_3$$

$${}^1CH_3{}^2C={}^3C{}^4CH_2{}^5CH_2{}^6CH{}^7CH_2{}^8CH_2{}^9CH_3 \quad \text{6-エチル-2,3-ジメチル-2-ノネン}$$
$$\quad\quad\quad | |\quad\quad\quad\quad\quad\; |\quad\quad\quad\quad\quad \text{6-ethyl-2,3-dimethyl-2-nonene}$$
$$\quad\quad\quad CH_3\,CH_3 \quad\quad\; CH_2CH_3$$

二重結合を含む炭化水素基 $CH_2=CH-$ に対し，ビニル (vinyl)，また，$CH_2=CH-CH_2-$ に対しアリル (allyl) をそれぞれ用いることができる．

二重結合が2個，3個，… ある場合は，語尾を diene, triene, … のように変える．

$$CH_2=C-CH=CH_2 \quad\quad \text{2-メチル-1,3-ブタジエン}$$
$$\quad\quad\; |\quad\quad\quad\quad\quad\quad \text{2-methyl-1,3-butadiene}$$
$$\quad\quad\; CH_3$$

5·2 アルケンの合成

高分子化合物の原料となるエチレンやプロペンは，ナフサのクラッキングやリホーミングの副生成物として工業的に製造される．

実験室で一般的に行われるアルケンの生成反応は，

$$-\underset{A}{\overset{|}{C}}-\underset{B}{\overset{|}{C}}- \longrightarrow \!\!\!\!>\!C=C\!<\!\!\!\!+ AB$$

のタイプの反応である．これを**脱離反応** (elimination reaction) といい，代表的なものに次のような反応がある．

(1) アルコールの脱水

$$-\underset{H}{\overset{|}{C}}-\underset{OH}{\overset{|}{C}}- \xrightarrow{\text{酸触媒}} \!\!\!\!>\!C=C\!<\!\!\!\!+ H_2O$$

アルコールを硫酸，リン酸などの触媒と加熱すると起こる．硫酸との反応は，アルコールの酸素原子上の非共有電子対に触媒の H^+ が攻撃することにより始

$$\underset{H}{\overset{}{>}}C-C\underset{\underset{H^+}{O-H}}{\overset{}{<}} \rightarrow \underset{H}{\overset{}{>}}C-C\underset{\underset{H}{O^+-H}}{\overset{}{<}} \xrightarrow{-H_2O} \underset{H}{\overset{}{>}}C-C\overset{+}{<} \xrightarrow{-H^+} >C=C<$$

A   B

まる．アルコールの酸素原子は塩基として作用している．H^+ の攻撃によるオキソニウムイオン A の生成を**プロトン付加**（protonation）という．プロトン付加体から水が脱離して，カルボカチオン B が中間体として生成する．このカルボカチオンは隣接する炭素原子から水素原子を H^+ として脱離させ電気的に中性のアルケンとなる．H^+ は再生し，触媒としての役目をはたす．

　脱水により 2 種以上のアルケンの構造異性体ができる可能性がある場合，二重結合につく置換基がより多い方のアルケンが主生成物となる．この一般則を**ザイツェフ**（Saytzeff；セイチェフと表記することもある）**則**という．

$$CH_3-\underset{\underset{CH_3}{|}}{CH}-\underset{\underset{OH}{|}}{CH}-CH_2-CH_3 \begin{cases} CH_3-\underset{\underset{CH_3}{|}}{C}=CH-CH_2-CH_3 & \text{主生成物} \\ CH_3-\underset{\underset{CH_3}{|}}{CH}-CH=CH-CH_3 & \text{副生成物} \end{cases}$$

(2) ハロゲン化アルキルの脱ハロゲン化水素

$$-\underset{\underset{H}{|}}{C}-\underset{\underset{X}{|}}{C}- \xrightarrow{KOH} >C=C< + HX$$

水酸化カリウムのエタノール溶液（アルコールカリ）をハロゲン化アルキルに作用する．

　この場合もザイツェフ則が認められる．

$$CH_3-\underset{\underset{Br}{|}}{CH}-CH_2-CH_3 \begin{cases} CH_3-CH=CH-CH_3 & \text{主生成物} \\ CH_2=CH-CH_2-CH_3 & \text{副生成物} \end{cases}$$

水酸化物イオンは塩基として作用し，水素原子を H^+ として引きぬく．この水素原子との結合に使われていた電子対はハロゲン，たとえば塩素，と結合し

た炭素原子の方に移動し，同時に，強く分極した C−Cl 結合がイオン開裂して Cl⁻ がはずれる．

$$\begin{array}{c} \text{HO}^{-} \\ \text{H} \quad \text{H} \\ -\text{C}-\text{C}- \\ \text{H} \quad \text{Cl} \end{array} \xrightarrow[-\text{Cl}^{-}]{-\text{H}_2\text{O}} \quad \begin{array}{c} \text{H} \\ \text{C}=\text{C} \\ \text{H} \quad \text{H} \end{array}$$

一般にハロゲン化アルキルからの脱離反応の起こりやすさは R−I ＞ R−Br ＞ R−Cl の順序となる．また，ハロゲン原子がつく炭素原子の種類に依存し，第三級 ＞ 第二級 ＞ 第一級の順に反応性が低下する．

5·3 アルケンの反応

アルケンの最も特徴的な反応は

$$\text{C}=\text{C} + \text{AB} \longrightarrow -\underset{\text{A}}{\text{C}}-\underset{\text{B}}{\text{C}}-$$

のタイプの反応である．これは脱離反応の逆反応に相当し，**付加反応**（addition reaction）とよばれる．AB がハロゲン，ハロゲン化水素，硫酸などの場合，AB から生ずる陽イオン A^+，または強く分極した $A^{\delta+}$ が π 電子密度の高い二重結合の炭素原子を攻撃することにより反応が起こる．このようなイオン的な機構の反応を**求電子付加**（electrophilic addition）反応といい，A^+ または $A^{\delta+}$ を与える試薬 AB を**求電子試薬**（electrophilic reagent）という．

(1) ハロゲンの付加

$$\text{C}=\text{C} \xrightarrow{\text{X}_2} -\underset{\text{X}}{\text{C}}-\underset{\text{X}}{\text{C}}-$$

Br_2 と Cl_2 は常温で容易に二重結合に付加する．

ハロゲンの付加は，無極性溶媒中で光を照射するような特別の条件を除いて，通常はイオン的な求電子付加反応の機構で進行する．ハロゲン分子自身は極性

をもたないが，二重結合のπ電子雲に接近すると分極状態になり，求電子試薬として働く．$\delta+$ に分極した塩素原子は炭素原子と結合し，カルボカチオン中間体が生成する．次の段階で Cl^- が結合し付加生成物となる．

臭素の付加では，アルケンの二重結合の面に対し上下にそれぞれ2本の新しい結合ができる**トランス付加**が起こることが多い．中間に生じる3員環のイオンは**ブロモニウムイオン**（bromonium ion）とよばれる．この C－Br 結合が切れていく背後から Br^- が攻撃して新しい結合をつくるので，トランス付加となる．

(2) ハロゲン化水素の付加
アルケンは HCl，HBr，HI を付加してハロゲン化アルキルを生成する．

非対称に置換した二重結合にハロゲン化水素が付加する場合，2種類の付加物が可能である．たとえば，2-メチルプロペンへの HBr の付加では次ページの二つの生成物が考えられる．しかし実際には，ほとんど臭化 t-ブチルしか生成しない．このように，非対称のアルケンに対しては，二重結合の炭素原子のうち水素原子を多く持った方の炭素原子に水素原子が結合する．この経験則を

マルコフニコフ（Markownikoff）則という．

$$CH_3-\underset{CH_3}{\underset{|}{C}}=CH_2 \xrightarrow{HBr} \begin{cases} CH_3-\underset{Br}{\overset{CH_3}{\underset{|}{\overset{|}{C}}}}-CH_3 & \text{主生成物} \\ & \text{臭化 } t\text{-ブチル} \\ CH_3-\underset{CH_3}{\underset{|}{CH}}-CH_2-Br & \text{副生成物} \\ & 1\text{-ブロモ-}2\text{-メチルプロパン} \end{cases}$$

マルコフニコフ則は，ハロゲン化水素の付加反応がカルボカチオンを中間体とする二段階反応であると考えると理解することができる．

2-メチルプロペンにHBrが付加する場合，第一段階でまず水素原子が求電子的にπ電子を攻撃する．このとき，より安定なカルボカチオンIが生成する方向に水素が結合し，第二段階でBr$^-$がカルボカチオンを攻撃して，C−Br結合をつくる．

$$CH_2=\underset{CH_3}{\underset{|}{C}}-CH_3 \quad H^{\delta+}-Br^{\delta-} \longrightarrow \begin{cases} CH_3-\overset{CH_3}{\underset{|}{C^+}}-CH_3 \;+\; Br^- \\ \qquad\qquad \text{I} \\[6pt] \underset{H}{\overset{H}{\underset{|}{\overset{|}{C^+}}}}-\underset{H}{\overset{CH_3}{\underset{|}{\overset{|}{C}}}}-CH_3 \;+\; Br^- \\ \qquad\qquad \text{II} \end{cases}$$

カルボカチオンIIにくらべIの方が安定であるのは，アルキル基の電子供与性誘起効果（3·3節）により炭素原子上の正電荷が中和されるためである．カルボカチオンは一般にアルキル置換が多いほど安定である．級の高い炭素のカルボカチオンほど安定ということになる．

$$\underset{\text{第一級}}{R-\overset{H}{\underset{H}{C^+}}-H} \quad < \quad \underset{\text{第二級}}{R-\overset{H}{\underset{}{C^+}}-R} \quad < \quad \underset{\text{第三級}}{R-\overset{R}{\underset{}{C^+}}-R}$$

(3) 臭化水素の逆マルコフニコフ付加

酸素あるいは有機過酸化物 R−O−O−R の存在下で HBr の付加反応を行うと，マルコフニコフ則と逆の配向性の付加物が生成する．この場合は，ラジカルを中間体とする反応である．臭素ラジカルが反応して生ずる炭素ラジカルの安定性によって配向性が支配される．このような逆マルコフニコフ付加が起こるのは，臭化水素の付加だけである．

$$CH_3-CH=CH_2 \begin{array}{c} \xrightarrow{Br \cdot} CH_3-\overset{\cdot}{C}H-CH_2-Br \xrightarrow{H \cdot} CH_3-CH_2-CH_2-Br \quad \text{主生成物} \\ \xrightarrow{Br \cdot} CH_3-\underset{Br}{CH}-CH_2 \cdot \xrightarrow{H \cdot} CH_3-\underset{Br}{CH}-CH_3 \quad \text{副生成物} \end{array}$$

(4) 硫酸の付加

アルケンを濃硫酸中に通じると付加反応が起こり，硫酸のモノアルキルエステルを生ずる．これを水で希釈してから加熱すると，エステルの加水分解によりアルコールとなる．実質は水の付加である．

$$\text{>C=C<} \xrightarrow{H_2SO_4} \underset{\underset{H}{|} \quad \underset{O-SO_2-OH}{|}}{-C-C-} \xrightarrow{H_2O} \underset{\underset{H}{|} \quad \underset{OH}{|}}{-C-C-}$$

硫酸水素アルキル

非対称アルケンへの硫酸の付加も，マルコフニコフ則に従う．

(5) 水素の付加

アルケンは水素化 (hydrogenation) によりアルカンに還元される．

$$\text{>C=C<} \xrightarrow[\text{触媒}]{H_2} \underset{\underset{H}{|} \quad \underset{H}{|}}{-C-C-}$$

Ni, Pd, Pt などの触媒を用いる**水素化**を**接触還元** (catalytic reduction) とよぶ．

触媒が溶解しない不均一系の触媒反応である．触媒表面に吸着された水素が反応するので，二重結合を含む面に対し同じ側に 2 個の新しい C−H 結合ができる．このような型の反応を**シス付加**とよぶ．一方，ロジウム(I) 錯体 $(Ph_3P)_3RhCl$ のような触媒を用いると，均一な溶液で水素化を行うことができる．

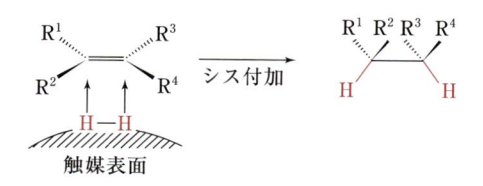

(6) 過マンガン酸カリウムとの反応

アルカリ性過マンガン酸カリウムのうすい水溶液を室温以下でアルケンに作用すると，二価アルコールを生ずる．このアルコールは 1,2-ジオールまたはグリコール（glycol）とよばれる．2 個のヒドロキシ基は二重結合の同じ側から導入され，シス付加となる．

この反応が進行すれば MnO_4^- の紫色が退色するので，これを利用してアルケンの検出をすることができる．

加熱下，過マンガン酸カリウムでアルケンを酸化すると，炭素–炭素二重結合が切断され，2 組のカルボニル化合物になる．

(7) エポキシドの生成

過酸 RCO−OOH をアルケンに作用するとエポキシド（epoxide）を生成する．

$$R^1R^2C=CR^3R^4 \xrightarrow{C_6H_5CO_3H} \underset{\text{エポキシド}}{R^1R^2C\overset{O}{-}CR^3R^4}$$

(8) オゾン分解

アルケンにオゾン O_3 を作用させるとオゾニド (ozonide) が生成する．オゾニドは不安定で単離できないが，還元的に加水分解すると2種類のカルボニル化合物を生成する．

$$R^1R^2C=CR^3R^4 \xrightarrow{O_3} \underset{\text{オゾニド}}{\underset{O-O}{R^1R^2C\overset{O}{\diagup}\overset{}{\diagdown}CR^3R^4}} \xrightarrow{H_2O} R^1R^2C=O + O=CR^3R^4$$

オゾン分解 (ozonolysis) は二重結合の部分で分子を切断するので，オゾン分解生成物の数やそれらの構造を調べることにより，元の大きな分子全体の構造を推定することができる．

5·4 共役ジエン

アルケンにもう一つ二重結合が導入された炭化水素は，**アルカジエン** (alkadiene) とよばれる．また，単にジエンともいう．2個の二重結合が2個以上の単結合で隔てられているジエン，$-CH=CH-(CH_2)_n-CH=CH-$ では，それぞれの二重結合は単純なアルケンと同じ性質を示す．二重結合が1本の単結合だけで隔てられている $-CH=CH-CH=CH-$ は，**共役ジエン** (conjugated diene) とよばれ，特徴的な **1,4-付加反応** を起こす．たとえば，最も簡単な共役ジエンである 1,3-ブタジエンに臭素を1モル付加すると，次の2種類の生成物が得られる．1,4-付加物の生成は，臭素の求電子攻撃により生成するカルボカチオン中間体が I と II の共鳴混成体であることに起因する．

5·4 共役ジエン

$$CH_2=CH-CH=CH_2 \xrightarrow[-Br^-]{Br_2} \begin{cases} \underset{|}{CH_2}-\overset{+}{CH}-CH=CH_2 \\ Br \quad\quad\quad\quad I \\ \updownarrow \\ \underset{|}{CH_2}-CH=CH-\overset{+}{CH_2} \\ Br \quad\quad\quad\quad II \end{cases} \xrightarrow{Br^-} \begin{array}{l} Br-CH_2-\underset{|}{CH}-CH=CH_2 \\ \quad\quad\quad\quad Br \\ \text{1, 2 - 付加物 (20 %)} \\ \\ Br-CH_2-CH=CH-CH_2-Br \\ \text{1, 4 - 付加物 (80 %)} \end{array}$$

1,3-ブタジエンはアクリルアルデヒドと反応して6員環状の1,4-付加物を生成する．この反応は**ディールス-アルダー**（Diels-Alder）**反応**とよばれ，共役ジエンと炭素-炭素多重結合をもつ化合物との間の特有の付加反応である．

$$\begin{array}{c} {}^1CH_2 \\ \| \\ {}^2CH \\ | \\ {}^3CH \\ \| \\ {}^4CH_2 \end{array} \quad + \quad \begin{array}{c} CH_2 \\ \| \\ CH \\ | \\ CHO \end{array} \quad \longrightarrow \quad \begin{array}{c} CH_2 \\ CH \diagup \quad \diagdown CH_2 \\ \| \quad\quad\quad\quad | \\ CH \diagdown \quad \diagup CH-CHO \\ CH_2 \end{array}$$

1,3-ブタジエン　　　アクリルアルデヒド
（共役ジエン）　　　（ジエノフィル）

多重結合している炭素原子に，-COR，-COOH，-COOR，-CN など電子求引性の置換基がついた不飽和化合物が共役ジエンとの付加反応を起こしやすく，これらを**ジエノフィル**（dienophile）とよぶ．ディールス-アルダー反応では，環状の遷移状態を経て2個のC-C結合が同時に形成される（第15章）．このように，いくつかの結合の形成や開裂が互いに関連しつつ同時に進行する型の反応を**協奏反応**（concerted reaction）という．

　ディールス-アルダー反応は4個の反応点での協奏反応であり，シス付加が起こる．これにより，ジエノフィルの立体配置が保持された生成物が得られる．

　ディールス-アルダー反応のシス付加や，臭素のトランス付加のように，異なる立体異性体（これらの場合はシス，トランス）から，それぞれに対応して異なる立体異性体が生成する反応を，**立体特異的**（stereospecific）な反応という．

フマル酸ジメチル → トランス形ジカルボン酸

マレイン酸ジメチル → シス形ジカルボン酸

イソプレン $CH_2=C(CH_3)-CH=CH_2$ は，天然ゴムの熱分解で得られる共役ジエン化合物である．弾性ゴムの炭素骨格は，イソプレンが 1,4-付加重合により重合した構造をもつ高分子化合物である．

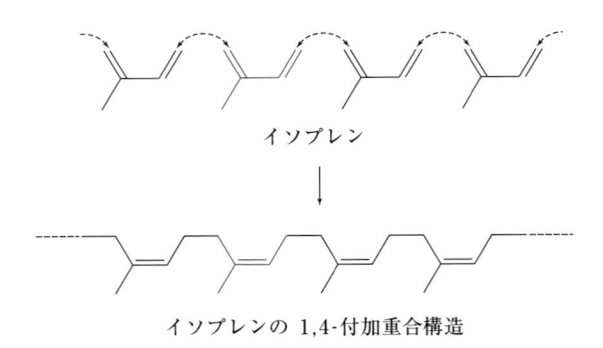

イソプレン

↓

イソプレンの 1,4-付加重合構造

イソプレンの炭素骨格はまた，**テルペン** (terpene)，**ステロイド** (steroid) など，天然化合物の炭素骨格構成単位としても含まれる（第 14 章）．

多数の二重結合が，それぞれ共役二重結合の関係で結ばれた炭化水素を，**共役ポリエン** (polyene) という．π 電子は長い共役系の全体に非局在化し，炭素鎖の端から端まで自由に動きまわると考えられる．共役系が長くなるほど共役ポリエンは電子スペクトルにおいて長波長の紫外線を吸収する（第 15 章）．可視領域の光も吸収するようになれば，有色の化合物になる．たとえば，ニンジンに含まれる赤い色素，β-カロテン (β-carotene) は 11 個の二重結合が共役したポリエンで，溶液は赤色に着色している．

β-カロテン　　484 nm の可視光を吸収する

5·5 アルキン

三重結合を一つだけ含む非環式炭化水素を**アルキン**（alkyne）とよぶ．アルキンは一般式 C_nH_{2n-2} で表される．最も簡単なアルキン（$n = 2$）はアセチレンなので，アセチレン系炭化水素ともいう．

アルキンは，母体骨格のアルカン alkane の語尾 ane を yne に変えて命名する．CH≡CH はエチン（ethyne）となるが，慣用名の**アセチレン**（acetylene）も使ってよい．

$$CH_3-C≡C-CH_3 \quad 2\text{-ブチン} \quad 2\text{-butyne}$$

二重結合と三重結合とをもつ化合物では，語尾を enyne とし，多重結合の位置を表す番号ができるだけ小さくなる方向に番号をつける．どちらの端から番号をつけても多重結合の番号が同じになる場合は，二重結合の位置番号が小さくなる方向に番号をつける．

$^1CH≡{}^2C-{}^3CH={}^4CH-{}^5CH_3$　　3-ペンテン-1-イン[1]　　3-penten-1-yne

$^1CH_2={}^2CH-{}^3CH={}^4CH-{}^5C≡{}^6CH$　1,3-ヘキサジエン-5-イン[2]　1,3-hexadien-5-yne

5·6 アルキンの合成と反応

最も簡単なアルキンであるアセチレンは，炭化カルシウムに水を作用して得られる．

$$CaC_2 + 2H_2O \longrightarrow Ca(OH)_2 + HC≡CH$$

1,2-ジハロアルカンに強塩基を作用することにより，アルキンを合成することができる．

---

1) 2-ペンテン-4-イン とはしない．
2) 3,5-ヘキサジエン-1-イン とはしない．

$$\begin{array}{c} \text{H H} \\ | \ | \\ \text{R}-\text{C}-\text{C}-\text{R}' \\ | \ | \\ \text{Br Br} \end{array} \xrightarrow[\substack{\text{エタノール} \\ -2\text{HBr}}]{\text{KOH}} \text{R}-\text{C}\equiv\text{C}-\text{R}'$$

アルキンの反応として次のようなものがある.

(1) 水素の付加

Pt, Pd, Ni など遷移金属触媒を用いてアルキンに水素を付加させると, アルケンを経てアルカンが生成する.

$$\text{R}-\text{C}\equiv\text{C}-\text{R}' + 2\text{H}_2 \xrightarrow{\text{Pt}} \text{R}-\text{CH}_2-\text{CH}_2-\text{R}'$$

Pd に酢酸鉛を加えて調製した活性の低い触媒を使えば, 水素化をアルケンの段階で止めることができる.

(2) ハロゲンの付加

アルキンは2分子の臭素または塩素を付加する.

$$\text{R}-\text{C}\equiv\text{C}-\text{R}' \xrightarrow{2\text{Br}_2} \begin{array}{c} \text{Br Br} \\ | \ | \\ \text{R}-\text{C}-\text{C}-\text{R}' \\ | \ | \\ \text{Br Br} \end{array}$$

アルケンへの付加にくらべ, アルキンへの付加反応の速度は遅い.

(3) ハロゲン化水素の付加

HCl, HBr, HI は2段階でアルキンに付加する. 末端三重結合をもつアルキンへの HX の付加はマルコフニコフ則に従い, *gem*-ジハロゲン化物が得られる. *gem*- は, 一つの炭素に2個の同一置換基がついていることを意味する.

$$\text{R}-\text{C}\equiv\text{C}-\text{H} \xrightarrow{\text{HBr}} \begin{array}{c} \text{R}-\text{C}=\text{CH}_2 \\ | \\ \text{Br} \end{array} \xrightarrow{\text{HBr}} \begin{array}{c} \text{Br} \\ | \\ \text{R}-\text{C}-\text{CH}_3 \\ | \\ \text{Br} \end{array}$$

(4) 水の付加

アルキンはアルケンよりも容易に水を付加する. 硫酸と硫酸水銀がこの反応の触媒となる. 付加により生ずるエノール[1]は不安定で, すみやかに異性化し

---

1) ケト-エノールの平衡については 11·6 節で述べる.

てケトンに変る．したがって，アルキンへの水の付加反応はケトンの合成法として利用できる．

$$R-C\equiv C-H \xrightarrow[H_2SO_4, HgSO_4]{H_2O} R-\underset{OH}{C}=CH_2 \rightleftarrows R-\underset{O}{\overset{\parallel}{C}}-CH_3$$

エノール　　　　　ケトン

(5) アセチリドの生成と反応

$R-C\equiv C-H$ の構造をもつアセチレンは塩基性溶媒中で $R-C\equiv C^-M^+$ のような金属化合物，アセチリド (acetylide) を生成する．Li, Na, K のアセチリドは，液体アンモニア中で生成する金属アミドにアルキンを反応させて得られる．

$$NH_3 + Na \longrightarrow \underset{\text{ナトリウムアミド}}{Na^+NH_2^-} + \frac{1}{2}H_2$$

$$RC\equiv CH + NaNH_2 \rightleftarrows RC\equiv C^-Na^+ + NH_3$$

アセチレンとグリニャール (Grignard) 試薬 (7・2 節) RMgX の反応によってもアセチリドが生成する．

$$RC\equiv CH + C_2H_5MgBr \longrightarrow RC\equiv CMgBr + C_2H_6$$

これらアセチリドはハロゲン化アルキルに対し求核置換反応 (7・3 節) を行い，炭素鎖の伸びたアルキンを生成する．

また，カルボニル化合物への求核付加反応 (11・4 節) によるアルコールの合成法としても利用できる．

問　題

1 次の化合物を IUPAC 規則に従って命名せよ．

a) $CH_2=CH-\underset{CH_3}{\overset{CH_3}{\underset{|}{\overset{|}{C}}}}-CH_3$

b) $CH_2=CHCH=CHCH_3$

c) $CH_3C\equiv CCH_2CH_2CH_3$

d) $CH\equiv CC\equiv CC\underset{CH_3}{\overset{|}{H}}CH_3$

e) $CH_2=CHCH_2C\equiv CH$ f) $CH_2=CHCHC\equiv CCH_3$
                                        $|$
                                        $CH=CH_2$

2 次の反応の主生成物を示せ．立体異性体が可能な生成物の場合には，生成物の立体配置についても記せ．

a) $CH_3-CH=CH_2 \xrightarrow{H_2SO_4} \xrightarrow{H_2O}$

b)
$$\underset{H}{\overset{CH_3}{}}C=C\underset{H}{\overset{CH_3}{}} \xrightarrow{Br_2}$$

c) $CH_3CH_2CH=C(CH_3)_2 \xrightarrow[\text{光}]{HBr}$

d) $HC\equiv CH \xrightarrow[HgSO_4]{H_2O}$

e) (シクロヘキセン) $\xrightarrow{Br_2}$ f) (1-メチルシクロヘキセン) $\xrightarrow{HCl}$

3 次の反応で得られる主生成物を示せ．

a) $CH_3CH_2-\underset{Cl}{CH}-\underset{CH_3}{CH}-CH_3 \xrightarrow[C_2H_5OH]{KOH}$

b) (1-メチルシクロヘキサノール) $\xrightarrow{H_2SO_4}$

c) $CH_2=CH-CH=CH_2$ + (p-ベンゾキノン) $\longrightarrow$

d)
$$\underset{H}{\overset{CH_3}{}}C=C\underset{CH_2CH_3}{\overset{H}{}} \xrightarrow[0\,°C]{\text{希 } KMnO_4}$$

e) $CH_3C\equiv CH \xrightarrow[NH_3]{Na} \xrightarrow{CH_3CH_2I}$

4 ある化合物 A および B をオゾン分解したところ，それぞれ次のカルボニル化合物が得られた．化合物 A, B の構造を推定せよ．立体異性体が存在する可能性につ

いても考察せよ．

A：$CH_3-\underset{\underset{O}{\|}}{C}-CH_2CH_3$ と CH_3CH_2-CHO

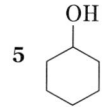

B：$H-\underset{\underset{O}{\|}}{C}-\underset{\underset{CH_3}{|}}{C}HCH_2CH_2\underset{\underset{CH_3}{|}}{C}H-\underset{\underset{O}{\|}}{C}-H$ のみ

5 シクロヘキサノール を原料として次の化合物を得る反応経路を書け．必要に応じて適当な無機試薬を用いてよい．

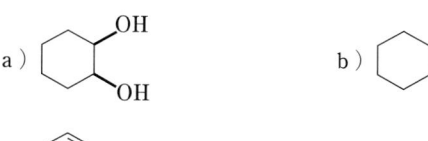

a) シクロヘキサン-1,2-ジオール b) シクロヘキサン

c) シクロヘキセン

6 アルケンに対する次の反応のうち，立体特異的なものはどれか．

a) HBr のラジカル付加 b) 接触還元
c) $KMnO_4$ による 1,2-ジオールの生成 d) 過酸によるエポキシドの生成
e) ブロモニウムイオンを経る Br_2 の付加

6 鏡像異性

右手と左手は同じ形をしているが互いに重ね合わせることができない．しかし，鏡に写った左手の像は，右手と重なり一致させることができる．このような，右手と左手の関係にある立体構造は有機化合物の分子にも存在し，互いに鏡像異性体とよばれる．本章では，鏡像異性体の特徴を理解し，これに関連する立体化学の問題について学んでいこう．

6·1 鏡像異性体

乳酸 $CH_3CH(OH)CO_2H$ には，原子や原子団の空間的配列のしかたが異なる二つの構造が存在する（図 6.1）．この Ⅰ と Ⅱ の二つの構造は実体と鏡像の関係にあり，互いに重ね合わすことができない．このような関係にある立体異性体を**鏡像異性体**（enantiomer）という．右手と左手の関係であることから，対掌体ともよばれる．

実像と鏡像を重ね合わすことができないとき，その形はキラル（chiral），または不均斉（dissymmetric）であるという[1]．鏡像異性体はキラルな構造をもつことになる．

乳酸の sp^3 炭素原子の中で，＊印の炭素原子は異なる 4 個の原子または原子

図 6.1 乳酸の鏡像異性体

---

[1] わかりやすくいえば，前後，左右，上下，どこにも対称性がない形ということになる．手袋，靴，ネジなどはキラルな物体である．

団（-H, -CH₃, -OH, -CO₂H）と結合している．このような炭素原子を**不斉炭素原子**（asymmetric carbon atom）という．また，不斉炭素原子をキラル中心とよぶこともある[1]．不斉炭素原子を1個含む化合物には一対の鏡像異性体が存在する．

鏡像異性体のそれぞれが示す融点，沸点，密度，溶解度などの物理的性質は同じである．ただ一つ，旋光性（6·2節）のみが異なる．したがって，旋光性の測定により，鏡像異性体を区別することができる．

不斉炭素原子をもつ化合物の立体配置を紙面上に書き表すのに，**フィッシャー（Fischer）投影式**が通常用いられる．不斉炭素原子を中心に，2本の結合を紙面の背後に向けて上下に置く[2]．あとの2本の結合は左右に伸びて紙面の上側に向かっている．分子をこのように置いて投影した図がフィッシャー投影式である．**図 6.2** に乳酸の鏡像異性体 Ⅰ と Ⅱ のフィッシャー投影式を示した．

鏡像異性体のフィッシャー投影式において，任意の二つの結合を1回（または奇数回）交換すると，逆の立体配置をもつ異性体になる．

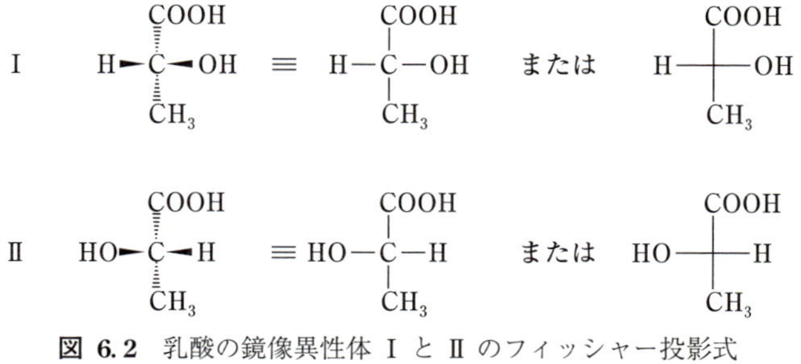

図 6.2 乳酸の鏡像異性体 Ⅰ と Ⅱ のフィッシャー投影式

6·2 光 学 活 性

鏡像異性体の特徴はそれぞれが平面偏光の偏光面を回転させる性質，すなわ

---

1) 炭素原子のほか，窒素，リン，硫黄などの原子もキラル中心になり得る（本章問題8参照）．
2) 4本の結合のうち，炭素原子との結合を優先的に上下に書く．

ち**旋光性**を示すことである[1]．しかも，回転した角度の大きさはそれぞれの異性体同士で等しく，角度の向きだけが正反対になる．光源の方向に見て偏光面を時計方向に回転させるときは**右旋性**（dextro-rotatory）であるといい，その逆方向に回転させるときは**左旋性**（levo-rotatory）であるという．右旋性の物質は（＋）または d を，左旋性の物質は（－）または l を，それぞれ名称の前につけて区別する．乳酸の場合 ＋3.82° の比旋光度をもつ（＋）-乳酸と，－3.82° の比旋光度をもつ（－）-乳酸の一対の鏡像異性体が存在する．（－）-乳酸は図 6.1 の I の立体配置をもち，（＋）-乳酸は II の立体配置であることも明らかにされている．

旋光性を示す物質を光学活性（optical activity）をもつという．鏡像異性体のそれぞれはもちろん光学活性である．しかし，（＋）と（－）の鏡像異性体を等量ずつ混合したものは，偏光面を回転させることはなく，光学的に不活性である．このような等量混合物を**ラセミ体**（racemic modification）または dl 体といい，（±）または dl の記号で表す．

固相ではラセミ体に，ラセミ混合物またはラセミ化合物の二つの状態が存在する（**図 6.3**）．**ラセミ混合物**（racemic mixture または conglomerate）は d と l がそれぞれ別々の微小結晶をつくり，混在している．それぞれの結晶が十分に大きい場合もあり，そのときは，機械的な手作業で鏡像異性体を分離することも可能である．

一方，**ラセミ化合物**（racemic compound または racemate）は，d と l の分子が対をなして結晶を構成している．

鏡像異性体同士は，比旋光度の符号が異なることと，他の光学活性物質との反応性が異なること以外，物理的性質（融点，沸点，密度など）と化学的性質

---

[1] ニコル（Nicol）のプリズムなどを用いると，一平面上で振動する光波だけをとり出すことができる．この面偏光が鏡像異性体の試料溶液を通過して出てくると，偏光面は入射面とある角度だけ変化している．この角度 α/度を旋光角とよぶ．旋光角は，試料溶液の濃度 C/g cm^{-3} や偏光が通過する試料層の長さ l/dm に依存する．そこで，次のように定義した比旋光度 $[\alpha]$ の値で旋光性の大きさを表す．比旋光度はその物質に固有の定数となる．

$$[\alpha]_\lambda^t = \frac{\alpha}{lC} \quad (測定温度 t，光源波長 \lambda)$$

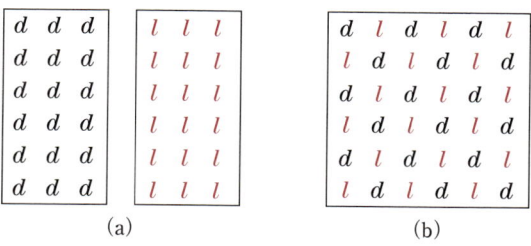

図 6.3 （a）ラセミ混合物：一粒の結晶は，d 分子のみ，または l 分子のみからなる．
（b）ラセミ化合物：一粒の結晶は d と l の分子が対をなして配列している．

（一般の試薬に対する反応性，酸としての強さなど）はすべて同じである．しかし，ラセミ化合物は一般にその成分である（＋）-体や（−）-体とは融点，溶解度，密度などが異なり，一つの純物質のように固有の性質を示す．

6·3 立体配置の表示法

不斉炭素原子をもつ化合物の立体配置は，いちいち図示することなく，記号によって表示することができる．これには，次の二つの方式が用いられる．

（1）*RS* 表示

不斉炭素原子に結合する四つの基に，以下に示す順位規則に従って①②③④の番号をつける．**図 6.4** のように最下位の基④を最も遠くに見たとき，手前に出た残り三つの基の ① → ② → ③ の並び方が右まわり（時計方向）のとき *R* 配置，左まわりのとき *S* 配置とする[1]．

順位規則の要点は次のようにまとめられる．

1．不斉炭素原子と直接に結合している原子の原子番号が大きい順に順位をつける．
2．直接に結合している原子が同じ場合は，その次の原子，すなわち不斉炭素原子から数えて2番目の原子同士を比較し，原子番号の大きい方を高順位にする．それでもきまらないときは，3番目，4番目 … で比較し順位をつける．

---

[1] *R*，*S* の記号はそれぞれラテン語の *rectus*（＝right），*sinister*（＝left）に由来する．

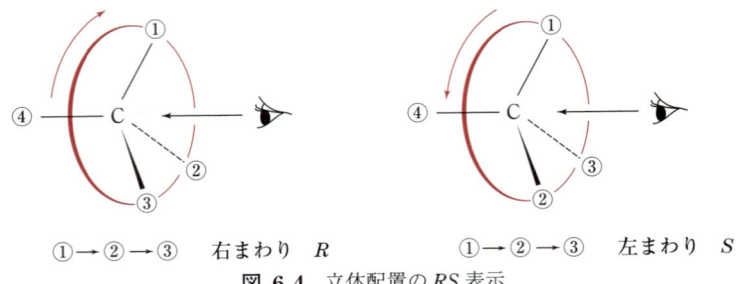

①→②→③　右まわり　R　　　　　①→②→③　左まわり　S

図 6.4 立体配置の RS 表示

3．二重結合と三重結合は，それぞれ 2 個あるいは 3 個の同一原子が結合したものと見なして，順位規則を適用する．たとえば，－**C**HO 基の炭素原子には 2 個の O と 1 個の H が結合していると考える．また，－**C**H＝CH$_2$ の場合は，1 個の H と 2 個の C が結合しているとみなす．

図 6.5 のフィッシャー投影式で表されるグリセルアルデヒドを RS 表示で示してみよう．不斉炭素原子に直接結合した原子の原子番号から －OH が ①，－H が ④ という順位はすぐきまる．－**C**H$_2$OH と －**C**HO については，1 番目の C ではきまらない．

$$-CH_2OH \longrightarrow -\underset{H}{\overset{O}{C}}-H \qquad -\underset{H}{\overset{O}{C}}= \longrightarrow -\underset{H}{\overset{O}{C}}-O$$

2 番目の原子は －**C**H$_2$OH の O, H, H に対し，－**C**HO は O, O, H であるから，－**C**HO の方が高順位で ② となる．④ を一番遠くに見たときの ①②③ の並び方が右まわりとなるから，(R)-グリセルアルデヒドである．

図 6.5 (R)-グリセルアルデヒドのフィッシャー投影式およびそれと同じ立体配置を示す投影式

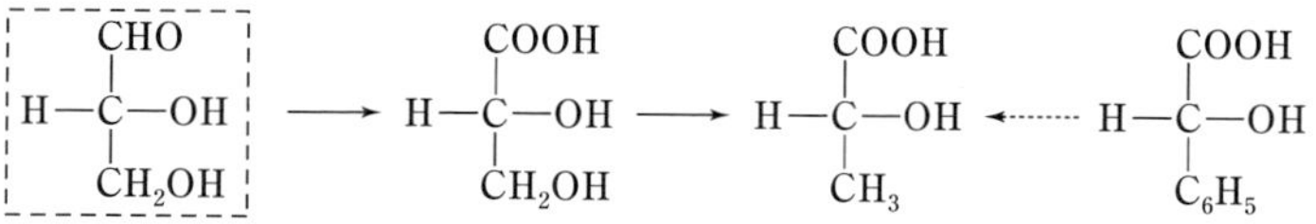

```
    CHO              COOH            COOH            COOH
H—C—OH   ──→   H—C—OH   ──→   H—C—OH  ◁┄┄┄  H—C—OH
   CH₂OH            CH₂OH            CH₃             C₆H₅
```

　D-(+)-グリセルアルデヒド　　D-(−)-グリセリン酸　　D-(−)-乳酸　　D-(−)-マンデル酸

図 6.6 D 系列の立体配置

　フィッシャーの投影式において，置換基を偶数回交換することにより ④ を下に伸びた結合として書くと，① → ③ の右まわり，左まわりを容易に判定することができる (**図 6.5**).

(2) DL 表示

　測定によって求められた旋光度の符号を，不斉炭素原子のまわりの立体配置と直接に関係づけることはできない．(+) と (−) の鏡像異性体のうち，どちらが R 配置でどちらが S 配置か，が明らかにされると絶対立体配置が確定する．光学活性化合物の絶対立体配置がきめられた最初の例は 1949 年で[1]，それ以前から知られていたのは，次のような相対立体配置である．すなわち，右旋性の (+)-グリセルアルデヒドの立体配置を**図 6.6**のように仮定する．これを基準として，不斉炭素原子について同じ立体配置をもつ光学活性化合物にすべて D という記号をつけ，その鏡像体には L という記号をつける．図 6.6 の一連の変換は，どれも不斉炭素原子との結合を切ることなく関係づけられるので，どの化合物も (+)-グリセルアルデヒドの不斉炭素の立体配置を保った D 系列の鏡像異性体である．この例からもわかるように，D 系列の配置が必ずしも右旋性というわけではない．

　アミノ酸については，(−)-セリンを L 配置として相対立体配置がきめられる．タンパク質を構成する天然のアミノ酸はすべて L 系列である．

---

1) バイフット (J. M. Bijvoet) が酒石酸カリウムルビジウム塩について X 線回折法により決定した．

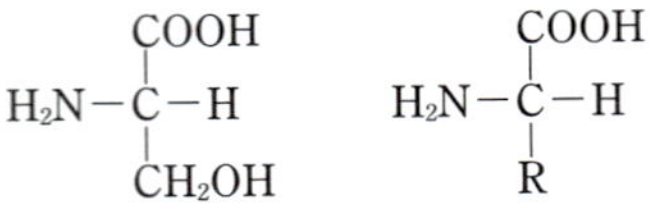

```
      COOH              COOH
      |                 |
H₂N—C—H           H₂N—C—H       （Rは炭化水素基）
      |                 |
      CH₂OH             R

  L-(−)-セリン        L-アミノ酸
```

6·4 ジアステレオ異性体

n 個の不斉炭素原子をもつ分子には原則として 2^n 種類の立体異性体が存在する．たとえば，2個の不斉炭素原子をもつ 2,3,4-トリヒドロキシブタナールでは，**図 6.7** のフィッシャー投影式に示すように4種類の立体異性体がある．このうち Ⅰ と Ⅱ，Ⅲ と Ⅳ はそれぞれ鏡像異性体の関係にある．しかし，Ⅰ と Ⅲ，Ⅰ と Ⅳ，あるいは Ⅱ と Ⅲ，Ⅱ と Ⅳ は鏡像の関係にはない．このような互いに鏡像関係にない立体異性体を**ジアステレオマー**（diastereomer）または**ジアステレオ異性体**（diastereoisomer）という．ジアステレオマー同士は旋光性，融点，沸点，溶解度など物理的性質と，化学的性質がすべて異なり，別個の化合物である．

酒石酸には不斉炭素原子が2個あるにもかかわらず，立体異性体は3種類しか存在しない（**図 6.8**）．Ⅰ と Ⅱ は鏡像異性体の関係にある．しかし Ⅲ と Ⅳ は互いに重ね合わすことができ，同一の化合物を表している．したがって，Ⅲ（≡ Ⅳ）は光学的に不活性で，旋光性を示さない．このように，不斉炭素原子をもちながら，対応する鏡像異性体が存在しない立体異性体を**メソ形**（meso

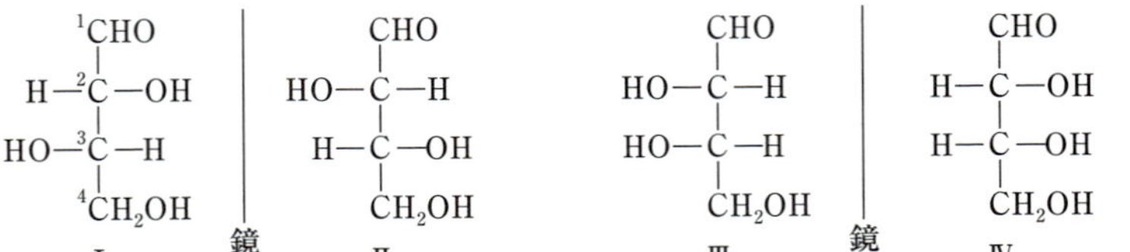

```
     ¹CHO              CHO               CHO               CHO
      |                 |                 |                 |
 H—²C—OH          HO—C—H            HO—C—H            H—C—OH
      |                 |                 |                 |
HO—³C—H            H—C—OH           HO—C—H            H—C—OH
      |                 |                 |                 |
     ⁴CH₂OH            CH₂OH             CH₂OH             CH₂OH
           │鏡                                   │鏡
      Ⅰ                 Ⅱ                 Ⅲ                 Ⅳ

  L-トレオース       D-トレオース       L-エリトロース     D-エリトロース
  (L-threose)       (D-threose)       (L-erythrose)     (D-erythrose)
```

図 6.7 HOCH₂CHCHCHO の立体異性体
                        | |
                        OH OH

6·5 不斉炭素原子をもたない鏡像異性体

COOH	COOH	COOH	COOH
H—C—OH	HO—C—H	HO—C—H	H—C—OH
HO—C—H	H—C—OH	HO—C—H	H—C—OH
COOH	COOH	COOH	COOH
I	II	III	IV

(R,R)-(+)酒石酸　(S,S)-(−)酒石酸　　　meso-酒石酸

図 6.8 酒石酸の立体異性体

form)という．酒石酸のメソ形 III (≡ IV)に対し光学活性体 I および II は，ジアステレオマーの関係にある．

6·5 不斉炭素原子をもたない鏡像異性体

　不斉炭素原子をもたない場合でも，鏡像と重ね合わせることができない構造の化合物が存在する．たとえばアレン $CH_2=C=CH_2$ では，真ん中の炭素原子は sp 混成で，二つの p 軌道はそれぞれ直交する二つの平面上で両端の sp^2 炭素原子と π 結合をつくる（図 6.9）．このため，アレンの置換体 I では実体と鏡像を重ね合わせることができず，一対の鏡像異性体が存在する（図 6.10）．

　図 6.11 に示すビフェニル置換体 II にも一対の鏡像異性体が存在する．鏡像

図 6.9　アレンの構造と混成状態．中央の sp 混成炭素原子には，混成に加わらない直交する二つの p 軌道がある．それぞれ，左右の sp^2 混成炭素原子の p 軌道との間で π 結合を形成する．両端の sp^2 混成軌道が水素原子とつくる結合は直交する A 面と B 面上にある．

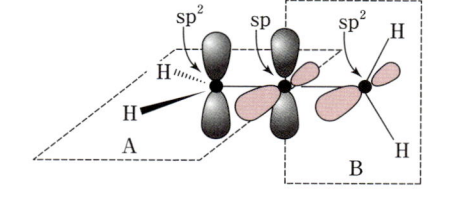

図 6.10　アレン置換体（I）の鏡像異性体

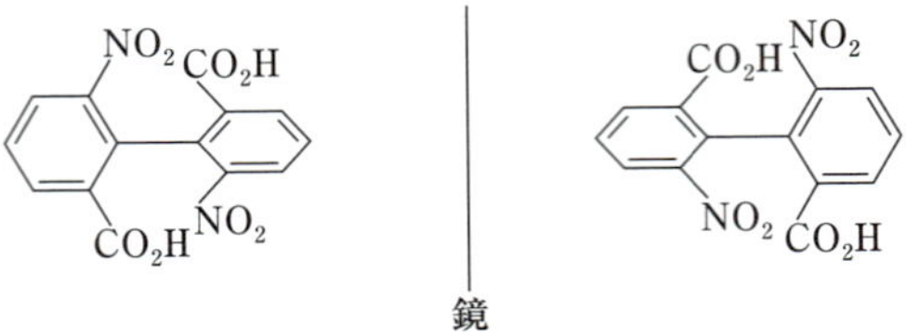

図 6.11 ビフェニル置換体（Ⅱ）の鏡像異性体

異性体のそれぞれは，オルト位の置換基が立体的に障害となってベンゼン環を結ぶ単結合のまわりの回転が妨げられるため，相互に変換ができない[1]．すなわち，二つのベンゼン環は表裏を保ったままでいる．回転が自由であれば，実体と重なり合う鏡像が必ず存在し，鏡像異性体にはならない．

ⅠやⅡの鏡像異性体は，不斉炭素原子がなくても分子が全体としてキラルな形をもつことに起因する．

6・6　光学分割と不斉合成

ラセミ体をその成分の鏡像異性体に分離することを**光学分割**（optical resolution）という．固体のラセミ混合物では d と l の結晶を肉眼で区別して機械的手作業で分離できることもある．しかし，この方法が利用できることはまれにしかない[2]．最も一般的な光学分割の方法は，ジアステレオマーに変換して分離する方法である．たとえば，カルボン酸のラセミ体に対して，光学活性なアミンを塩基として作用し，2種のジアステレオマー塩の混合物を得る．ジアステレオマーの間では溶解度に差があるから，これを分別結晶してそれぞれのジアステレオマーに分離することができる．そのあと，酸を加えて純粋な（＋）-カルボン酸と（－）-カルボン酸を遊離させる．

---

1) このように，単結合のまわりの回転が阻害されることによって単離される鏡像異性体をアトロプ異性体（atropisomer）とよぶ．これらは，同時に配座異性体でもある．
2) ラセミ体の多くは，ラセミ化合物であるため．

6・6 光学分割と不斉合成

$$\left.\begin{array}{l}(+)-酸\\(-)-酸\end{array}\right\} + (+)-塩基 \longrightarrow \left.\begin{array}{l}(+)(+)-塩\\(-)(+)-塩\end{array}\right\} \longrightarrow 分離$$

ラセミ体　　　　　　　　　　ジアステレオマー混合物

$$分離 \left\{\begin{array}{l}\longrightarrow (+)(+)-塩 \xrightarrow{HCl} (+)-酸 + (+)-塩基の塩\\\longrightarrow (-)(+)-塩 \xrightarrow{HCl} (-)-酸 + (+)-塩基の塩\end{array}\right.$$

生体物質の多くは光学活性な有機化合物である．このため，生体内の反応では鏡像異性体の間に大きな選択性が現れる．これを利用して光学分割を行うこともできる．たとえば，ある種の微生物が鏡像異性体の一方のみを選択的に摂取し代謝すれば，一方の残った鏡像異性体が純粋に得られることになる．

光学不活性な原料から光学活性な化合物を合成すること，つまり，鏡像異性体の一方のみの選択的合成を**不斉合成** (asymmetric synthesis) という．

エチルメチルケトンを一般的な方法で還元すると，ラセミ体のアルコールが生成する．通常の還元剤はカルボニル平面のどちら側からも等しい確率で攻撃するからである．不斉反応を誘起するには，カルボニル平面の左右で反応性の異なる光学活性な還元剤を使う必要がある（**図 6.12**）[1]．このような不斉反応

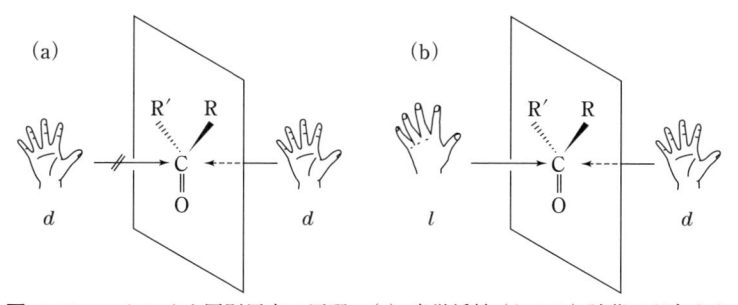

図 6.12 エナンチオ区別反応の原理．(a) 光学活性（キラル）試薬 d が左から攻撃しにくければ右から攻撃した生成物が多く得られる．(b) ラセミ体の試薬 d と l を使えば，左右からの攻撃は同じ割合で起こり，ラセミ体が生成する．したがって，不斉合成にはならない．

---

[1] R および R′ にキラル中心が存在しないものとする．キラル中心がある場合は，本章の問題 7 を参照．

をエナンチオ区別反応という.

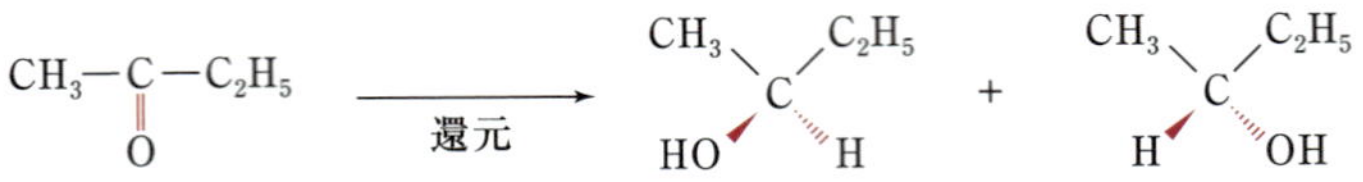

$$CH_3-\underset{O}{\underset{\|}{C}}-C_2H_5 \xrightarrow{\text{還元}} \underset{HOH}{\overset{CH_3C_2H_5}{C}} + \underset{HOH}{\overset{CH_3C_2H_5}{C}}$$

問　題

1 次の化合物の不斉炭素原子を指示せよ.

a)　　　　　　　　b)

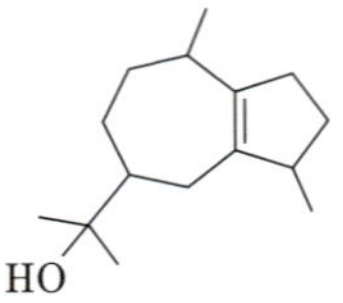

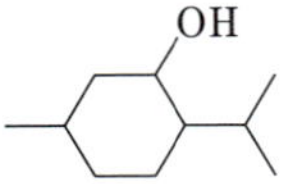

2 次の化合物の不斉炭素原子について，*RS* 表示で立体配置を記せ.

a)　　　　　　　　b)

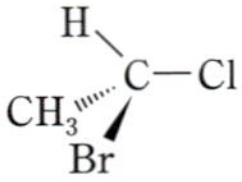

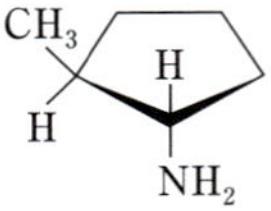

c 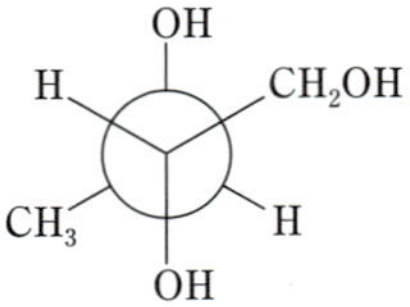)　　　　　　　　d)

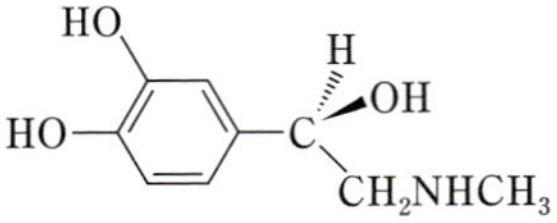

3 次の化合物をフィッシャー投影式で書き表し，立体配置を *RS* 表示で記せ.

a)　　　　　　　　b)

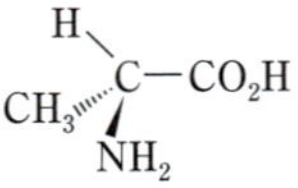

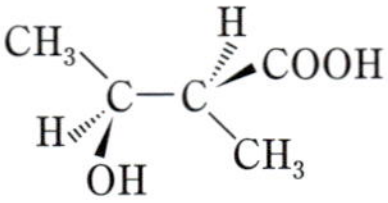

4 *cis*-1, 2-ジクロロシクロヘキサンには鏡像異性体が存在しない．この理由を説明せよ．*cis*-1, 4-ジクロロシクロヘキサンには鏡像異性体が存在するか.

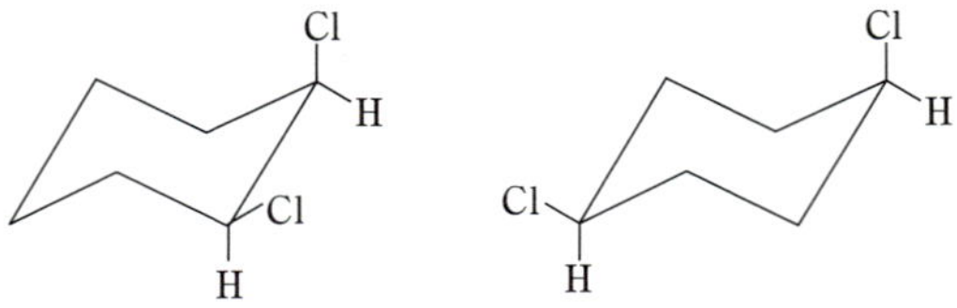

5 ベンゼン環を結ぶ単結合の回転が妨げられたとき，次の化合物に鏡像異性体は存在するか．

a) 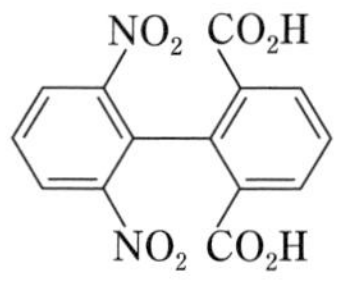 2,2'-ジニトロ-6,6'-ジカルボン酸ビフェニル構造

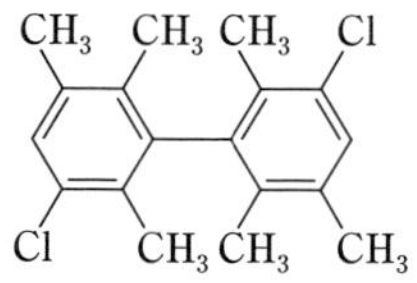

b) 2,2',6-トリメチル-3,3'-ジクロロ-5',6'-ジメチルビフェニル構造

c) 1,1'-ビ-2-ナフトール構造

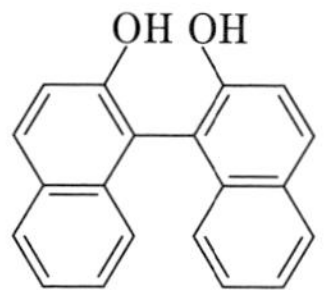

6 cis-2-ブテンおよび trans-2-ブテンに Br_2 がトランス付加する場合，それぞれ生成物に可能な立体配置をすべてニューマン投影式で書け．メソ体の生成物を与えるのは，cis-2-ブテンと trans-2-ブテンのいずれか．

7 次に示す光学活性なケトン (I) を水素化アルミニウムリチウム (8・2 節) で還元すると 2 種類のアルコール $C_2H_5CH(C_6H_5)CH(OH)CH_3$ が得られた．

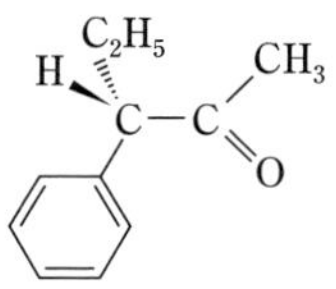

I

a) 二つの生成物をフィッシャー投影式で書け．
b) 二つの生成物の間の立体化学的な関係は何とよばれるか．
c) それぞれの生成物は光学活性か，あるいは不活性か．
d) 二つの生成物の生成量は等しいか，あるいは異なるか．判断の理由を述べよ．

8 ベンジルメチルスルホキシド (I) には一対の鏡像異性体が存在する．この化合物の分子構造を推定せよ．

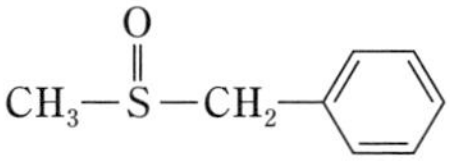

$$CH_3-\underset{\underset{O}{\|}}{S}-CH_2-C_6H_5$$

I

7 アルカンのハロゲン置換体

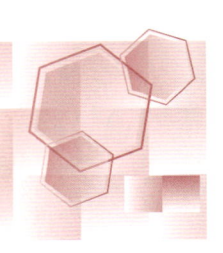

sp^3 炭素原子とハロゲン原子との結合は極性が強く,イオン反応が起こりやすい.本章では脂肪族炭化水素のハロゲン置換体について製法と反応性を学ぶとともに,求核置換反応を中心に反応機構に対する理解も深めていこう.

7·1 炭化水素のハロゲン置換体

炭化水素の水素原子をハロゲン原子で置換した構造をもつ化合物を,炭化水素のハロゲン置換体という.アルカンのハロゲン置換体は,ハロゲン化アルキルともよばれる.

炭化水素のハロゲン置換体は母体炭化水素の名称に,フルオロ (fluoro-), クロロ (chloro-), ブロモ (bromo-), ヨード (iodo-) などをつけて命名する.また,炭化水素基の名称に官能基の種類名 (chloride 塩化物, bromide 臭化物など) を添えて命名する方式も用いられる.

CH_3CH_2Cl	クロロエタン chloroethane	塩化エチル ethyl chloride
CH_3CHCH_3 　$|$ 　Br	2-ブロモプロパン 2-bromopropane	臭化イソプロピル isopropyl bromide
$BrCH_2CH_2Br$	1,2-ジブロモエタン 1,2-dibromoethane	二臭化エチレン ethylene dibromide
$CH_2=CHCl$	クロロエチレン chloroethylene	塩化ビニル vinyl chloride

クロロホルム $CHCl_3$, ヨードホルム CHI_3, 四塩化炭素 CCl_4 などは慣用名を使ってよい[1] (脚注次ページ).

炭化水素のハロゲン置換体の密度は炭化水素よりかなり大きく，ハロゲン原子の原子量が大きいほど，また分子中に占めるハロゲン原子の割合が多いほど大きい．

ハロゲン (X) の電気陰性度は炭素のそれより著しく大きく，C−X 結合の極性は高い．このため，ハロゲン化アルキルでは $\text{>C}^{\delta+}\text{—X}^{\delta-}$ 結合のヘテロリシスが起こりやすい．しかし，ハロゲン原子が sp^2 炭素原子に置換したハロゲン化ビニルやハロゲン置換ベンゼンなどでは，ハロゲン原子の非共有電子対が，隣接する π 結合に非局在化して C−X 結合に部分的な二重結合性を与えるため，C−X 結合は通常の反応条件下では開裂しない（10·2 節）．

塩化ビニルの共鳴

7·2 ハロゲン化アルキルの合成と反応

ハロゲン化アルキルは，次のような反応により生成する．

(a) アルカンの直接ハロゲン化：光を照射しながらアルカンに Cl_2 や Br_2 を作用させると，ラジカル連鎖反応の機構により水素原子がハロゲン原子に置換される（4·3 節）．

(b) アルケンへのハロゲン化水素，ハロゲンの付加：5·3 節を参照．

(c) アルコールのハロゲン化：ハロゲン化水素酸，塩化チオニル $SOCl_2$，五塩化リン PCl_5 などを作用するとヒドロキシ基はハロゲンで置換される．

$$R-OH + SOCl_2 \longrightarrow R-Cl + SO_2 + HCl$$
$$R-OH + PCl_5 \longrightarrow R-Cl + HCl + POCl_3$$

ハロゲン化アルキルは次のような反応を示す．

(a) 置換反応：C−X 結合のハロゲン X は，種々の陰イオンあるいは NH_3 のような非共有電子対をもつ試薬によって置換される．

---

1) メタンやエタンなど炭素数の小さいアルカンのフッ素を含むハロゲン置換体を，日本ではフロンとよんでいる．たとえば，$CFCl_3$，$C_2F_3Cl_3$ など．

$$R-X + OH^- \longrightarrow R-OH + X^- \quad (アルコールの生成)$$
$$R-X + CN^- \longrightarrow R-CN + X^- \quad (ニトリルの生成)$$
$$R-X + R'O^- \longrightarrow R-OR' + X^- \quad (エーテルの生成)$$
$$R-X + :NH_3 \longrightarrow R-NH_2 + HX \quad (アミンの生成)$$

これら置換反応を利用して種々の官能基変換を行うことができるので，ハロゲン化アルキルは合成の原料化合物およびアルキル化剤として重要である．

(b) 脱ハロゲン化水素：ハロゲン化アルキルに塩基を作用させると，脱ハロゲン化水素が起こりアルケンを生成する．

$$CH_3CH_2Br \xrightarrow[C_2H_5OH]{KOH} CH_2=CH_2 + HBr$$

脱離反応は OH^- による臭素の置換反応（アルコールの生成）と競争的に起こる．脱離反応を優先させるには，上の例のように水酸化カリウムのアルコール溶液（アルコールカリ）またはカリウム t-ブトキシド $(CH_3)_3CO^-K^+$ を塩基として用いるとよい．

$$(CH_3)_3COH + K \xrightarrow{82\,℃} (CH_3)_3CO^-K^+ + \frac{1}{2}H_2$$
カリウム t-ブトキシド

(c) グリニャール試薬の生成：ハロゲン化アルキルは乾燥エーテル中で金属マグネシウムと反応し，ハロゲン化アルキルマグネシウム RMgX を生成する．この化合物を**グリニャール** (Grignard) **試薬** といい，いろいろな有機化合物の合成試薬として利用される（8·2節）．

$$CH_3I + Mg \longrightarrow CH_3MgI$$
ヨウ化メチルマグネシウム

グリニャール試薬は通常，単離されることなく，エーテル溶液のまま反応に用いられる．

(d) 有機金属化合物の生成：グリニャール試薬のように炭素原子と金属原子が直接に結合している有機化合物を**有機金属化合物** (organometallic compound) という．ハロゲン化アルキルはグリニャール試薬のほか，各種

の有機金属化合物をつくるのに用いられる．

$$RX + 2Li \longrightarrow RLi + LiX$$
$$2RX + 2Hg \longrightarrow R_2Hg + HgX_2$$
$$RI + Zn \longrightarrow RZnI$$
$$2RZnI \longrightarrow R_2Zn + ZnI_2$$

これら有機金属化合物では，炭素原子が陽性の金属と結合しているため，炭素原子が負に強く分極し，求核付加反応（11・4節）を起こす．

7・3 求核置換反応の機構

前節に記したように，ハロゲン化アルキルは種々の置換反応を受ける．これらの反応はよく研究されているので，置換反応の機構を考察する上でよい例となる．

R－X と OH⁻ との反応は**求核置換**（nucleophilic substitution）**反応**とよばれ S_N 反応とも記される．求核という語は，水酸化物イオンが正に分極した炭素原子を攻撃することから与えられたもので，"原子核を求める"という意味である．この水酸化物イオンのように，負電荷または非共有電子対をもち，正に分極した炭素，あるいは炭素陽イオンと結合しようとする試薬を，**求核試薬**（nucleophilic reagent）という．X は**脱離基**（leaving group）とよばれる．脱離基となる基はハロゲンのほかにもいろいろあり，その脱離のしやすさはおよそ次の順になる[1]．

$$-I > -Br > -Cl > -OCOCH_3 > -N^+R_3 \gg -OR$$

また，主な求核試薬の求核性の強さはおよそ次の順になる．

$$RS^- > I^- > {}^-CN > R_3N > RO^- > RCOO^-$$

S_N 反応は，その機構により S_N2 と S_N1 の 2 種に大別される．S_N2 と S_N1 の違

---

[1] 脱離のしやすさは，必ずしも電気陰性度の大きな順番とはなっていない．永久分極だけでなく誘起分極が重要であることを示している（p.26 の脚注参照）．

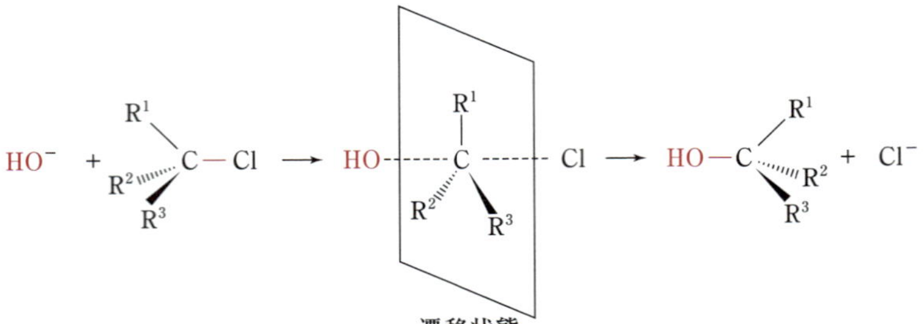

図 7.1 S_N2 反応の立体化学

いは，脱離基の開裂のタイミングと求核試薬による結合の形成のタイミングに関係している．

(1) S_N2 反応

ハロゲン化アルキルの正に分極した炭素に，求核試薬が直接に衝突することにより起こる．求核試薬は**図 7.1**のように脱離基の背面から攻撃し，炭素原子のまわりの立体配置が逆転した置換生成物となる．反応の遷移状態は，新しい O–C 結合ができつつ，同時に C–X 結合が切れかかっている状態に相当する．この機構で反応が起こるためには，求核試薬とハロゲン化アルキルが衝突しなければならないので，反応速度は $v = k[\mathrm{RX}][\mathrm{OH}^-]$ という速度式で表され，2次反応となる．このような置換反応を**二分子的求核置換反応**，または **S_N2 反応**とよぶ．

(2) S_N1 反応

ハロゲン化アルキルの C–X 結合が自発的にイオン解離してカルボカチオンを生成し，これが求核試薬と結合する．中間体のカルボカチオンが生成する過程が律速段階であり，いったんカルボカチオンができるとすみやかに求核試薬と反応するので，速度式は $v = k[\mathrm{RX}]$ で表され 1 次反応である．このような機構で進行する S_N 反応を**一分子的求核置換反応**または **S_N1 反応**という．カルボカチオンは平面構造で，求核試薬の攻撃は平面のどちら側からも起こる（**図 7.2**）．元の C–X 結合の反対側から攻撃が起これば生成物の立体配置は反転する．攻撃が元の C–X 結合と同じ側から起これば，立体配置を保持した置換生

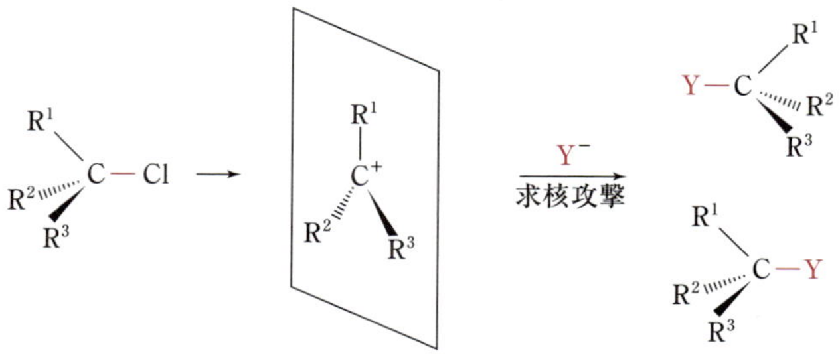

図 7.2 S_N1 反応の立体化学

成物となる．求核試薬はどちら側からも同じ確率で攻撃するから，反転と保持は同量ずつ起こる．したがって，光学活性のハロゲン化アルキルに対し，その不斉炭素原子上で S_N1 反応が起こる場合，生成物はラセミ体となる．

7・4 S_N1 反応の起こりやすさ

　求核置換反応が S_N1 機構で起こるか S_N2 機構で起こるかは，ハロゲン化アルキルの構造や求核試薬の種類，溶媒の性質などによる．S_N1 反応は中間体のカルボカチオンを生成する段階に律速の遷移状態があり，カルボカチオンが安定なほど起こりやすい（4・5 節）．カルボカチオンの安定性は，第三級 > 第二級 > 第一級の炭素の順であるから（5・3 節），第三級ハロゲン化アルキルの置換反応は S_N1 機構で進みやすい．S_N2 の機構で求核試薬が C−X 結合の背面から炭素を攻撃するさい，枝分かれが多く混み合ったハロゲン化アルキルでは求核試薬が近づきにくい．したがって S_N2 反応の起こりやすさは，S_N1 反応と逆に，第一級 > 第二級 > 第三級の順となる．

　第一級のハロゲン化アルキルであっても，反応中心の炭素原子にフェニル基やビニル基が結合している化合物は S_N1 反応を起こしやすい．これは，生ずるカルボカチオン中間体が次のような共鳴により安定化するためである[1]．

---

1) ラジカル中間体についても，同じような共鳴安定化がある（4・5 節）．

$$\underset{}{\bigcirc}-{}^+CH_2 \longleftrightarrow \underset{}{\bigcirc}=CH_2 \longleftrightarrow {}^+\underset{}{\bigcirc}=CH_2 \longleftrightarrow \underset{}{\bigcirc}=CH_2$$

$$CH_2=CH-{}^+CH_2 \longleftrightarrow {}^+CH_2-CH=CH_2$$

極性の大きな溶媒は溶媒和によりイオンを安定化する．したがってイオン化を律速段階とする S_N1 反応は極性溶媒中ほど起こりやすくなる．

水，アルコール，酢酸などの溶媒中で C−X 結合が自発的にイオン解離してカルボカチオンを生成し，これに溶媒自身が求核試薬として作用すると置換生成物が得られる．この反応は**ソルボリシス** (solvolysis) とよばれ典型的な S_N1 反応である．水が求核試薬となるソルボリシスを**加水分解** (hydrolysis)，エタノールが求核試薬となるソルボリシスをエタノリシス，酢酸によるソルボリシスをアセトリシスという．

$$R-X \xrightarrow{-X^-} [R^+] \begin{cases} \xrightarrow[-H^+]{H_2O} R-OH & \text{加水分解} \\ \xrightarrow[-H^+]{C_2H_5OH} R-OC_2H_5 & \text{エタノリシス} \\ \xrightarrow[-H^+]{CH_3COOH} R-OCOCH_3 & \text{アセトリシス} \end{cases}$$

7·5 脱離反応

脱離反応は求核置換反応と密接な関係にある．次の第二級臭化アルキルでは S_N2 反応と並行して脱離反応も起こっている．

$$\underset{\underset{Br}{|}}{CH_3-CH-CH_3} \xrightarrow{NaOC_2H_5} \underset{75\%}{CH_3CH=CH_2} + \underset{\underset{OC_2H_5}{|}}{CH_3CHCH_3}$$
$$ 25\%$$

ここで起こる脱離反応 (elimination reaction) は，二分子的脱離反応または **E2 反応** とよばれる．すなわち，臭素原子の電子求引性誘起効果が β 位[1)] (脚注次ページ) の水素原子にまで伝わり，この H を正に分極させる．この水素原子を

7·5 脱離反応

$C_2H_5O^-$ が攻撃して引きぬくと同時に，Br^- の脱離も進行し二重結合が形成されていく．S_N2 に進むか，E2 に進むかは，$C_2H_5O^-$ が求核試薬として炭素原子を攻撃するか，あるいは塩基として β 位の H を H^+ として引きぬくかの違いである．アルコールカリやカリウム t-ブトキシドなど，強い塩基を高濃度で用いることにより脱離反応を優先させることができる．

$$\begin{array}{c} H^{\delta+} \\ | \\ -C-C- \\ | \quad | \\ Br^{\delta-} \end{array} \xrightarrow{\ ^-OC_2H_5\ } \begin{array}{c} HOC_2H_5 \\ \\ -C=C- \\ | \\ Br^- \end{array} \quad E2$$

$$\begin{array}{c} H \\ | \\ {}^{\delta+}C-C- \\ | \quad | \\ Br^{\delta-} \end{array} \xrightarrow{\ ^-OC_2H_5\ } \begin{array}{c} C_2H_5O \quad H \\ | \quad\quad | \\ -C-C- \\ | \quad\quad | \\ Br^- \end{array} \quad S_N2$$

ソルボリシスによる S_N1 反応でも脱離反応が並行して起こることが多い．これは，カルボカチオン中間体から，β 位の水素が H^+ となって自発的に脱離することによる．このように，カルボカチオン中間体を経て進む脱離反応を一分子的脱離反応または **E1 反応**という．

$$\begin{array}{c} CH_3 \\ | \\ CH_3-C-Br \\ | \\ CH_3 \end{array} \xrightarrow{H_2O} \begin{array}{c} CH_3 \\ | \\ C=CH_2 \\ | \\ CH_3 \end{array} + \begin{array}{c} CH_3 \\ | \\ CH_3-C-OH \\ | \\ CH_3 \end{array}$$

約 5 %　　　　　約 95 %

$$\begin{array}{c} \overset{+}{C}H_3-C-\overset{H^{\delta+}}{C}-H \\ | \quad\quad | \\ CH_3 \quad H \end{array} \xrightarrow{-H^+} \begin{array}{c} CH_3-C=CH_2 \\ | \\ CH_3 \end{array} \quad E1$$

E1 反応，E2 反応ともにザイツェフ則が当てはまる (5·2 節).

---

1) 官能基の置換した炭素原子を α とし，その隣の炭素原子から β, γ, … とよんで，位置を示す．

問　題

1 次の反応の主生成物を示せ.

a) $CH_3CH_2CH_2C(CH_3)_2 + KOH \xrightarrow{C_2H_5OH}$
　　　　　　　　　　|
　　　　　　　　　Br

b) $CH_3CH_2CH_2Br + NaOC_2H_5 \xrightarrow{C_2H_5OH}$

c) ⟨C₆H₅⟩—CH_2Br + $C_2H_5OH \longrightarrow$

d) $CH_3CH_2I + NaCN \longrightarrow$

e) $CH_3CH_2CHCH_2CH_3 + SOCl_2 \longrightarrow$
　　　　　　|
　　　　　OH

2 次の変換を行うための反応を段階を追って示せ. 指定された原料化合物のほかに, どのような試薬を用いてもよい.

a) $CH_2=CHCH_2CH_3 \longrightarrow CH_3CHCH_2CH_3$
　　　　　　　　　　　　　　　　　　　|
　　　　　　　　　　　　　　　　　OCH_3

b) $CH_3CH_2CH_2OH \longrightarrow CH_3CHCH_2Br$
　　　　　　　　　　　　　　　　|
　　　　　　　　　　　　　　　Br

c) $CH_3CH_2CHCH_2CH_3 \longrightarrow CH_3CH_2CHO$
　　　　　|
　　　　Br

3 次の反応の生成物の立体配置を *RS* 表示で記せ.

$(S)\ CH_3CHCH_2CH_3 + NaOC_2H_5 \xrightarrow{S_N2}$
　　　　　|
　　　　Br

4 次の化合物をソルボリシスするとき, 反応しやすいものから順に並べ, その理由を説明せよ.

a) $CH_3CH_2CH_2CH_2-Br$　　b) $CH_3CH=CCH_3$
　　　　　　　　　　　　　　　　　　　　　　　|
　　　　　　　　　　　　　　　　　　　　　　Br

c) $CH_3CH=CHCH_2-Br$　　d) $CH_3CH=CHCH_2-I$

e) $CH_3CH_2CH_2CH_2-Cl$

5 1-ブロモ-3-メチル-2-ブテン　$CH_3-\underset{\underset{CH_3}{|}}{C}=CH-CH_2-Br$

をエタノール中で加熱したところ，次の二つの置換生成物が得られた．この理由を説明せよ．

$CH_3-\underset{\underset{OC_2H_5}{|}}{\overset{\overset{CH_3}{|}}{C}}-CH=CH_2$ および $CH_3-\underset{\underset{CH_3}{|}}{C}=CH-CH_2-OC_2H_5$

6 次の化合物 I にクロロホルム中，臭素を反応させると，二重結合への Br_2 の付加物 II のほか III の環状化合物が得られた．III の生成機構を説明せよ．

<chemical structures: I → (Br₂/CHCl₃) → II + III>

7 臭化 t-ブチル $(CH_3)_3C-Br$ と塩化 t-ブチル $(CH_3)_3C-Cl$ をそれぞれエタノール中でソルボリシスした．

 a） 反応速度はどちらが速いか．あるいは，同じか．

 b） 置換生成物（S）$(CH_3)_3C-OC_2H_5$ と脱離生成物（E）$CH_2=C(CH_3)_2$ の生成比 S/E は，臭化 t-ブチルと塩化 t-ブチルで，どちらが大きいか．あるいは，同じか．判断の理由を述べよ．

8 カリウム t-ブトキシド $KOC(CH_3)_3$ や，リチウムジ（イソプロピル）アミド $LiN[CH(CH_3)_2]_2$ が，求核試薬としてよりも，塩基として作用しやすい理由を推察せよ．

$CH_3-\underset{\underset{CH_3}{|}}{\overset{\overset{CH_3}{|}}{C}}-O^-K^+$　　　$\underset{\underset{CH_3}{\underset{|}{CH_3-CH}}}{\overset{\overset{CH_3}{\overset{|}{CH_3-CH}}}{}}N^-Li^+$

8 アルコールとエーテル

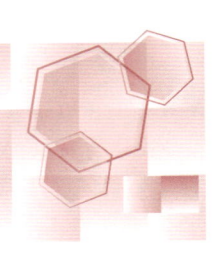

水の水素原子1個をアルキル基で置換した構造の化合物がアルコールである．非常に極性の強い O−H 結合に基づくアルコールの反応について学ぼう．

エーテルは水の水素原子2個を炭化水素基で置換した構造をもつ．アルコールとはどのように異なるのだろう．

8·1 アルコール

飽和の炭素原子にヒドロキシ基−OH が結合した構造の化合物を**アルコール** (alcohol) とよぶ．このようなアルコール性ヒドロキシ基が1分子中に何個あるかにより，一価，二価，三価アルコールなどに分類される．また，ヒドロキシ基が結合している炭素原子が第一級か第二級かに応じて，それぞれ第一級，第二級，第三級アルコールという．

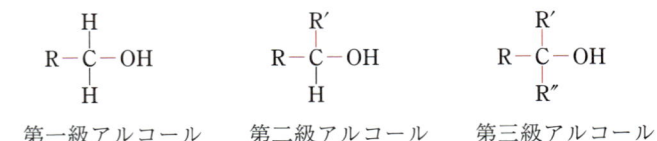

$$
\begin{array}{ccc}
\text{H} & \text{R}' & \text{R}' \\
| & | & | \\
\text{R}-\text{C}-\text{OH} & \text{R}-\text{C}-\text{OH} & \text{R}-\text{C}-\text{OH} \\
| & | & | \\
\text{H} & \text{H} & \text{R}''
\end{array}
$$

第一級アルコール　　第二級アルコール　　第三級アルコール

アルコールは次のように命名される．OH のついている炭素原子を含む最も長い炭素鎖をとり，それに相当する炭化水素の名称の語尾 e を除き，ol, diol などアルコールの接尾語をつける．OH のついている炭素原子の番号が小さくなるように鎖の端から番号をつける．

$$
\begin{array}{cc}
\text{CH}_3\text{CHCH}_2\text{CH}_2\text{CH}_3 & \text{CH}_3-\text{CH}-\text{CH}-\text{OH} \\
\phantom{\text{CH}_3\text{CH}}| & \phantom{\text{CH}_3-\text{CH}-}| | \\
\phantom{\text{CH}_3\text{CH}}\text{OH} & \phantom{\text{CH}_3-}\text{CH}_3 \text{CH}_3
\end{array}
$$

2-ペンタノール　　　3-メチル-2-ブタノール
2-pentanol　　　　　3-methyl-2-butanol

HO−CH₂CH₂CH₂−OH   CH₂=CHCH₂−OH
1,3-プロパンジオール   2-プロペン-1-オール
1,3-propanediol   2-propen-1-ol

簡単なアルコールでは，炭化水素基名のあとに alcohol をつける命名法も用いられる．

C₂H₅−OH
エチルアルコール
ethyl alcohol

$$CH_3-\underset{\underset{CH_3}{|}}{\overset{\overset{CH_3}{|}}{C}}-OH$$

t-ブチルアルコール
t-butyl alcohol

CH₂=CH−CH₂−OH
アリルアルコール
allyl alcohol

$$\underset{CH_3}{\overset{CH_3}{\diagdown}}CH-OH$$

イソプロピルアルコール
isopropyl alcohol

　水素にくらべて酸素の電気陰性度が大きいため O−H 結合の極性は非常に高い．このため，アルコールは分子間で水素結合を形成している．アルコールの沸点が，同程度の分子量の炭化水素やエーテルにくらべてはるかに高いのは，この**分子間水素結合** (intermolecular hydrogen bond) のためである (**表 8.1**).

　炭素原子数が 3 までのアルコールは水と任意の割合で溶け合う．これも，水分子とアルコール分子との間で水素結合が可能であることによる．炭素原子数が 4 以上のアルコールになると，炭化水素基の疎水性が優先しはじめ，水溶性は急激に低下する．

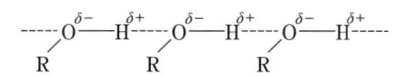

$$\cdots\cdots\underset{R}{O}{\overset{\delta-}{}}-\overset{\delta+}{H}\cdots\cdots\underset{R}{O}{\overset{\delta-}{}}-\overset{\delta+}{H}\cdots\cdots\underset{R}{O}{\overset{\delta-}{}}-\overset{\delta+}{H}\cdots\cdots$$

表 8.1 アルコールとアルカンの沸点の比較

構造式	名　称	分子量	沸点/℃
CH₃CH₃	エタン	30	−89.0
CH₃OH	メタノール	32	64.7
CH₃CH₂CH₃	プロパン	44	−42.1
CH₃CH₂OH	エタノール	46	78.3

8・2 アルコールの合成

(1) アルケンへの硫酸の付加と加水分解（5・3節）

アルケンに対し硫酸はマルコフニコフ付加を起こし硫酸水素アルキルを生じる。これを水と加熱することにより、対応するアルコールが得られる。

(2) ハロゲン化アルキルの加水分解（7・2節）

(3) カルボニル化合物の水素化

アルデヒドやケトンの C＝O 二重結合は白金またはニッケル触媒の存在で水素化され、それぞれ第一級および第二級アルコールを生成する。一般に、C＝C 二重結合の水素化にくらべ、高温、高圧の反応条件を必要とする。

$$R-\underset{O}{\overset{\|}{C}}-R' + H_2 \xrightarrow[\text{高温, 高圧}]{\text{Ni または Pt}} R-\underset{OH}{\overset{|}{C}H}-R'$$

(4) 水素化物試薬によるカルボニル化合物の還元

アルデヒド、ケトン、カルボン酸そしてエステルは水素化アルミニウムリチウム $LiAlH_4$ により、それぞれ次のように還元されアルコールを生成する。

$$R-\underset{O}{\overset{\|}{C}}-H \xrightarrow[\text{または } NaBH_4]{LiAlH_4} R-CH_2-OH \qquad \text{第一級アルコール}$$
アルデヒド

$$R-\underset{O}{\overset{\|}{C}}-R' \xrightarrow[\text{または } NaBH_4]{LiAlH_4} R-\underset{OH}{\overset{|}{C}H}-R' \qquad \text{第二級アルコール}$$
ケトン

$$R-\underset{O}{\overset{\|}{C}}-OH \xrightarrow{LiAlH_4} R-CH_2-OH \qquad \text{第一級アルコール}$$
カルボン酸

$$R-\underset{O}{\overset{\|}{C}}-OR' \xrightarrow{LiAlH_4} R-CH_2-OH \qquad \text{第一級アルコール}$$
$$(+ R'OH)$$
エステル

LiAlH₄ は非常に反応性の強い還元剤で，湿気によっても容易に加水分解されるので，この反応で用いる溶媒のエーテル類は十分乾燥しておく必要がある．LiAlH₄ の代りに，水素化ホウ素ナトリウム NaBH₄ も還元剤として用いられる．NaBH₄ は LiAlH₄ よりも反応性が弱く，カルボン酸やエステルの還元には使えない．

(5) グリニャール反応

グリニャール試薬（7·2 節）をアルデヒドやケトンなどカルボニル化合物と反応させたのち，うすい酸で処理をするとアルコールが得られる．この際，新しい炭素－炭素結合が形成されるので，いろいろな炭素骨格を構築する合成法としても利用される．

$$\begin{array}{c}R'\\H\end{array}\!\!\!\!\!C\!=\!O + RMgX \longrightarrow \left[\begin{array}{c}R'\!-\!CH\!-\!OMgX\\|\\R\end{array}\right] \xrightarrow{H_2O/H^+} \begin{array}{c}R'\!-\!CH\!-\!OH\\|\\R\end{array}$$

アルデヒド　　　　　　　　　　　　　　　　　　　　　　第二級アルコール

$$\begin{array}{c}R^1\\R^2\end{array}\!\!\!\!\!C\!=\!O + RMgX \longrightarrow \left[\begin{array}{c}R^1\\|\\R\!-\!C\!-\!OMgX\\|\\R^2\end{array}\right] \xrightarrow{H_2O/H^+} \begin{array}{c}R^1\\|\\R\!-\!C\!-\!OH\\|\\R^2\end{array}$$

ケトン　　　　　　　　　　　　　　　　　　　　　　　　第三級アルコール

$$\begin{array}{c}H\\H\end{array}\!\!\!\!\!C\!=\!O + RMgX \longrightarrow \left[\begin{array}{c}H\\|\\R\!-\!C\!-\!OMgX\\|\\H\end{array}\right] \xrightarrow{H_2O/H^+} R\!-\!CH_2\!-\!OH$$

ホルムアルデヒド　　　　　　　　　　　　　　　　　　　第一級アルコール

また，エステルとの反応では，エステルを構成するアルコールのほか，第三級アルコールが生成する．

$$R^1\!-\!C\!\!\begin{array}{c}\diagup O\\\diagdown OR^2\end{array} \xrightarrow{RMgX} \left[\begin{array}{c}R\\|\\R^1\!-\!C\!-\!OMgX\\|\\OR^2\end{array}\right] \xrightarrow{-R^2OMgX} \begin{array}{c}R\\|\\R^1\!-\!C\!=\!O\end{array} \xrightarrow{RMgX}$$

$$\begin{array}{c}R\\|\\R^1\!-\!C\!-\!OMgX\\|\\R\end{array} \xrightarrow{H_2O/H^+} \begin{array}{c}R\\|\\R^1\!-\!C\!-\!OMgX\\|\\R\end{array} \qquad 第三級アルコール$$

グリニャール試薬の $C^{\delta-}-Mg^{\delta+}$ 結合は，かなりイオン結合の性質を帯びている．一方，カルボニル基は酸素の電気陰性度が大きいため，$\diagup C^{\delta+}=O^{\delta-}$ のように分極し，この陽性の炭素原子にグリニャール試薬のアルキル基 R が求核的に攻撃する．C＝O 二重結合に対する求核付加反応（11·4 節）の例である．

$$\underset{\delta+}{-C}\overset{R^{\delta-}\;\overset{\delta+}{Mg}X}{=}\underset{\delta-}{O} \longrightarrow -\underset{|}{\overset{R}{\underset{|}{C}}}-OMgX$$

グリニャール試薬は水と容易に反応して分解する．

$$RMgX + H_2O \longrightarrow RH + Mg(OH)X$$

アルコールやカルボン酸の OH 基とも反応して，同様に分解する．

(6) アルケンのヒドロホウ素化

ボラン BH_3[1] をアルケンに作用させると，B－H 結合がすべて付加反応に使われトリアルキルホウ素化合物を生じる．この反応を **ヒドロホウ素化**（hydroboration）という．生じたホウ素－炭素結合は過酸化水素とアルカリにより容易に酸化されアルコールを生成する．

$$3\,R-CH=CH_2 + BH_3 \longrightarrow (R-CH_2CH_2-)_3B \xrightarrow[OH^-]{H_2O_2} 3\,RCH_2CH_2-OH$$

ボランの付加の配向性はマルコフニコフ則の逆になり，H の置換の多い炭素側に C－B 結合が，したがって C－OH 結合ができる．

8·3 アルコールの反応

(1) アルコキシドの生成

アルカリ金属と反応して水素を発生し，アルコキシド（alkoxide）を生成する．

$$ROH + Na \longrightarrow RO^-Na^+ + \frac{1}{2}H_2$$
ナトリウムアルコキシド

---

[1] ボランは二量体ジボラン B_2H_6 の形で存在し，反応過程で BH_3 に解離する．

(2) ハロゲン化アルキルの生成 (7·2 節)
(3) エステルの生成

カルボン酸と反応してエステルを生成する (12·4 節).

$$R-OH + R'COOH \xrightleftharpoons{H^+} R-O-COR' + H_2O$$

無機酸ともエステルをつくる.

$$R-OH + HNO_3 \longrightarrow R-O-NO_2 + H_2O$$
$$R-OH + H_2SO_4 \longrightarrow R-O-SO_2-OH + H_2O$$

(4) アルケンとエーテルの生成 (脱水反応)

アルコールを濃硫酸と加熱すると，エーテルやアルケンが生成する．反応温度が高いときは，分子内の脱水反応が主となりアルケンが生成する．反応温度が低いと分子間脱水によるエーテルの生成が主反応となる．

$$2C_2H_5OH \xrightarrow{H_2SO_4,\ 130\ ℃} C_2H_5OC_2H_5 + H_2O \quad (分子間脱水)$$

$$C_2H_5OH \xrightarrow{H_2SO_4,\ 170\ ℃} CH_2=CH_2 + H_2O \quad (分子内脱水)$$

アルコールの脱水反応は，カルボカチオンを中間体として次のような機構で進行する (次ページ図)．まず，硫酸からの H^+ が，アルコールの酸素原子の非共有電子対に付加 (プロトン付加) してオキソニウムイオンが生成する．酸素原子の正電荷は C-O 結合の共有電子を O の方に引き寄せ，H_2O の脱離を促進する．この結果生じたカルボカチオン (A) がアルコール酸素の非共有電子対の配位を受けるとエーテル (B) の生成に進み，隣りの C-H 結合の電子対を引っ張りこむとアルケン (C) が生成する．

アルコールの分子内脱水反応もザイツェフ則に従い，最も多くアルキル置換されたアルケンが主生成物となる．

$$CH_3CH_2-\ddot{O}H \rightleftharpoons CH_3-\overset{H}{\underset{H}{C}}-\overset{+}{O}-H \underset{}{\overset{-H_2O}{\rightleftharpoons}} CH_3-\overset{H}{\underset{H}{C^+}}$$
$$H^+ H H (A)$$

$$CH_3-\overset{H}{\underset{H}{C^+}} H-\ddot{O}-CH_2CH_3 \longrightarrow CH_3-CH_2-\overset{+}{\underset{H}{O}}-CH_2CH_3 \overset{-H^+}{\rightleftharpoons}$$
$$(A)$$

$$CH_3CH_2-O-CH_2CH_3 H-\overset{H}{\underset{H}{C}}-\overset{H}{\underset{H}{C^+}} \overset{-H^+}{\rightleftharpoons} \overset{H}{\underset{H}{C}}=\overset{H}{\underset{H}{C}}$$
$$(B) (A) (C)$$

(5) 酸化

二クロム酸カリウム $K_2Cr_2O_7$ の希硫酸溶液などで酸化すると，第一級アルコールはアルデヒドを経てカルボン酸となり，第二級アルコールはケトンになる．第三級アルコールは α 位に水素原子をもたないので，特別の条件でないと反応しない．

$$R-CH_2-OH \xrightarrow{[O]} R-\underset{O}{\overset{}{C}}-H \xrightarrow{[O]} R-\underset{O}{\overset{}{C}}-OH$$
第一級アルコール　アルデヒド　　カルボン酸

$$R-\underset{OH}{\overset{}{C}H}-R' \xrightarrow{[O]} R-\underset{O}{\overset{}{C}}-R'$$
第二級アルコール　ケトン

$$R^1-\underset{OH}{\overset{R^2}{C}}-R^3 \xrightarrow{[O]} 通常の条件では反応しない$$
第三級アルコール

三酸化クロム CrO_3 をピリジンに溶かしたものは温和な酸化剤となり，第一級アルコールの酸化をアルデヒドの段階で止めることができる．

$$R-CH_2-OH \xrightarrow[\text{ピリジン}]{CrO_3} R-\underset{\underset{O}{\|}}{C}-H$$

さらに改良された酸化剤として，CrO_3，塩酸，ピリジンから調製されるクロロクロム酸ピリジニウム $C_6H_5N^+H \cdot ClCrO_3^-$（PCC と略記）が用いられる．

8·4 エーテル

2個の炭化水素基が1個の酸素原子に結合した R－O－R′ 型の化合物を**エーテル**（ether）という．エーテルの命名は，結合している2個の炭化水素基名をアルファベット順に並べ，そのあとに ether をつける．

    $CH_3-O-CH_2CH_3$　　　　エチルメチルエーテル　　　ethyl methyl ether
    $CH_3CH_2-O-CH_2CH_2CH_3$　エチルプロピルエーテル　　ethyl propyl ether

溶媒としてひんぱんに用いられるジエチルエーテルは，単にエチルエーテルとよばれることが多い．RO－ を置換基とみなして命名する場合は，次のような接頭語をつける．

    CH_3O-　メトキシ　　C_2H_5O-　エトキシ　　C$_6$H$_5$－O－　フェノキシ

エーテルは化学的にはかなり安定な化合物である．ナトリウムとも反応しないので，エーテル類を乾燥するのにナトリウムが用いられる．反応性に乏しいこと，そして種々の有機化合物をよく溶かすことから，エーテル類は有機反応の溶媒として多く用いられ，また沸点が低く蒸留で容易に除けることから，抽出溶媒としてもよく使われる．

表 8.2 溶解度と沸点の比較

		分子量	溶解度（g/100 mL 水）	沸点（℃）
ペンタン	$CH_3CH_2CH_2CH_2CH_3$	72	0.004	36.1
ブチルアルコール	$CH_3CH_2CH_2CH_2-OH$	74	7.9	117.3
ジエチルエーテル	$CH_3CH_2-O-CH_2CH_3$	74	7.5	34.5

エーテル分子同士は水素結合をつくらないが，水分子との間では下図のように水素結合が可能となる．このため炭化水素にくらべると，エーテルは水にかなり溶ける（**表 8.2**）．

$$\overset{\delta-}{O}-\overset{\delta+}{H}-----:O\begin{array}{c}R\\R\end{array}$$
$$H$$

8·5　エーテルの合成と反応

エーテルは次のような反応で生成する．

（a）アルコールの分子間脱水反応（8·3 節）

（b）ハロゲン化アルキルとナトリウムアルコキシドの反応（7·2 節）：アルコールの分子間脱水ではつくることのできない非対称エーテルを合成することができる．この反応はウィリアムソン（Williamson）合成とよばれる．

$$R-X + R'-O^-Na^+ \longrightarrow R-O-R' + NaX$$

（c）ジアゾメタンとの反応：ジアゾメタンは**カルベン**（carbene）とよばれる 2 価の炭素の前駆体となる．カルベンは反応性の高い反応中間体で，種々の特徴ある反応を行う．アルコールやカルボン酸に対しては，その O－H 結合に挿入してメトキシ基を与えるのでメチルエーテルやメチルエステルの合成にジアゾメタンが用いられる．

$$CH_2N_2 \xrightarrow{-N_2} H-\ddot{C}-H \xrightarrow{H-O-R} H-\underset{H}{\overset{H}{C}}-O-R$$

ジアゾメタン　　カルベン　　　　　　　メチルエーテル

ジアゾメタンの極限構造式

エーテルは次のような反応を示す．

（a）オキソニウム塩の生成：エーテルは酸によく溶ける．エーテルの酸素原子の非共有電子対に H^+ が付加し，オキソニウムイオンが生成することによる．すなわち，エーテルはルイス（Lewis）塩基として作用している．

$$R-\overset{..}{\underset{R}{O}}: \quad H-\overset{+}{\underset{H}{O}}-H \quad \rightleftarrows \quad R-\overset{+}{\underset{R}{O}}-H \cdots \overset{H}{\underset{H}{O}} \quad \text{水素結合}$$

ヨウ化水素酸と加熱するとエーテル結合が開裂する．この反応でもオキソニウム塩が生成し，それに I^- が求核置換する．

$$CH_3OCH_2CH_3 + HI \longrightarrow CH_3-\overset{H}{\underset{I^-}{O^+}}-CH_2CH_3 \longrightarrow CH_3I + CH_3CH_2OH$$

（b）過酸化物の生成：エーテルを空気に長く触れさせておくと，徐々に酸素と反応して爆発性の過酸化物（peroxide）をつくる．長期間放置されていたエーテルを使用する場合は，硫酸鉄（Ⅱ）水溶液と振るなどして，過酸化物を還元的に分解しておく必要がある．

$$CH_3CH_2OCH_2CH_3 \xrightarrow{O_2} CH_3\underset{OOH}{CH}OCH_2CH_3$$

8·6 環状エーテル

3員環状のエーテルであるオキシラン（oxirane，またはエチレンオキシド[1] ethylene oxide）は，エーテルとしては例外的に反応性が高い．これは，環を構成する sp^3 炭素原子に ひずみ がかかっているため，ひずみを解消する方向に開環反応が起こる．

---

1) オキシラン（エチレンオキシド）の3員環をもつ化合物をエポキシドと総称する（5·3節）．

$$\text{オキシラン} \quad \underset{\underset{H}{\overset{\delta+}{}X^{\delta-}}}{CH_2-CH_2} \rightleftharpoons CH_2-CH_2 \xrightarrow{X^-} \underset{OH}{CH_2}-\underset{X}{CH_2}$$

$$X = Cl, OH$$

テトラヒドロフランやジオキサンでは，酸素原子の非共有電子対が環の外側にむき出しになっているため立体障害を受けにくく，分子間の作用を起こしやすい．このため，有機金属化合物に対するすぐれた溶媒となる．

テトラヒドロフラン　　　ジオキサン

クラウンエーテルと総称される環状のポリエーテルは，酸素原子の非共有電子対を環の内側に向け，金属イオンを環の中に取りこむ性質がある．これにより金属塩も有機溶媒に溶けるようになる．水に溶けた金属塩と，有機溶媒に溶けた有機化合物との2相間の反応において，クラウンエーテルを少量添加すると反応はすみやかに進む．このときクラウンエーテルは**相間移動触媒**（phase transfer catalyst）の役割をはたしている[1]．

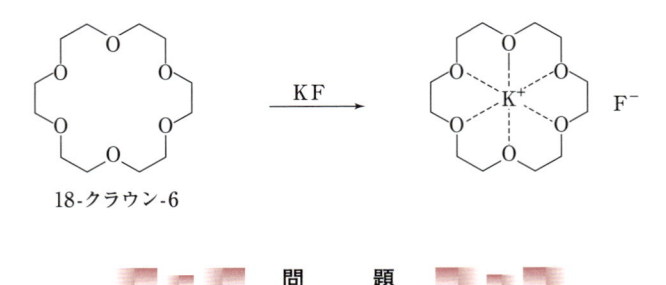

18-クラウン-6　　　→KF→　　　K^+　　　F^-

問　題

1 次の化合物を命名せよ．また，これらを，第一級アルコール，第二級アルコール，

---

[1] 相間移動触媒は，水相にある陰イオンを捕捉し，有機相に移送して反応させる．反応によって脱離生成した陰イオンを有機相から担持してふたたび水相にもどる．相間移動触媒はこのような移送サイクルをになう．

第三級アルコールに分類せよ．

a) $CH_3\underset{OH}{C}HCH_2\underset{CH_3}{C}HCH_3$

b) $(C_2H_5)_3C-OH$

c) $CH_2=CH-CH_2-\underset{OH}{C}H-CH_3$

d) シクロヘキシル環に CH_3 と OH

e) $CH_3CH_2\underset{Cl}{C}H-\underset{OH}{\overset{CH_3}{C}}-CH_3$

f) $HO-\underset{CH_3}{C}HCH\underset{CH_3}{\overset{CH_3}{C}}CH_2-OH$

g) シクロヘキシル環に OC_2H_5 と OH

h) $CH_3OCH_2CH_2CH_2-OH$

2 次の合成の反応経路を示せ．指定された原料化合物のほかに，どのような試薬を用いてもよい．

a) $CH_3\underset{O}{\overset{\|}{C}}CH_3 \longrightarrow CH_3-\underset{OH}{\overset{CH_3}{C}}-CH_3$

b) 1-メチルシクロヘキセン $\longrightarrow$ 1-メチルシクロヘキサノール

c) 1-メチルシクロヘキセン $\longrightarrow$ 2-メチルシクロヘキサノール

d) $CH_3CH_2CH_2-Br \longrightarrow CH_3CH_2CH_2CH_2-OH$

e) $CH_3CH_2CH_2-Br \longrightarrow CH_3CH_2CH_2-OCH_2CH_2CH_3$

f) シクロヘキシル-Br $\longrightarrow$ シクロヘキサノン

3 臭化エチルマグネシウム C_2H_5MgBr を用いて次のアルコールを合成するのに必要なカルボニル化合物の構造式を書け．

a) 3-ヘキサノール
b) 1-プロパノール
c) 3-メチル-3-ペンタノール
d) 2-ブタノール

4 次の合成反応の不適切な部分を指摘し，その理由を説明せよ．

a) CH$_3$CHCH$_2$CH$_2$COOH $\xrightarrow{\text{NaBH}_4}$ CH$_3$CHCH$_2$CH$_2$CH$_2$
   | | |
   OH   OH   OH

$\xrightarrow{\text{H}_2\text{SO}_4}$ CH$_3$CHCH$_2$CH=CH$_2$
       |
       OH

b) エポキシド(CH$_2$–CH$_2$,O) $\xrightarrow{\text{HBr}}$ HO–CH$_2$CH$_2$–Br $\xrightarrow{\text{Mg}}$ HOCH$_2$CH$_2$MgBr

$\xrightarrow{\text{HCHO}}$ HOCH$_2$CH$_2$CH$_2$OH

5 次の二つずつの化合物について，指示された性質の大小を比較せよ．また，そう判断した理由を説明せよ．

a) ジエチルエーテルとペンタンの，エタノールに対する溶解度

b) CH$_3$CH$_2$CH$_2$–OH と HO–CH$_2$CH$_2$–OH の，沸点

c) テトラヒドロフラン と C$_2$H$_5$–O–C$_2$H$_5$ の，水に対する溶解度

d) エチレンオキシド と テトラヒドロピラン の，酸に対する反応性

e) ジエチルエーテルとペンタンの，空気による酸化のされやすさ．

6 次の二つずつの化合物を化学反応により区別するには，どのような反応を用いたらよいか．またそのとき起こる反応を式で示せ．

a) *t*-ブチルアルコールと *s*-ブチルアルコール

b) エタノールとジエチルエーテル

c) アリルアルコールと 1-プロパノール

7 四塩化炭素中で 1,3-ジオキサン-5-オールは次の配座平衡にある．OH 基がアキシアル位をとる I の方がエクアトリアルの II よりも存在量が多い理由を説明せよ．

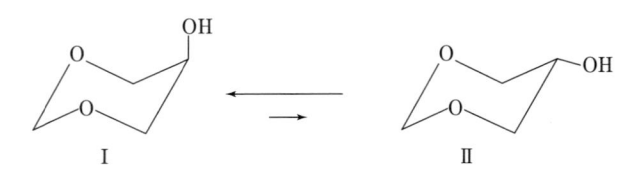

I ⇌ II

9 ベンゼンと芳香族炭化水素

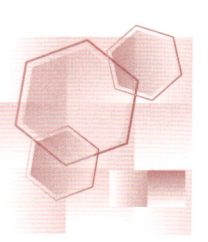

芳香族化合物は多くの点で脂肪族化合物とは異なる性質をもつ．その違いは，何に起因するのだろう．芳香族化合物の母体となるベンゼンについて電子構造と分子構造上の特徴を理解し，それに基づいて求電子置換反応を中心とする化学的性質を学んでいこう．

9·1 ベンゼンの構造

ベンゼン (benzene) の構造式としてケクレ (Kekulé) は次のようなケクレ構造式を提案した (1865 年)．しかし，実際のベンゼンは，この構造式から予想されるものとはたいぶかけ離れた性質を示す．

3 個の二重結合には予想されるアルケンの性質がみられず，ベンゼンは過マンガン酸塩溶液を脱色しない．また付加反応も容易には起こさない．ケクレ構造式が正しければ，ベンゼンの二置換体（たとえば o-キシレン）には，二重結合の位置の違いによる異性体が存在するはずであるが，現実には異性体は存在しない．

ベンゼンの構造において，6 個の炭素原子は正六角形を形成し炭素－炭素結

合の長さはすべて等しく 1.40 Å である．この結合の長さは C−C 結合の長さ (1.54 Å) と C=C 結合の長さ (1.34 Å) の中間の値である．このような実際のベンゼンの構造は，等価な二つのケクレ構造式 I と II の共鳴混成体として説明することができる．I と II の共鳴寄与は等しく，6 個の炭素−炭素結合はどれも C−C 結合と C=C 結合の中間的な性質になる．I と II を重ね合わせたベンゼンの共鳴構造に最も近い表現法として III のように表されることもあるが，便宜上，ケクレ構造式の一つで表記されることが多い．

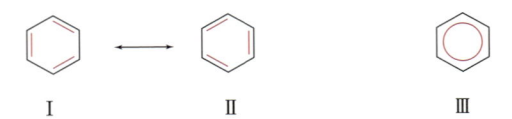

I   II   III

ベンゼンの 6 個の炭素原子はどれも sp^2 混成で，それぞれ 1 個の水素原子と 2 個の炭素原子との間で σ 結合をつくっている．各炭素原子上の混成に加わらない 2p 軌道は分子面に垂直にたち，それぞれ両隣りの炭素原子の 2p 軌道と全く同等の重なり方をする（**図 9.1**（I）と（II））．これらを重ね合わせて共鳴混成体とすればすべての炭素−炭素結合は等価となる[1]．あるいは，環全体に広がるドーナツ状の π 軌道が形成される（**図 9.1**（III））と考えてもよい[2]．

各炭素原子の 2p 軌道にある 1 個ずつの価電子は，π 電子として環状の π 軌道に解き放され，非局在化する．この π 電子の非局在化がベンゼン環に大きな安定性を与える．

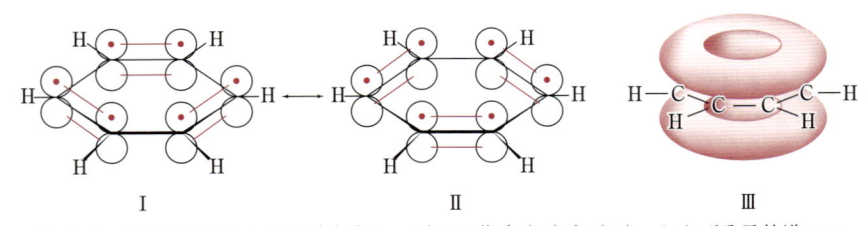

図 9.1 ベンゼンの I と II に対応する π 電子の共鳴（I）と（II），および分子軌道への非局在化（III）

1) 原子価結合法によるモデルである．
2) 分子軌道法によるモデルである（第 15 章参照）．

9·2 芳香族性

π電子が非局在化することにより，真のベンゼンは仮想的な構造のケクレベンゼンにくらべ，どのくらい安定になるのだろう．この安定性は，次のように実験的に見積もることができる．シクロヘキセンの水素化熱は 119.62 kJ mol^{-1} の発熱である．ベンゼンがケクレ構造であるとすれば，水素化されてシクロヘキサンになるとき 119.62 kJ mol^{-1} の 3 倍，すなわち 358.86 kJ mol^{-1} の発熱となるはずである．しかし，実測されたベンゼンの水素化熱は 208.36 kJ mol^{-1} の発熱で，予想より 150.50 kJ mol^{-1} だけ少ない．この分だけ，実際のベンゼンはケクレ構造より安定である．この安定化エネルギーを**非局在化エネルギー**（delocalization energy）または**共鳴エネルギー**（resonance energy）という．

シクロヘキセン (g) + H$_2$ ⟶ シクロヘキサン (g) + 119.62 kJ

仮想的なベンゼン ケクレベンゼン + 3 H$_2$ ⟶ + 3×119.62 kJ

大きな非局在化エネルギーをもち，著しく安定化された環状共役系では，そのπ結合を切断して環状のπ軌道をこわすような反応は起こりにくい．この性質を**芳香族性**（aromaticity）という．ベンゼン環からなる化合物のほか，いくつかのベンゼン環が縮合した形をもつ縮合多環式化合物も芳香族性を示す．環全体が共役系であっても，必ず芳香族性を示すとは限らない．芳香族性をもつためには，環状共役系に含まれるπ電子の数が $(4n+2)$ 個（$n = 0, 1, 2, \cdots$）であることが必要である．量子化学的考察によって導かれたこの条件は**ヒュッケル**（Hückel）**則**とよばれる．ベンゼン環は $n = 1$，すなわち 6π 電子系であり，ナフタレンは $n = 2$ の 10π 電子系で，それぞれヒュッケル則を満たしている．

シクロブタジエンやシクロオクタテトラエンはヒュッケル則を満たしておら

ず芳香族性をもたない．これらの化合物では C=C 結合と C−C 結合の区別がつき，C=C 結合は孤立したエチレン結合と同様に，容易に付加反応を起こす．

一方，ベンゼン環をもたなくてもヒュッケル則を満たす化合物は存在する．たとえば，アズレンは 10π 電子の環状共役系で，芳香族性をもつことが知られている．

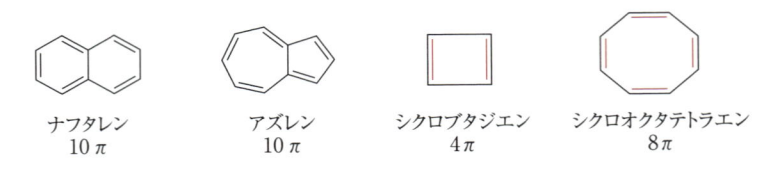

| ナフタレン | アズレン | シクロブタジエン | シクロオクタテトラエン |
| 10π | 10π | 4π | 8π |

9·3 芳香族炭化水素

ベンゼン環をもつ炭化水素を芳香族炭化水素という．2 個以上のベンゼン環が辺を共有した構造のものは，**縮合多環芳香族炭化水素**とよばれる．

芳香族炭化水素はそれぞれ固有の慣用名でよばれるものが多い．置換基の位置は番号で示す．ベンゼンの二置換体では 3 種類の異性体が可能であり，1,2-，1,3-，および 1,4- に対してそれぞれ o-（オルト），m-（メタ），および p-（パラ）が用いられることがある．

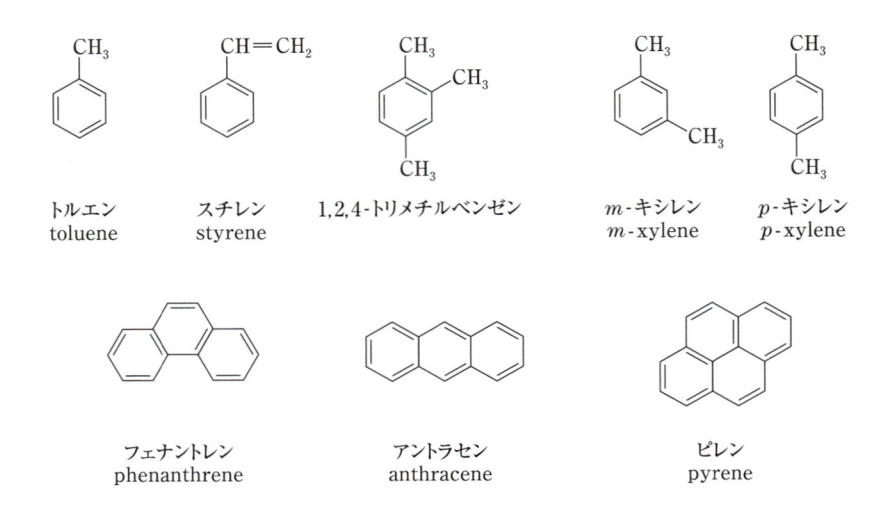

トルエン toluene　　スチレン styrene　　1,2,4-トリメチルベンゼン　　m-キシレン m-xylene　　p-キシレン p-xylene

フェナントレン phenanthrene　　アントラセン anthracene　　ピレン pyrene

9·3 芳香族炭化水素

炭化水素基以外の置換基がついた場合も，次の例のように置換ベンゼンとして命名される．また，置換ベンゼンの固有の慣用名（トルエン，フェノールなど）を，命名のための母核化合物としてとり扱うこともある．

1-ブロモ-3-
クロロベンゼン

p-アミノトルエン
4-アミノトルエン
$\begin{pmatrix} p\text{-メチルアニリン} \\ \text{としてもよい} \end{pmatrix}$

o-クロロスチレン
2-クロロスチレン

m-ブロモフェノール
3-ブロモフェノール

p-ニトロアニリン
4-ニトロアニリン

石炭タール中には，縮合多環式も含め多数の芳香族炭化水素が含まれる．ベンゼンはガソリンのリホーミングにより工業的に生産される（4·3 節）．さらに，スチレン，フェノールなどへ変換され，化学工業製品の原料として重要な用途をもつ．

芳香族炭化水素の最も特徴的な反応性は，次節に述べる求電子置換反応であるが，それ以外に，次のような反応を示す．

（a）付加反応：ベンゼン環は非常に安定で付加反応を起こしにくいが，高温，高圧の条件下では Ni を触媒として水素化される．

$$\text{ベンゼン} + 3\,H_2 \xrightarrow[25\ \text{atm}]{Ni,\ 150\sim250\ ℃} \text{シクロヘキサン}$$

（b）側鎖の酸化：アルケンの二重結合と違って，ベンゼンの不飽和結合は酸化されにくい．トルエンやエチルベンゼンを過マンガン酸カリウムで酸化すると側鎖の炭化水素基が酸化されて安息香酸となる．

$$\text{C}_6\text{H}_5\text{—CH}_3 \xrightarrow{KMnO_4} \text{C}_6\text{H}_5\text{—COOH}$$

クメンを空気酸化するとクメンヒドロペルオキシドが生成する．この反応はフェノールの工業的合成に用いられる（10·1 節）．

9·4 芳香族求電子置換反応

芳香族炭化水素の環上の水素原子は，いろいろな原子団やハロゲン原子によって置換される．

(1) ニトロ化

ベンゼンを，濃硝酸と濃硫酸の混合物（混酸）とともに温めると**ニトロ化**(nitration) が起こり，ニトロベンゼンが生成する．

$$C_6H_6 + HNO_3 \xrightarrow[50 \sim 60 ℃]{H_2SO_4} C_6H_5-NO_2 + H_2O$$

混酸の中では，次の平衡によってニトロイルイオン[1]（nitroyl ion）NO_2^+ が存在する．

$$HNO_3 + 2H_2SO_4 \rightleftarrows NO_2^+ + H_3O^+ + 2HSO_4^-$$

NO_2^+ は求電子性が強く，ベンゼン環の π 電子に接近し，ベンゼン環と σ 結合で結合した不安定な中間体を生成する．この中間体は **σ 錯体**（σ complex）とよばれる．σ 錯体中間体では π 電子系の環状共役が破れ，芳香族性が失われた状態にある．

すなわち，σ 錯体は，次の極限構造式の共鳴混成体である．この σ 錯体は HSO_4^- に H^+ を放出して，安定な芳香環を再生する．σ 錯体から H^+ を脱離する過程は速く，その前段階の σ 錯体の生成する過程の方がずっと遅い．

[1) ニトロニウムイオン（nitronium ion），ニトリルイオン（nitryl ion）ともいう．

ニトロ化のほか，以下に記すハロゲン化，スルホン化，フリーデル-クラフツ（Friedel-Crafts）反応など，芳香環の水素原子を置換する反応はいずれも求電子試薬（electrophilic reagent）の攻撃と H^+ の脱離を経て進行する．これらの反応は**求電子置換反応**（electrophilic substitution）とよばれる．

(2) ハロゲン化（halogenation）

ベンゼンは鉄粉の存在下，臭素と反応して**臭素化**（bromination）され，ブロモベンゼンを生成する．

$$C_6H_6 + Br_2 \xrightarrow[(FeBr_3)]{Fe} C_6H_5-Br + HBr$$

この反応で実際に触媒として作用しているのは鉄粉と臭素から生成する臭化鉄（III）である．すなわち，ルイス酸である $FeBr_3$ に Br_2 の非共有電子対が配位すると，Br_2 の一方の臭素原子は強い正の分極を受ける．この臭素原子が求電子試薬としてベンゼン環を攻撃して，σ錯体を生成する．

$$2\,Fe + 3\,Br_2 \longrightarrow 2\,FeBr_3$$

$Br-Br: \curvearrowright FeBr_3 \longrightarrow Br^{\delta+}\text{----}Fe\overset{\delta-}{Br_4}$

(3) スルホン化

ベンゼンに濃硫酸や発煙硫酸を作用すると，**スルホン化**（sulfonation）されてベンゼンスルホン酸を生ずる．実際に作用する求電子試薬は三酸化硫黄 SO_3 と考えられている．スルホン化はニトロ化やハロゲン化とは異なり，可逆反応であることが知られている．

$$C_6H_6 + SO_3 \rightleftarrows C_6H_5SO_3H$$

(4) アシル化

カルボン酸の塩化物 RCOCl は，塩化アルミニウムの存在下でベンゼンと反応しアルキルフェニルケトンを生じる．ベンゼン環にアシル基（RCO−）を置

換する反応であり，**アシル化** (acylation) とよばれる．求電子試薬は次のようにして生成する．

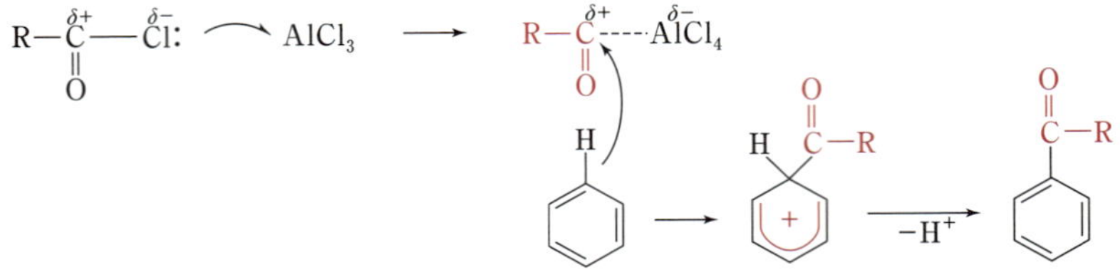

酸無水物を用いても同様のアシル化を行うことができる．

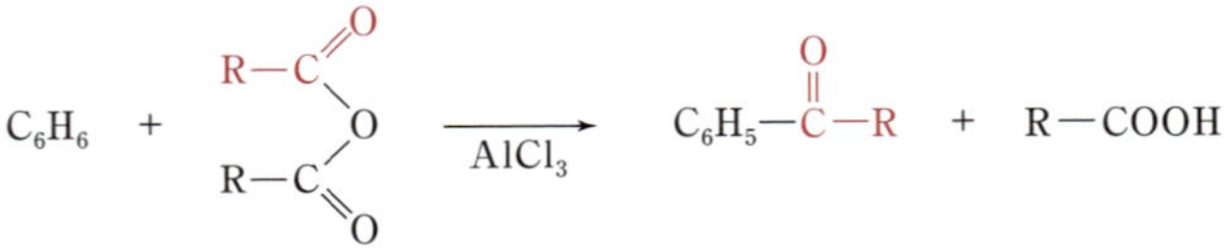

$$C_6H_6 + (R-CO)_2O \xrightarrow{AlCl_3} C_6H_5-CO-R + R-COOH$$

塩化アルミニウムを触媒とする芳香族求電子置換反応によれば，アシル化のほか，ハロゲン化アルキルによるアルキル化も可能である．これらの反応はまとめて**フリーデル–クラフツ反応** (Friedel-Crafts reaction) とよばれる．

$$C_6H_6 + R-Cl \xrightarrow{AlCl_3} C_6H_5-R + HCl$$

(5) ホルミル化

塩化ホスホリル $POCl_3$ と N,N-ジメチルホルムアミド $HCON(CH_3)_2$ を作用するとホルミル基を導入することができる．この反応も求電子置換反応で，ビルスマイヤー (Vilsmeier) 反応とよばれる．

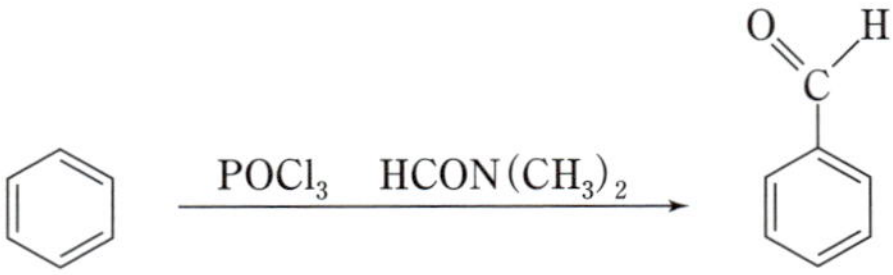

9・5 求電子置換反応の配向性と活性化効果

置換基を1個もつベンゼン環に対しても求電子置換反応は起こる．このとき，置換反応の起こる位置によって，3種類の生成物ができる可能性がある．たとえば，トルエンを臭素化すると，o-，m-，および p-ブロモトルエンがおよそ次の割合で生成する．

トルエン $\xrightarrow{\text{Br}_2\;(\text{FeBr}_3)}$ o-ブロモトルエン (33%) + m-ブロモトルエン (1%) + p-ブロモトルエン (67%)

臭素がどの位置にも等しい確率で攻撃すれば，オルト：メタ：パラの生成比は 40%：40%：20% となるはずである．ところが生成比は決して統計的な分布をしているわけではなく，既存の置換基によって，オルト，メタ，パラの生成比は大きく左右される．トルエンのメチル基のように，メタ位よりもオルト位およびパラ位の方の反応性を高める置換基を**オルト・パラ配向性**という．オルト・パラ配向性の基には，**表 9.1** に示すようなものがある．一方，ニトロ基やアセチル基などはオルト位，パラ位にくらべてメタ位の置換生成物を多く与える．これらを**メタ配向性**の置換基という（表 9.1）．

ベンゼンとトルエンの 1:1 混合物を臭素化すると，ベンゼンには 6 個の置換

表 9.1 芳香族求電子置換反応における官能基の配向支配と活性化効果

オルト・パラ配向性		メタ配向性
活性化	不活性化	不活性化
$-\text{OH}$, $-\text{OR}$	$-\text{F}$	$-\text{NO}_2$
$-\text{NH}_2$, $-\text{NHR}$, $-\text{NR}_2$	$-\text{Cl}$	$-\text{CO}-\text{R}$
$-$アルキル	$-\text{Br}$	$-\text{COOR}$
	$-\text{I}$	$-\text{CN}$
		$-\text{SO}_3\text{H}$

位置があるにもかかわらず，求電子置換によるブロモベンゼンの生成は1%以下で，ほとんどの生成物がブロモトルエンの3種の異性体である．すなわち，メチル基が置換することにより，ベンゼン自身にくらべてベンゼン環への求電子置換反応に対する反応性が高められたことになる．このような置換基は，ベンゼン環を活性化しているという．逆に，ベンゼンにくらべて反応性を低くするような置換基もあり，これらはベンゼン環を不活性化しているという．表9.1のオルト・パラ配向性の基は，ハロゲンを除いてすべて活性化の置換基である．また，表9.1のメタ配向性の置換基はすべて不活性化の置換基である．ハロゲンは特別で，オルト・パラ配向性であるが，不活性化の置換基である．

9・6 σ錯体の安定性

芳香族求電子置換反応の反応は活性化エネルギー，すなわち図9.2の原系と遷移状態とのエネルギー差が小さいほど速く，高い反応性を示す(4・5節)．遷移状態の構造はσ錯体の構造に近いので，遷移状態の代りにσ錯体の安定性で考えても定性的には誤りではない．σ錯体は環に正電荷をもつので，電子供与性の置換基がつくと安定化し，活性化エネルギーは小さくなる．表9.1に見る

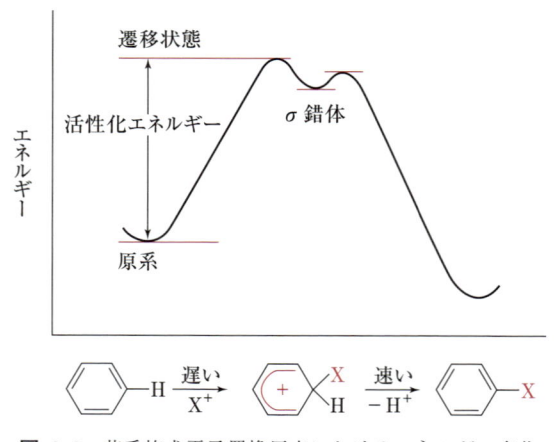

図 9.2 芳香族求電子置換反応におけるエネルギー変化

ように，ベンゼン環を活性化する置換基はメソメリー効果あるいは誘起効果による電子供与性の基である．電子供与性置換基が反応中心に対してオルト位，パラ位にあるときは，下のフェノールの例のように，直接隣接する正電荷に対する安定化の効果が特に大きく，これがオルト・パラ配向性の原因となる．

　o-置換とp-置換では，それぞれA，Bの極限構造式の寄与がある分だけσ錯体がm-置換の場合より安定化している．

一方，電子求引性の置換基は正電荷をもつσ錯体を不安定にし，活性化エネルギーを大きくする．したがって電子求引性の置換基はいずれも不活性化置換基となる．特に，反応中心に対してオルト位，パラ位に電子求引性基があるときは次ページのニトロベンゼンの例のように不安定化の効果が大きく，その結果，メタ位の生成物が相対的に増加し，メタ配向性となる．

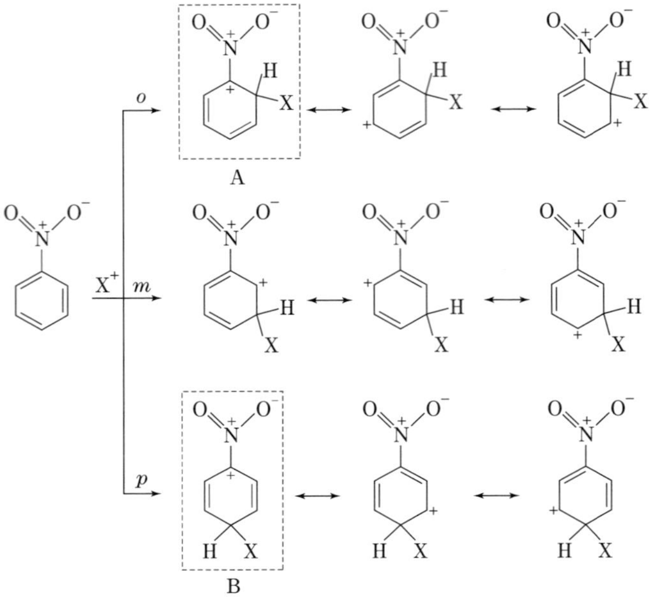

o-置換 A と p-置換 B の極限構造式において，電子求引性のニトロ基は直接に隣りあう正電荷を著しく不安定にしている．

ハロゲンは電気陰性度が大きく，電子求引性の誘起効果により σ 結合を通じて σ 錯体を不安定化する．したがって，ベンゼン環を不活性化させる置換基となる．しかし，ハロゲン原子には非共有電子対があり，これが電子供与性のメソメリー効果をおよぼしてオルトおよびパラ置換の σ 錯体を安定化する．これによりハロゲン原子はオルト・パラ配向性になるものと説明される．

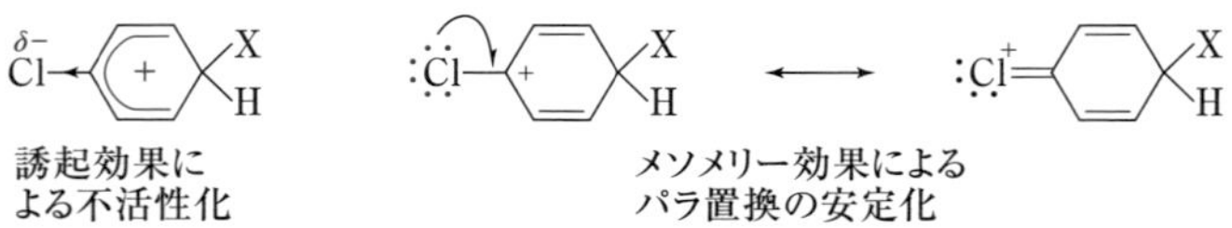

誘起効果による不活性化

メソメリー効果によるパラ置換の安定化

問 題

1. 次の芳香族化合物に可能な構造式をすべて書き，それぞれの名称を記せ.
   a) C_7H_8O の分子式をもつ芳香族化合物
   b) o-キシレンにニトロ基が1個置換した芳香族化合物
   c) $C_8H_8Cl_2$ の分子式をもち，鏡像異性体の存在する芳香族化合物

2. アントラセンおよびフェナントレンは，どちらも 14π 電子をもつ芳香族炭化水素である．アントラセンとフェナントレンの共鳴に対する極限構造式をすべて書き，どちらの共鳴エネルギーの方が大きいか予測せよ．

3. ナフタレンの共鳴に対する極限構造式をすべて書け．各構造が共鳴混成体に寄与する割合を同じとすると，炭素－炭素結合距離 A と B はどちらが長いか．

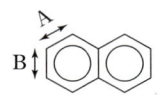

4. ベンゼンの共鳴混成体に対し，次のような極限構造式の寄与はほとんどないと考えられる．この理由を説明せよ．

5. 次の化合物について，環状共役に関与する π 電子の数を記せ．ヒュッケル則を基に芳香族性をもつと予測される化合物はどれか．

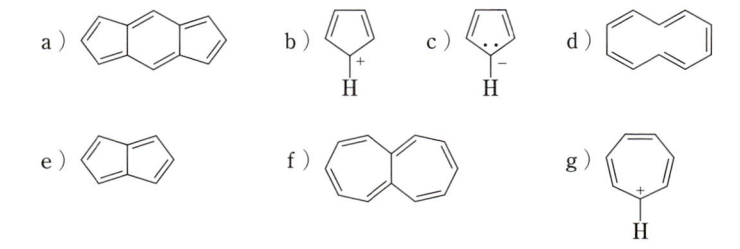

a)   b)   c)   d)

e)   f)   g)

h) i)

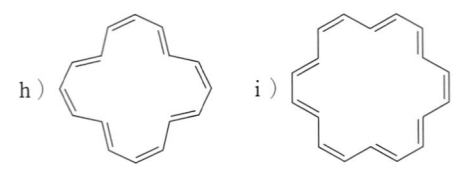

6 安息香酸の臭素置換反応について，中間体 σ 錯体の極限構造式を書け．*m*-ブロモ安息香酸が主生成物となる理由を説明せよ．

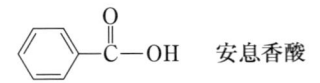

安息香酸：C₆H₅—C(=O)—OH

7 ベンゼンを原料化合物として次の各化合物を合成する方法を示せ．ベンゼン以外の試薬も用いてよい．

　　a) *p*-ブロモニトロベンゼン　　b) *m*-ブロモニトロベンゼン

　　c) C_6H_5—CO—CH$_3$　　d) CH_3CH_2—C$_6H_4$—SO$_3$H

　　e) C_6H_5—C(CH$_3$)$_2$—OH　　f) C_6H_5—COOH

10 ベンゼン環に置換した官能基

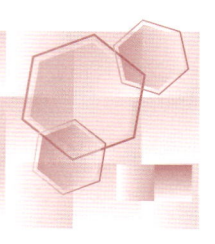

ハロゲンや OH 基が sp^3 炭素原子に置換した脂肪族化合物については既に学んだが,これら官能基が芳香環の sp^2 炭素原子に置換した場合は,化学的性質にも少し違いがでてくる.本章では,OH 基,ハロゲン,NH_2 基を置換した芳香族化合物の反応と性質について学習し,脂肪族の場合と,どのような点で異なるのかみていこう.

10·1 フェノール

芳香環にヒドロキシ基が結合した構造の化合物をフェノール (phenol) という.フェノール類のいくつかはコールタールから得られ,それには母体のフェノール (石炭酸) 自身も含まれる.

フェノールは水に少し溶け,ヒドロキノン,1,2,3-ベンゼントリオール[1] などの多価フェノール類は水によく溶ける.

フェノール
phenol

ヒドロキノン
hydroquinone

1,2,3-ベンゼントリオール
1,2,3-benzenetriol

フェノールはアルコールと異なり酸性を示し (**表 10.1**),塩基と反応してフェノキシド (phenoxide) とよばれる陰イオンを生成する.しかし,$NaHCO_3$ のような弱い塩基とは反応しない.

---
1) 慣用名でピロガロール (pyrogallol) ともよばれる.

表 10.1 フェノール類の pK_a (25℃)

フェノール	9.998*
o-ニトロフェノール	7.23
m-ニトロフェノール	8.40
p-ニトロフェノール	7.15
2,4-ジニトロフェノール	4.11
ピクリン酸	0.29
p-クレゾール	10.26
カテコール	9.45
ヒドロキノン	9.91*

* 20℃ の値　pK_a については 12・2 節を参照

ピクリン酸
picric acid

p-クレゾール
p-cresol

カテコール
pyrocatechol

ナトリウムフェノキシド

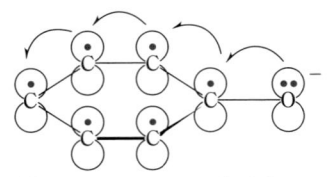

図 10.1 フェノキシドイオンにおける π 電子の非局在化

フェノキシドイオンは酸素原子の非共有電子対をベンゼン環の π 軌道に非局在化させ (**図 10.1**), 次ページの図のように共鳴安定化している. この安定化が得られることにより, フェノールのイオン解離はアルコールにくらべて有利になる[1].

---

1) H$^+$ を解離させたあとの陰イオンの安定性と, 酸の強さとの関係は, 12・2 節で学ぶ.

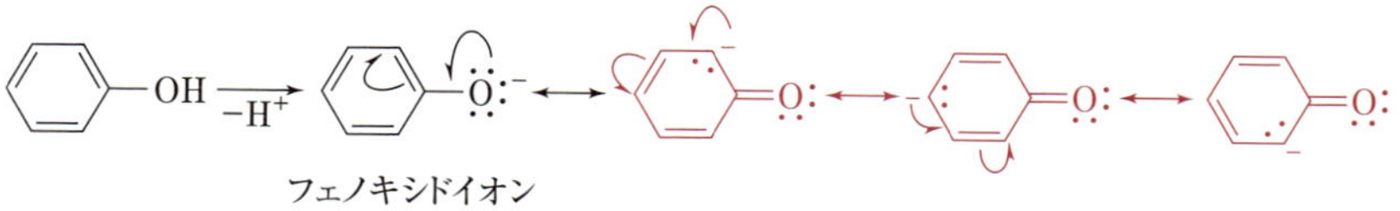

10·1 フェノール

[フェノールの酸解離とフェノキシドイオンの共鳴構造の図]

フェノキシドイオン

アルコールの場合には，イオン解離をしても上のような負電荷を分散させる安定化は得られない．

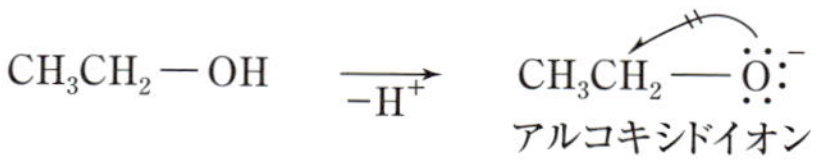

[CH₃CH₂—OH から アルコキシドイオン CH₃CH₂—O:⁻ への図]

アルコキシドイオン

フェノールの酸性は，芳香環にニトロ基のような電子求引性の置換基がつくとますます強くなる（**表 10.1**）．

ニトロ基は電子求引性の誘起効果によりフェノキシドイオンの負電荷を安定化するとともに，メソメリー効果により共鳴安定化にも寄与するからである．たとえば p-ニトロフェノキシドイオンでは，点線で囲んだ極限構造式の共鳴寄与がある分，無置換のフェノキシドイオンと比べて安定性が大きい．

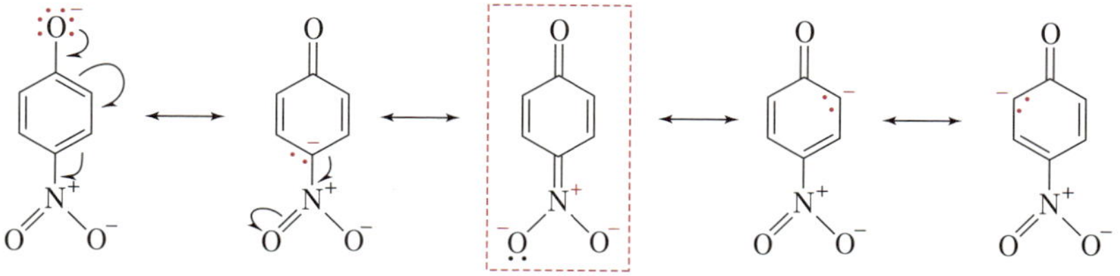

[p-ニトロフェノキシドイオンの共鳴構造式の図]

フェノール性のヒドロキシ基もエステルをつくるが，アルコールと違い，酸無水物または酸塩化物を用いないとエステル化は円滑に進まない（12·6 節）．

$$C_6H_5OH + C_2H_5CO-Cl \longrightarrow C_6H_5O-COC_2H_5 + HCl$$

多価フェノールのベンゼン環は，ヒドロキシ基の電子供与性メソメリー効果により π 電子密度が高く，電子を放出しやすい（15·2 節）．すなわち，酸化されやすい．たとえばヒドロキノンやピロガロールは還元剤として写真の現像に用いられる．フェノール類の酸化生成物は一般に複雑な混合物であるが，ヒド

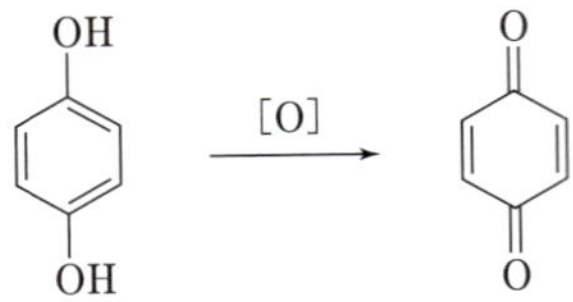

p-ベンゾキノン

ロキノンを注意して酸化すると p-ベンゾキノンが得られる.

フェノールの一般的製法としては，次のような反応がある.

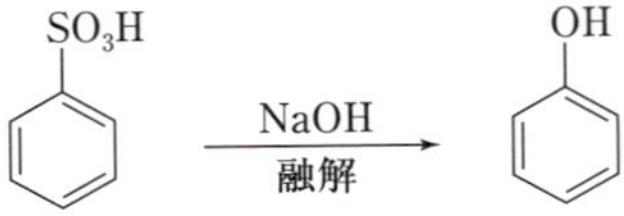

ベンゼンスルホン酸

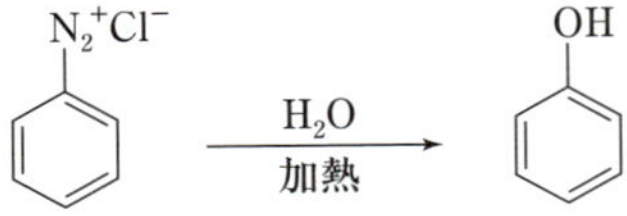

塩化ベンゼンジアゾニウム

工業的には次のクメン法が用いられる.

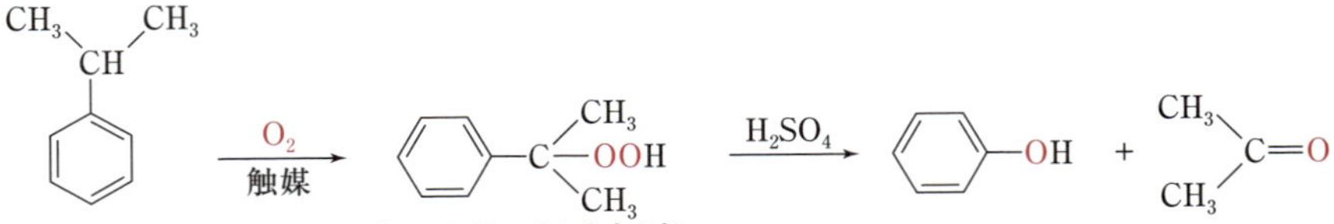

クメン　　　クメンヒドロペルオキシド

10·2 芳香族炭化水素のハロゲン置換体

　芳香環に置換したハロゲン原子はアルキル基に置換したハロゲン原子と異なり，一般に求核置換反応を起こしにくい．これは，芳香環と結合したハロゲン原子の非共有電子対が芳香環の π 軌道に押し出され，C-Cl 結合の $C^{\delta+}-Cl^{\delta-}$ という極性が弱まるとともに，C-Cl 結合に二重結合性が生じるためである．したがって，芳香環に求核置換反応を起こすには，特殊な激しい条件を必要とする.

10·2 芳香族炭化水素のハロゲン置換体

$$C_6H_5-Cl \xrightarrow[300℃\ 280\ atm]{10\%\ NaOH\ 水溶液\ (Cu\ 触媒)} C_6H_5-OH + NaCl$$

しかし，オルト位やパラ位にニトロ基など強い電子求引性の置換基があると，ハロゲンの求核置換反応も起こるようになる．この反応は次のように，芳香族求電子置換反応と同様に2段階で進む．芳香族求核置換反応の σ 錯体中間体を特に**マイゼンハイマー**（Meisenheimer）**錯体**という．

ベンゼン環に置換したハロゲン原子の場合と同様に，C=C 二重結合の sp^2 炭素原子についたハロゲン原子も，求核置換反応を受けにくい（7·1節）．

ハロゲン化ベンゼンからはグリニャール試薬をつくることができ，いろいろな合成反応に利用される．通常，臭素置換体が用いられる．

芳香族炭化水素のハロゲン置換体は，ジアゾニウム塩から次のような反応で生成する（10·4節）．

$$C_6H_5\text{-}N_2^+ \xrightarrow{I^-} C_6H_5\text{-}I + N_2$$

$$C_6H_5\text{-}N_2^+ \xrightarrow{Cu_2Cl_2} C_6H_5\text{-}Cl + N_2$$

$$C_6H_5\text{-}N_2^+ \xrightarrow{Cu_2Br_2} C_6H_5\text{-}Br + N_2$$

このような，ジアゾニウム塩の分解反応を**サンドマイヤー**（Sandmeyer）**反応**

という．

10・3 アニリン

芳香環にアミノ基$-NH_2$または置換アミノ基$-NHR$，$-NR^1R^2$が結合した化合物を**芳香族アミン**（amine）という．最も簡単な芳香族アミンが**アニリン**（aniline）である．

芳香族アミンは脂肪族アミンと同様に弱塩基であり，塩酸と反応して塩酸塩を生ずる．ただし，芳香族アミンの塩基性は，脂肪族アミンの塩基性よりもはるかに弱い[1]．

$$\text{アニリン} + HCl \rightleftharpoons \text{アニリン塩酸塩}$$

芳香族アミンは，芳香族ニトロ化合物の還元により得られる．還元方法としてはスズ，鉄，亜鉛などの金属と塩酸が用いられる．

$$\text{ニトロベンゼン} \xrightarrow{Sn, HCl} \text{アニリン}$$

アミノ基はその非共有電子対をメソメリー効果によりベンゼン環に与え，ベンゼン環を著しく活性化する．たとえばアニリンの臭素化は，触媒なしで2, 4, 6-トリブロモアニリンの生成にまで進み，モノブロモ体の段階で止めることができない．ベンゼン環に電子が豊富に押し出されることは，ベンゼン環が酸化されやすいことを意味する．放置された古いアニリンが赤褐色に変色したり，さらし粉の水溶液でアニリンが紫紅色を呈するのは，アニリンが酸化されるためである．

アニリンを混酸でニトロ化すると，硝酸の酸化作用によりいろいろな生成物

---

1) アミンの塩基性については 13・2 節で学ぶ．

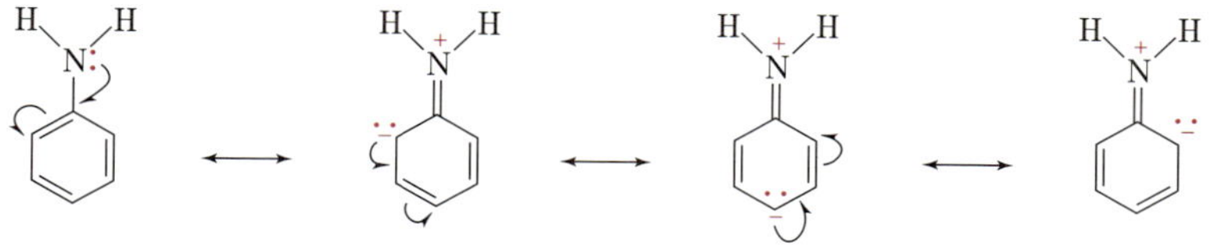

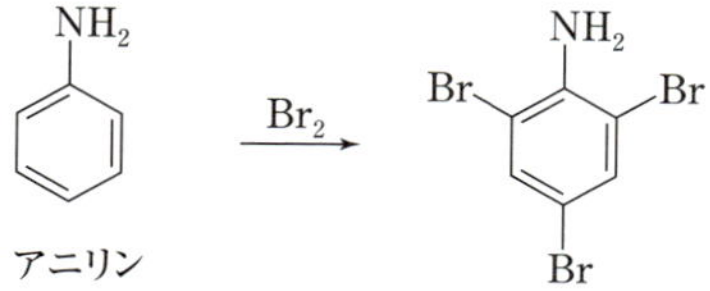

が生じ，収率よく *p*-ニトロアニリンを得ることができない．アニリンのアミノ基を塩化アセチルや無水酢酸でアセトアミド基 CH_3CONH- に変換すると，アニリンの求電子試薬に対する過剰な反応性や酸化されやすさが抑えられる．その結果，混酸によるニトロ化が可能となり，*p*-ニトロアセトアニリドが主生成物として得られる．*p*-ニトロアセトアニリドの CH_3CONH- 基は容易に加水分解されて NH_2- にもどるので，この3段階の反応は *p*-ニトロアニリンのよい合成法となる．この合成経路で，アセチル基 CH_3CO- はアミノ基あるいはベンゼン環を保護する役割をしている．このような働きをする基を**保護基**（protecting group）という[1]．

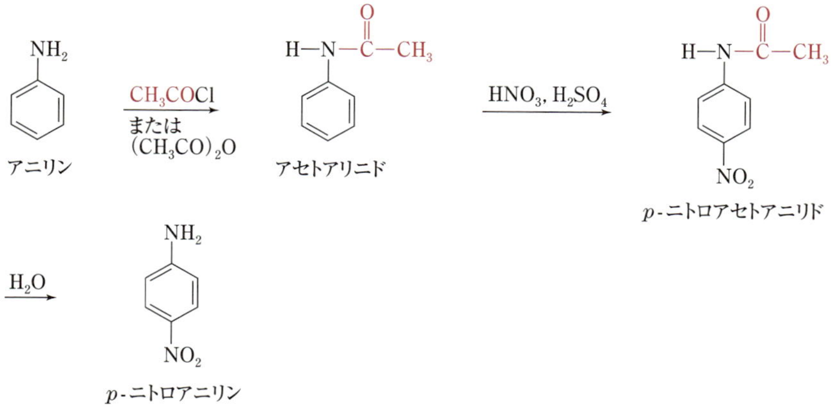

---

1) 保護基については，ポリペプチドの合成でも述べる（14·9節）．

アミノ基の活性化効果をアセトアミド基がやわらげるのは，次のように，カルボニル基の酸素原子が窒素原子上の非共有電子対を引きこむからである．

10·4 ジアゾニウム塩

アニリンの酸性水溶液に，冷却しながら亜硝酸ナトリウムを加えるとジアゾニウム塩の溶液が得られる．この反応を**ジアゾ化**（diazotization）という．

C₆H₅-NH₂ + 2 HCl + NaNO₂ ⟶ C₆H₅-N₂⁺Cl⁻ + NaCl + 2 H₂O
                                            塩化ベンゼンジアゾニウム

ジアゾニウムイオンの構造は下のような極限構造式で表され，窒素原子上の正電荷はさらにベンゼン環にも非局在化する．そのため脂肪族の場合と違い（13·3節），芳香族ジアゾニウム塩はある程度安定に存在できる．

ジアゾニウム塩は通常，単離されずに溶液のままいろいろの反応に使われる．すでに10·2節に記した反応以外に，次のような反応に用いられる．

C₆H₅-N₂⁺Cl⁻ →(H₂O, 加熱)→ C₆H₅-OH

C₆H₅-N₂⁺Cl⁻ →(C₂H₅OH または次亜リン酸 (H₃PO₂))→ C₆H₅-H

ジアゾニウム塩は，フェノールや芳香族アミン類など，活性化されたベンゼン環に反応してアゾ化合物（azo compound）を与える．この反応は芳香族求電

子置換反応の一つで，**ジアゾカップリング**（diazo coupling）とよばれる．

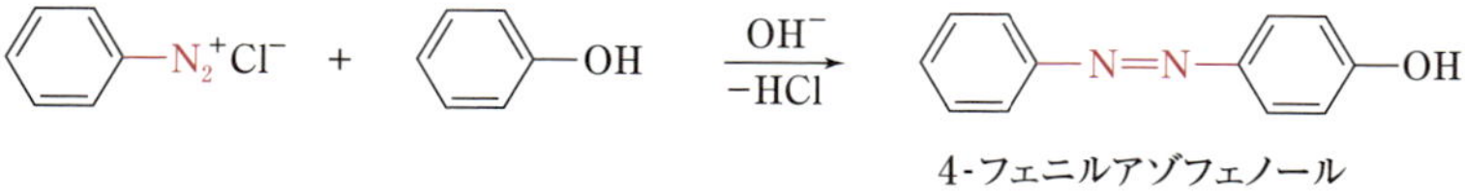

C₆H₅-N₂⁺Cl⁻ + C₆H₅-OH $\xrightarrow[-HCl]{OH^-}$ C₆H₅-N=N-C₆H₄-OH

4-フェニルアゾフェノール

アゾ化合物はアゾ基-N=N-をもつ R-N=N-R′ 型の化合物のことをいい，アゾ染料として用いられる．

問　題

1 次の三つのフェノール類を，酸としての強さが減少する順に並べ，その理由を説明せよ．

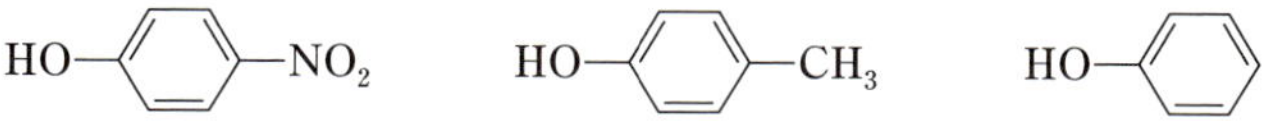

HO-C₆H₄-NO₂　　HO-C₆H₄-CH₃　　HO-C₆H₅

2 芳香族求核置換反応について次の問に答えよ．

a） 下に示す中間体陰イオン（マイゼンハイマー錯体）について，共鳴に寄与する極限構造式をすべて書け．

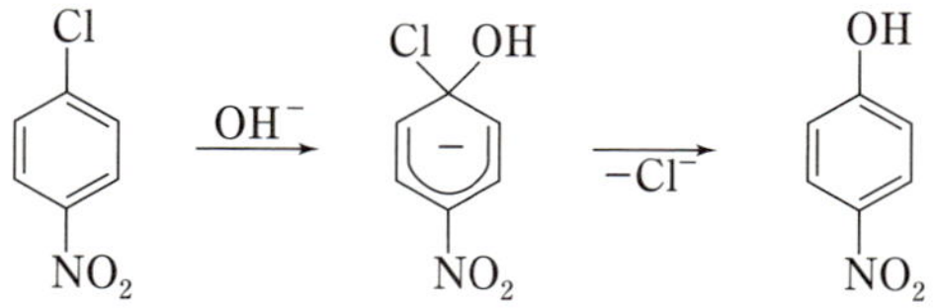

p-ニトロクロロベンゼン $\xrightarrow{OH^-}$ 中間体陰イオン $\xrightarrow{-Cl^-}$ p-ニトロフェノール

b） p-ニトロクロロベンゼンと異なり，m-ニトロクロロベンゼンでは OH⁻ による求核置換反応が起こりにくい．この理由を，中間体陰イオンの共鳴に基づいて説明せよ．

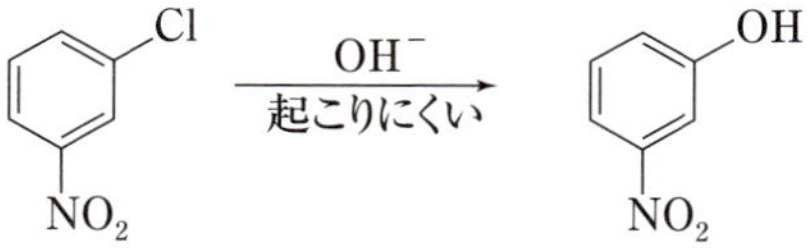

m-ニトロクロロベンゼン $\xrightarrow[起こりにくい]{OH^-}$ m-ニトロフェノール

3 次の化合物を合成する方法を示せ。ただし、ベンゼン環の原料化合物として、ニトロベンゼン以外を用いてはならない。

a) 4-ブロモアニリン

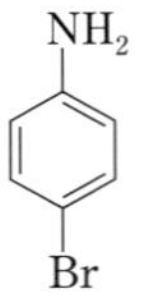

b) 3-ブロモクロロベンゼン

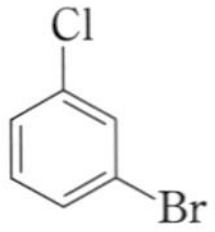

c) 4-ヒドロキシアゾベンゼン (HO-C₆H₄-N=N-C₆H₅)

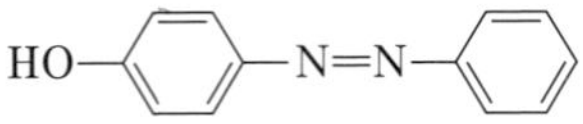

d) 3-クロロフェノール

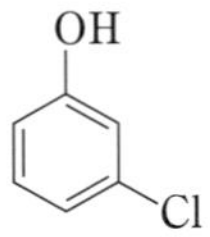

e) 1,4-ジアミノベンゼン

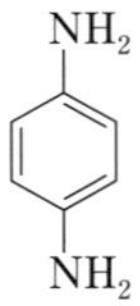

f) 1,3,5-トリブロモベンゼン

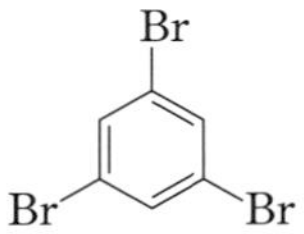

4 次の反応の主生成物を記せ。

a) ブロモベンゼン $\xrightarrow{Mg}$ $\xrightarrow{CH_3COCH_3}$

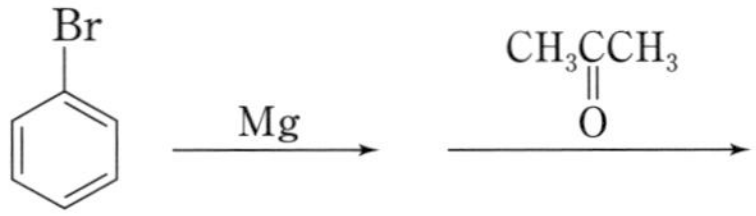

b) トルエン $\xrightarrow[Fe]{Br_2}$ $\xrightarrow{KMnO_4}$

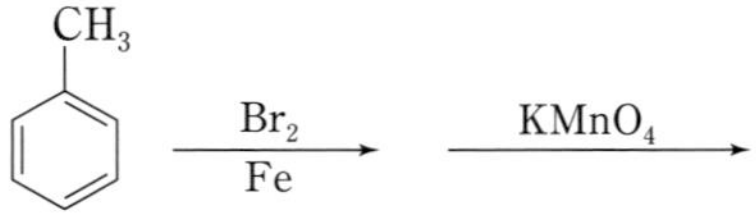

c) アニリン $\xrightarrow[HCl]{NaNO_2}$ $\xrightarrow{Cu_2(CN)_2}$

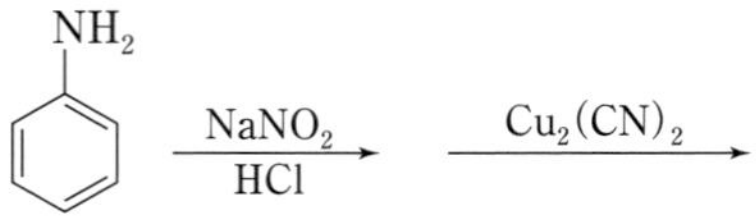

d) ベンゼン $\xrightarrow[AlCl_3]{CH_3COCl}$ $\xrightarrow{LiAlH_4}$

e) C₆H₄Br $\xrightarrow{\text{HNO}_3 / \text{H}_2\text{SO}_4}$ $\xrightarrow{\text{Sn, HCl}}$

f) 3-ブロモトルエン $\xrightarrow{\text{Mg}}$ $\xrightarrow{\text{CO}_2}$ $\xrightarrow{\text{H}^+, \text{H}_2\text{O}}$

g) フェノール $\xrightarrow{\text{NaOH}}$ $\xrightarrow{\text{CH}_3\text{CH}_2\text{I}}$

5 p-トルイジン, p-クレゾール, p-キシレンの混合物がある．これらの各成分を分離する方法を示せ．

CH₃—C₆H₄—NH₂   CH₃—C₆H₄—OH   CH₃—C₆H₄—CH₃

p-トルイジン p-クレゾール p-キシレン

11 カルボニル化合物

炭素と酸素の二重結合，すなわちカルボニル基は有機化学における最も重要な官能基といってもよいだろう．カルボニル基の強い分極がアルデヒドとケトンに与える多様な反応性を学ぼう．特に，カルボニル基への付加反応と，カルボニル基の隣りの炭素に結合する水素の性質に注目しよう．

11·1 カルボニル化合物の酸化と還元

カルボニル基 $>\!\!C=O$ をもつ化合物には，アルデヒド $\begin{smallmatrix}R\\H\end{smallmatrix}\!\!>\!\!C=O$ とケトン $\begin{smallmatrix}R\\R\end{smallmatrix}\!\!>\!\!C=O$ の二つがあり，合わせてカルボニル化合物とよばれる．どちらも，カルボニル基という官能基に基づく類似の性質を示す．

カルボニル基のπ電子は，酸素の電気陰性度が炭素よりも大きいので酸素原子の方に引き寄せられ，イオン構造 (**図 11.1**) が主極限構造式とみなされるほど強く分極している (3·2 節)．カルボニル化合物に特有の反応は，いずれもこの分極に由来する．

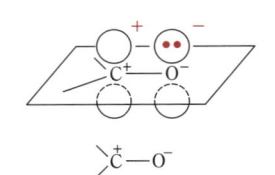

図 11.1 カルボニル基の分極

$$>\!\!\overset{\delta+}{C}=O^{\delta-} \quad \text{または} \quad >\!\!C=\overset{\frown}{\underset{..}{O}}: \quad \longleftrightarrow \quad >\!\!\overset{+}{C}-\underset{..}{\overset{..}{O}}:^{-}$$

$>\!\!C=O$ は強い分極を示すため分子間に静電的な相互作用による引力が働く．このため，アルデヒドとケトンの沸点は，分子量が同程度のアルカンの沸点よりかなり高い．しかし，水素結合ほどの引力ではないので，アルコールよりは沸点が低い．

カルボニル化合物は，分子同士で互いに水素結合をすることはないが，負の電荷をもつ酸素原子の部分で水分子の水素原子を受け入れて水素結合すること

ができる．その結果，炭素数の少ないアルデヒドやケトンはよく水に溶ける．

$$\underset{H}{H}\!\!\diagup\!\!\overset{\delta-}{O}-\overset{\delta+}{H}\cdots\overset{\delta-}{O}=\overset{\delta+}{C}\!\!\diagdown$$

アルデヒドとケトンの最も大きな反応性の違いは，アルデヒドがきわめて酸化されやすいのに対し，ケトンは酸化されにくい点である．

アルデヒドは種々の酸化剤のほか，空気中に放置するだけでも徐々に酸化されてカルボン酸になる．また，フェーリング (Fehling) 液[1]を還元し，銀鏡反応[2]を呈する．

$$R-CHO \xrightarrow{[O]} R-COOH$$

一方，ケトンは酸化に対して安定である．ケトンを酸化するためには，炭素－炭素結合を切らねばならず，一般に強力な酸化剤を用いる必要がある[3]．アセチル基 CH_3CO- をもつケトン CH_3CO-R は例外で，ハロホルム反応によりカルボン酸 $R-COOH$ とハロホルム CHX_3 を生成する (p.142)．

アルデヒドを還元すると第一級アルコールになり，ケトンを還元すると第二級アルコールになる (8・2節)．

$$R-CHO \xrightarrow{LiAlH_4} R-CH_2-OH$$

$$R-CO-R' \xrightarrow{LiAlH_4} R-\underset{OH}{CH}-R'$$

カルボニル基をメチレン基 $-CH_2-$ へ還元することができる．亜鉛アマルガム (Zn-Hg) と濃硫酸による還元はクレメンゼン (Clemmensen) 還元とよばれる．

---

1) 硫酸銅(Ⅱ)水溶液と酒石酸カリウムナトリウムのアルカリ水溶液とを混ぜたもの．還元され酸化銅(Ⅰ) Cu_2O の赤色沈殿を生ずる．
2) 硝酸銀水溶液にアンモニア水を加えた溶液から，銀が還元され器壁に析出する．
3) 酸の存在下，過酢酸を作用すると，エステルが生成する．これをバイヤー-ビリガー (Baeyer-Villiger) 反応とよぶ．$R-\underset{O}{\overset{\|}{C}}-R' \xrightarrow{CH_3-\overset{O}{\overset{\|}{C}}-O-OH} R-\underset{O}{\overset{\|}{C}}-O-R'$

$$R-\underset{\underset{O}{\|}}{C}-R' \xrightarrow{\text{Zn(Hg), HCl}} R-CH_2-R'$$

ヒドラジン H_2NNH_2 でヒドラゾンに導いたのち，アルカリと加熱処理する方法はウォルフ-キッシュナー（Wolff-Kishner）還元とよばれる[1]．

$$R-\underset{\underset{O}{\|}}{C}-R' \xrightarrow{H_2NNH_2} R-\underset{\underset{NNH_2}{\|}}{C}-R' \xrightarrow[\text{加熱}]{\text{NaOH}} R-CH_2-R' + N_2$$

ヒドラゾン

ケトンをジチオアセタールに誘導したのち，ラネーニッケル[2]で還元する方法も便利である．

$$\underset{R\ \ \ R'}{\overset{O}{\|}}{C} \xrightarrow{HS-CH_2CH_2-SH} \underset{R\ \ R'}{\overset{S\frown S}{C}} \xrightarrow{\text{Raney Ni}} \underset{R\ \ R'}{\overset{H\ \ H}{C}}$$

ジチオアセタール

11·2 アルデヒド

アルデヒドの $-C{\overset{\displaystyle\nearrow O}{\searrow H}}$ という原子団をアルデヒド基またはホルミル基とよぶ．アルデヒドの命名法は，$-CHO$ を $-CH_3$ に変えた母体化合物の名称に接尾語 al をつけてよぶ．al をつけるときは母体化合物名の末尾の e を除く．アルデヒド基は常に炭素鎖の末端にくるから，アルデヒド基の位置番号 1 をつける必要はない．

---

[1] ファンミンロン（Huang Minlon；ホワンミンロンと表記することもある）の方法は，これを改良した還元法で，沸点の高いエチレングリコールを溶媒として用いる．
[2] Ni と Al の合金を水酸化ナトリウムと処理したもの．接触水素添加でも用いられる．

CH₃CH₂CH₂CH₂CHO ^{4}CH₃−^{3}CH=^{2}CH−^{1}CHO

　　ペンタナール　　　　　　　2-ブテナール
　　pentanal　　　　　　　　　2-butenal

HCO^{4}CH₂^{3}CH=^{2}CH^{1}CHO   Cl
                                         |
　　2-ペンテンジアール ^{4}CH₃−^{3}C−^{2}CH₂^{1}CHO
　　2-pentenedial |
                                         CH₃

                              3-クロロ-3-メチルブタナール
                              3-chloro-3-methylbutanal

　アルデヒドの慣用名は，対応するカルボン酸 R−COOH の慣用名に関連して与えられる．カルボン酸の慣用名が IUPAC 名として認められている場合（12·1 節）には，対応するアルデヒドも次の例のように慣用名で命名してよい．

HCHO	ホルムアルデヒド	formaldehyde
CH₃CHO	アセトアルデヒド	acetaldehyde
CH₃CH₂CH₂CHO	ブチルアルデヒド	butyraldehyde
⌬—CHO	ベンズアルデヒド	benzaldehyde

　ホルムアルデヒドは常温で気体であるが，その他のアルデヒドは液体または固体である．炭素数の少ないアルデヒドは水によく溶け，ホルムアルデヒドの約 37 % 水溶液は**ホルマリン**（formalin）とよばれる．

　アルデヒドの製法には次のような方法がある．

　第一級アルコールの酸化（8·3 節）

　アルケンのオゾン分解（5·3 節）

　アルキンの水和（5·6 節）

　カルボン酸塩化物の還元：活性を弱めたパラジウム触媒を用いてカルボン酸塩化物を水素で還元するとアルデヒドが生成する．この方法はローゼンムント（Rosenmund）還元とよばれる．

$$R-CO-Cl + H_2 \xrightarrow{Pd/BaSO_4} R-CO-H + HCl$$

ホルムアルデヒドはメタノールを，またアセトアルデヒドはエチレンを，それぞれ触媒の存在下で空気酸化することにより工業的に合成されている．

$$CH_3OH \xrightarrow{[O]} HCHO$$

$$CH_2=CH_2 \xrightarrow{[O]} CH_3CHO$$

$PdCl_2$-$CuCl_2$-希塩酸を触媒にしたエチレンの酸化はヘキスト-ワッカー (Höchst-Wacker) 法とよばれる．

11·3 ケトン

ケトン R—CO—R はカルボニル基 —CO— を CH_2 に変えた母体化合物の名称に接尾語 one をつけて命名される．one をつけるときは母体の語尾 e を除く．炭素鎖には，カルボニル基の番号が最小となるように番号をつける．カルボニル基に結合している 2 個の基の名称を ketone の語の前に並べて書いてもよい．

$^1CH_3-^2\underset{\underset{O}{\|}}{C}-^3CH_2\,^4CH_2\,^5CH_3$ 　2-ペンタノン　　メチルプロピルケトン
　　　　　　　　　　　　　 2-pentanone 　　methyl propyl ketone

$^6CH_2=^5CH-^4CH_2-^3\underset{\underset{O}{\|}}{C}-^2CH_2\,^1CH_3$ 　5-ヘキセン-3-オン　アリルエチルケトン
　　　　　　　　　　　　　　　　　　 5-hexen-3-one　　allyl ethyl ketone

$^1CH_3\,^2\underset{CH_3}{CH}-^3\underset{\underset{O}{\|}}{C}-^4CH_2\,^5CH_3$ 　2-メチル-3-ペンタノン　エチルイソプロピルケトン
　　　　　　　　　　　　　 2-methyl-3-pentanone　ethyl isopropyl ketone

$^1CH_3-^2\underset{\underset{O}{\|}}{C}-^3CH_2-^4\underset{\underset{O}{\|}}{C}-^5CH_2\,^6CH_3$ 　2,4-ヘキサンジオン
　　　　　　　　　　　　　　　　　　　2,4-hexanedione

最も簡単なケトンである CH_3COCH_3 に対しては慣用名アセトン (acetone) が用いられる．

R—CO— をアシル (acyl) 基という．数種のアシル基に対し慣用名の使用が認められている．たとえば

−CHO　ホルミル　　−COCH₃　アセチル　　−CO−⟨⟩　ベンゾイル
　　　　formyl　　　　　　acetyl　　　　　　　　benzoyl

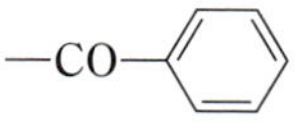

などである．

炭素数の少ないケトンは水によく溶ける．アセトン CH_3COCH_3 は水と任意の割合で混ざるとともに，アルコール，エーテル，ベンゼンなどとも溶け合う．

ケトンは次のような方法により得られる．アルデヒドの製法と類似の点が多い．

第二級アルコールの酸化（8・3 節）

アルケンのオゾン分解（5・3 節）

アルキンの水和（5・6 節）

フリーデル–クラフツ反応：芳香族ケトンの合成法となる（9・4 節）．

⟨⟩ + R−CO−Cl →[AlCl₃] ⟨⟩−C(=O)−R + HCl

ヒドロキノンを酸化すると p-ベンゾキノンが得られる．

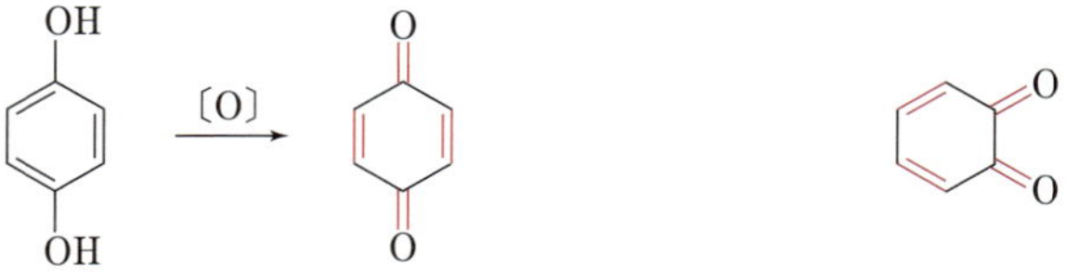

　ヒドロキノン　　　p-ベンゾキノン　　　　o-ベンゾキノン

2 個のカルボニル基が共役二重結合を介してつながった環状ジケトンをキノン（quinone）という．p-ベンゾキノンの異性体として o-ベンゾキノンがある．

11・4　求核付加反応

カルボニル基の二重結合にも，アルケンの >C=C< 二重結合と同様に付加反応が起こる．ただし，>C=C< 二重結合への付加反応が，求電子試薬による π 電子への求電子付加の機構であったのに対し，>C$^{\delta+}$=O$^{\delta-}$ 結合への付加反応

は，正に分極した炭素原子に求核試薬が攻撃する．その結果，π結合は切れ，アルコキシド型の陰イオンが生じ，この酸素原子と陽イオンとの結合があとからできる．このような機構で進む反応を**求核付加**（nucleophilic addition）反応という．

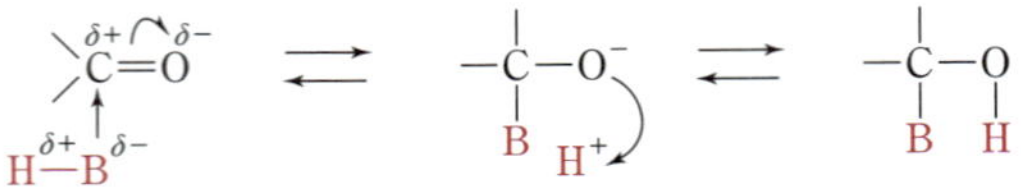

アルデヒドにくらべ，ケトンへの求核付加反応は起こりにくいことが多い．次のような求核付加反応がある．

(1) シアン化水素の付加

HCN が付加してシアノヒドリン（cyanohydrin）が生成する．

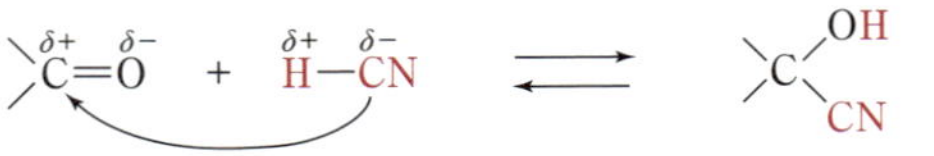

(2) 水の付加

アルデヒドには水が求核試薬として付加し，水和物を生成する．水溶液中のこの平衡は，一般に原料カルボニル化合物側にかたよっているが，ホルムアルデヒドではほぼ完全に水和物 $CH_2(OH)_2$ を生成している．ホルムアルデヒドが水によく溶けるのは水和物となるためと考えられる．

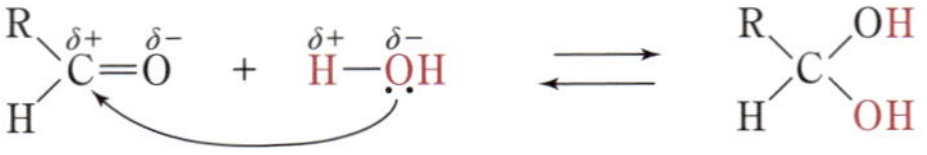

(3) アルコールの付加

アルデヒドはアルコールを付加して**ヘミアセタール**（hemiacetal）を生じる．これは酸触媒の存在でさらにもう1分子のアルコールとの求核置換反応により**アセタール**（acetal）となる．

アセタールを希酸と加熱すると，加水分解されて元のアルデヒドとアルコールにもどる．

11・4 求核付加反応

$$R-\overset{\delta+}{C}(\overset{\delta-}{=}O)H + R'-\overset{\delta-}{O}-H^{\delta+} \rightleftharpoons R-\underset{H}{\overset{\ddot{O}-H}{C}}-O-R' \xrightleftharpoons[]{H^+} R-\underset{H}{\overset{\overset{+}{H_2O-H}}{C}}-O-R'$$

ヘミアセタール

$$\xrightleftharpoons[]{-H^+} R-\underset{H}{\overset{O-R'}{C}}-O-R' + H-O-H$$

アセタール

ケトンをアルデヒドと同様の方法でアセタールに導くのは困難である．しかし，エチレングリコールとの反応では安定な5員環状のアセタールが生成する．合成経路の途中でカルボニル基を保護する目的で，この環状アセタールがしばしば用いられる．1,2-ジメルカプトエタンも，同様の環状ジチオアセタールを与える（11・1節）．

$$\underset{R'}{\overset{R}{>}}C=O + \begin{array}{c}H-O-CH_2\\H-O-CH_2\end{array} \xrightleftharpoons[]{H^+} \underset{R'}{\overset{R}{>}}C\underset{O}{\overset{O}{<}}\begin{array}{c}CH_2\\CH_2\end{array} + H_2O$$

(4) 亜硫酸水素ナトリウムの付加

アルデヒドに亜硫酸水素ナトリウムが付加すると結晶性の塩が得られる．この付加物は水によく溶けるが，有機溶媒には溶けない．また，加水分解により元のカルボニル化合物にもどすことができる．これらの性質を利用して，アルデヒドの分離や精製をすることができる．亜硫酸水素ナトリウムの付加は，ケトンでは起こりにくい．

$$\underset{H}{\overset{R}{>}}\overset{\delta+}{C}\overset{\delta-}{=}O + Na^+HSO_3^- \rightleftharpoons \underset{H}{\overset{R}{>}}C\underset{SO_3H}{\overset{O^-Na^+}{<}} \rightleftharpoons \underset{H}{\overset{R}{>}}C\underset{SO_3^-Na^+}{\overset{OH}{<}}$$

亜硫酸水素ナトリウム付加物

(5) 有機金属化合物の付加

グリニャール試薬 RMgX や有機リチウム化合物 RLi などもカルボニル基に求核付加をする．上で述べてきた求核付加反応と違って，これらの付加反応は不可逆である．加水分解するとアルコールを生成する．

$$\text{R'}-\overset{\delta+}{\underset{\underset{\underset{R^{\delta-}-Li^{\delta+}}{|}}{O^{\delta-}}}{C}}-\text{R'} \longrightarrow \text{R'}-\underset{\underset{OLi}{|}}{\overset{\overset{R}{|}}{C}}-\text{R'} \xrightarrow{H_2O} \text{R'}-\underset{\underset{OH}{|}}{\overset{\overset{R}{|}}{C}}-\text{R'}$$

(6) α, β-不飽和カルボニル化合物への求核付加

C=O 二重結合と C=C 二重結合が共役すると，次の共鳴に示されるように β 位の炭素原子にも正の分極が伝わり，β 位が求核攻撃されやすくなる．このため 1,4-求核付加反応が起こることが多い．たとえば，下のグリニャール反応ではほとんどの生成物が 1,4-付加物である．

$$\underset{}{\overset{\beta}{>}}C=\overset{\alpha}{C}-C=O \longleftrightarrow >C=C-\overset{+}{C}-\ddot{O}^- \longleftrightarrow >\overset{+}{C}-C=C-\ddot{O}^-$$

$$C_6H_5-\overset{\delta+}{CH}=CH-\underset{\underset{O^{\delta-}}{\|}}{C}-C_6H_5 \xrightarrow{1,4-\text{付加}} C_6H_5-\underset{\underset{C_6H_5}{|}}{CH}-CH=\underset{\underset{OMgBr}{|}}{C}-C_6H_5 \xrightarrow{H_2O, H^+}$$

$$\underset{C_6H_5\overset{\delta-}{-}\overset{\delta+}{MgBr}}{}$$

$$C_6H_5-\underset{\underset{C_6H_5}{|}}{CH}-CH=\underset{\underset{OH}{|}}{C}-C_6H_5 \quad \rightleftarrows \quad C_6H_5-\underset{\underset{C_6H_5}{|}}{CH}-CH_2-\underset{\underset{O}{\|}}{C}-C_6H_5$$

11·5 求核付加と脱離

カルボニル基への求核付加反応の中間体から脱離反応が起こると，形式的に縮合反応となる．このような反応として次のような例がある．

(1) アミン関連化合物の縮合

アルデヒドやケトンは酸の存在下，ヒドロキシルアミン H_2N-OH と反応してオキシムを生成する．

$$R-\underset{\underset{R'}{|}}{\overset{\overset{O}{\|}}{C}} + H_2N-OH \xrightleftharpoons{H^+} R-\underset{\underset{R'}{|}}{\overset{\overset{N-OH}{\|}}{C}} + H_2O$$

同様に，フェニルヒドラジンと反応してフェニルヒドラゾンを与える．

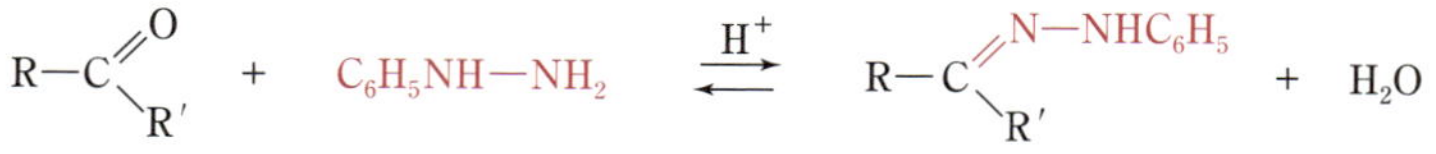

$$R-\underset{R'}{\overset{O}{\overset{\|}{C}}} + C_6H_5NH-NH_2 \underset{}{\overset{H^+}{\rightleftarrows}} R-\underset{R'}{\overset{N-NHC_6H_5}{\overset{\|}{C}}} + H_2O$$

これらの生成物は結晶性の固体になるので，既知物質の融点とくらべることによりカルボニル化合物の同定を行うことができる．特に，2,4-ジニトロフェニルヒドラジンとの反応は，2,4-ジニトロフェニルヒドラゾンが黄橙色から赤色の沈殿として容易に生成するので，カルボニル基の存在を知る簡単な試験法としても利用できる．このようなことから，ヒドロキシルアミンや，ヒドラジン類は，カルボニル試薬とよばれる．

カルボニル試薬とカルボニル化合物との反応は形式的に脱水縮合反応であるが，いずれもアミノ基の非共有電子対による求核付加反応を経由して起こる．酸は，カルボニル基の分極を促進する触媒として作用する．

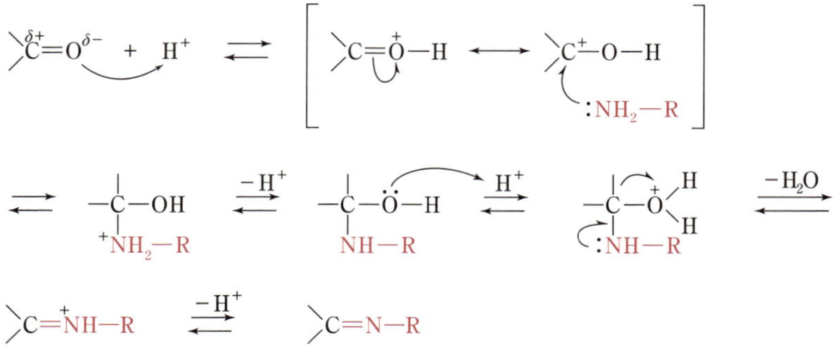

（2）縮合重合

ホルムアルデヒドはフェノール，尿素，あるいはメラミンと反応して，それぞれフェノール樹脂，尿素樹脂，メラミン樹脂を生成する．これら高分子化合物の生成反応は，ホルムアルデヒドへの求核付加を含む縮合重合反応である．フェノールとホルムアルデヒドの反応では，条件によりフェノールが4〜8個環状につながった分子を生成する．このような構造の化合物はカリックスアレーンと総称される[1]．

---

1) カリックスアレーンは環の内部にほかの分子やイオンを取り込む性質をもつ．

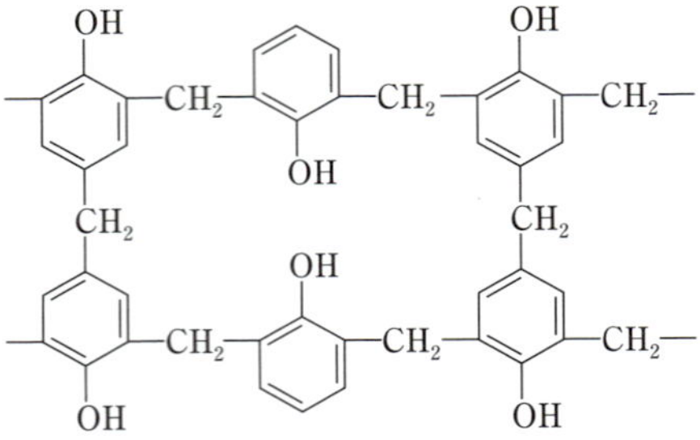

フェノール樹脂 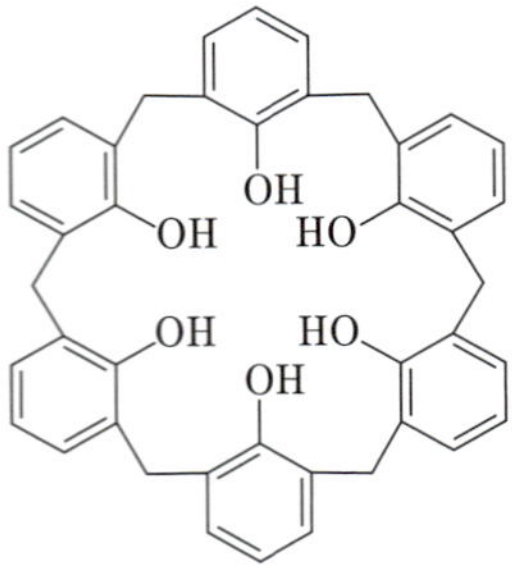　　　　　　　　　カリックス[6]アレーン

(3) ベンゾイン縮合

芳香族アルデヒドに含水アルコール溶液中でシアン化カリウムを作用すると，二量化が起こる（章末問題 11 参照）．

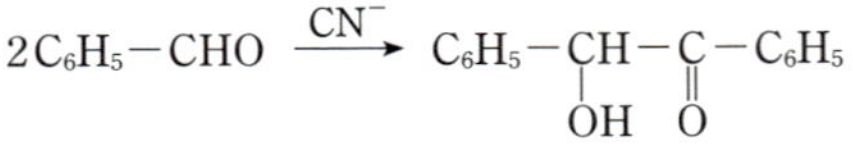

$$2C_6H_5-CHO \xrightarrow{CN^-} C_6H_5-\underset{OH}{CH}-\underset{O}{C}-C_6H_5$$

ベンゾイン

11·6　ケト–エノールの平衡

カルボニル基に隣接する炭素を α 位の炭素とよぶ．これに結合した水素原子すなわち α 位の水素原子は H^+ となって脱離しやすく，わずかとはいえ，イオン解離した状態と平衡にある．これは，カルボニル基の強い電子求引性誘起効果が α 位の水素原子にまで伝わって H^+ を離れやすくするとともに，イオン解離によって生じる陰イオン II がメソメリー効果により共鳴安定化するためである．

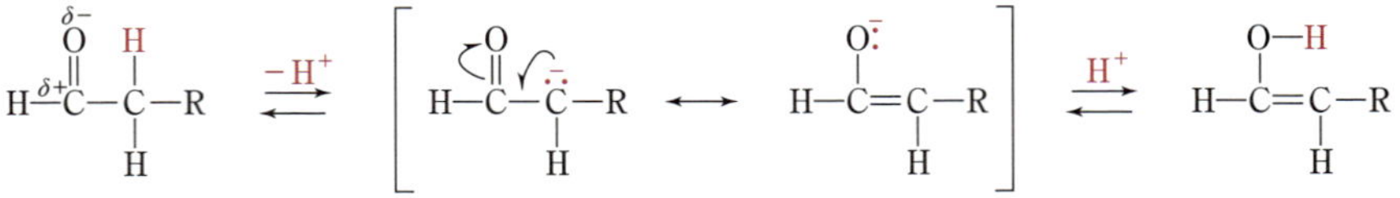

陰イオン II に H^+ が付加するとき，α 位の炭素原子と結合すれば元のカルボニル化合物 I にもどるが，負電荷はカルボニル酸素原子上にもあるので，この

酸素原子と結合してIIIの構造になることもできる．Iの構造を**ケト** (keto) 形，IIIの構造を**エノール** (enol) 形，そしてIIの陰イオンを**エノラートイオン**とそれぞれよぶ．ケト形とエノール形はエノラートイオンを経て相互に変換し，平衡状態として存在している．ほとんどのアルデヒドやケトンでは，平衡は著しくケト形にかたよっている．アルキンへの水の付加で，カルボニル化合物が得られるのはこのためである (5・6 節)．

ケト形とエノール形のように，容易に相互変換しうる構造異性体を互いに**互変異性体** (tautomer) という．

アセチルアセトンのように，2 個のカルボニル基にはさまれたメチレン基の水素原子は 2 個のカルボニル基の電子求引効果を受ける．このため，かなりの酸性を示し，ケト–エノール平衡でのエノール形の割合も多くなる．アセチルアセトンのエノール形には，共鳴による安定化のほか 6 員環状の分子内水素結合による安定化もあり，常温で約 76 % がエノール形で存在している．

カルボニル基 $-CO-$ をはじめ $-COOR$, $-NO_2$, $-CN$ など，電子求引性のメソメリー効果をもつ二つの基にはさまれたメチレン基 $-CH_2-$ では，水素原子のイオン解離が特に起こりやすい．このようなメチレン基を**活性メチレン基**という．

11・7 エノールおよびエノラートイオンの反応

カルボニル化合物の反応には，次のようにエノールやエノラートイオンが関

与する反応がある．

(1) α位水素のハロゲン化

カルボニル化合物にハロゲンを作用させると，α位の水素原子がハロゲンに置換される．この反応は，アルカンのハロゲン化にみられるラジカル機構（4・4節）と異なり，次のようにエノール形への求電子付加反応を経るイオン反応の機構で進行する．

$$R-\underset{\underset{O}{\|}}{C}-CH_2-R' \rightleftharpoons R-\underset{OH}{C}=CH-R' \xrightarrow{Br_2} \left[R-\underset{OH}{C^+}-\underset{}{\overset{Br}{\underset{|}{C}}H}-R'\right]Br^-$$

$$\xrightarrow{-HBr} R-\underset{\underset{O}{\|}}{C}-\overset{Br}{\underset{|}{C}H}-R'$$

(2) ハロホルム反応

アセチル基 CH_3CO- からなるケトンに，水酸化アルカリとハロゲン（ヨウ素，臭素または塩素）を作用させると，ハロホルム（CHI_3 ヨードホルム，$CHBr_3$ ブロモホルム，$CHCl_3$ クロロホルム）とカルボン酸を生成する．この反応を**ハロホルム反応**といい，ヨードホルム生成の反応は特に**ヨードホルム反応**とよばれる．

$$CH_3-CO-R + 3I_2 + 4KOH \longrightarrow CHI_3 + R-COOK + 3KI + 3H_2O$$

この反応の機構はまずアルカリによってケトンのエノール化が促進され，α位のハロゲン化がくり返される．ここで生じたトリハロケトンが OH^- の求核攻撃を受けて CI_3^- を脱離するものと考えられる．$CH_3-CH(OH)-R$ の構造をもつアルコールも，ハロゲンのアルカリ溶液で酸化されて CH_3-CO-R 構造のケトンに変化するので，ハロホルム反応を行う．

$$H-\underset{\underset{O}{\|}}{\overset{\overset{H}{|}}{\underset{|}{C}}}-C-R \xrightarrow[-3HI]{3I_2} I-\underset{\underset{O^{\delta-}}{\|}}{\overset{\overset{I}{|}}{\underset{|}{C}}}-C^{\delta+}-R \xrightarrow{^-OH} CI_3-\underset{\underset{O^-}{\|}}{\overset{\overset{OH}{|}}{C}}-R \longrightarrow CI_3^- + RCOOH$$
$$\longrightarrow CI_3H + RCOO^-$$

(3) アルドール縮合

アルデヒドは水酸化ナトリウムなど塩基の作用で2分子縮合を起こし，アル

ドール (aldol) を生成する．この反応を**アルドール縮合**という．

$$R-CH_2-CHO + R-CH_2-CHO \xrightleftharpoons{OH^-} R-CH_2-\underset{\underset{OH}{|}}{CH}-\underset{\underset{R}{|}}{CH}-CHO$$
アルドール

アルドールは希酸と処理するか，ときには単に加熱するだけで，容易に脱水を起こし，α, β-不飽和アルデヒドを生成する．

$$R-CH_2-\underset{\underset{OH}{|}}{CH}-\underset{\underset{R}{|}}{CH}-CHO \xrightarrow[\text{加熱}]{\text{希酸}\atop\text{または}} R-CH_2-CH=\underset{\underset{R}{|}}{C}-CHO$$

アルドール縮合は次のように，エノラートイオンがもう一分子のアルデヒドを求核的に攻撃することにより進行する．

[反応機構の図]

ベンズアルデヒドのような α 位に水素原子をもたないアルデヒドを用いると，別種のアルデヒドとの間で**混合アルドール縮合**を行うことができる（16・4節）．次の例では，アセトアルデヒドだけがエノラートイオンを形成し，ベンズアルデヒドのカルボニル基に付加するので混合アルドールが生成する．これを脱水するとシンナムアルデヒド（ケイ皮アルデヒド）が得られる．

ケトンのアルドール縮合は，アルデヒドより起こりにくく，収率も低い．

$$\underset{}{\text{C}_6\text{H}_5\text{-CHO}} + \text{CH}_3\text{-CHO} \xrightleftharpoons{\text{OH}^-} \underset{\text{混合アルドール}}{\text{C}_6\text{H}_5\text{-CH(OH)-CH}_2\text{-CHO}}$$

$$\xrightarrow[-\text{H}_2\text{O}]{\text{加熱}} \underset{\text{シンナムアルデヒド}}{\text{C}_6\text{H}_5\text{-CH=CHCHO}}$$

問題

1 次の化合物を IUPAC 規則に従い命名せよ．

a) CH₃CH₂CHCH₂CHO
       |
       OCH₃

b) CH₃-C=CH-CH-CHO
       | |
       CH₃ CH₃

c) CH₃-C-CH-CH-CH-CH₃
       ‖ | | |
       O CH₃ CH₃ CH₃

d) CH₃-CH=CH-CH₂-C-CH₂-C₆H₅
                  ‖
                  O

e)
   CH₃
   |
CH₃-C-（シクロヘキサノン 4位に結合）=O
   |
   CH₃

f) C₆H₅-C-CH-CH₃
       ‖ |
       O CH₃

2 次の化合物の構造式を書け

a) アリルシクロヘキシルケトン　　b) シクロオクタノン

c) 2-ベンゾイルプロペン　　　　　d) p-フェノキシベンズアルデヒド

e) 5-ヘキセナール　　　　　　　　f) 3-メチル-3-ヘキセンジアール

g) 2-シクロヘキセノン　　　　　　h) 1,4-シクロヘキサンジオン

3 次の各組の化合物を識別するための化学反応を示し，どのような変化が観測されるか述べよ．

a) CH₃CH₂CH₂CHO と CH₃CH₂CCH₂CH₃
                              ‖
                              O

b) CH₃CHO と CH₃CH₂CHO

c) CH₃CH₂CH₂-O-CH₂CH₂CH₃ と CH₃CH₂CCH₂CH₃
                                     ‖
                                     O

4 次の反応の生成物を示せ．

a) 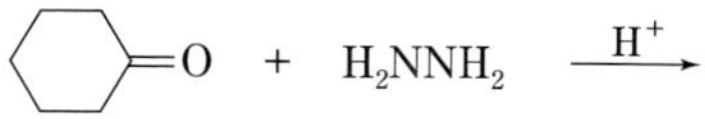 シクロヘキサノン=O + H₂NNH₂ →(H⁺)

b) CH₃CHO + (CH₃)₃CCHO →(NaOH)

c) CH₃CHCH₂CHO + C₂H₅OH →(H⁺)
　　　|
　　　CH₃

d) CH₂=CH—⟨benzene⟩—CHO →(LiAlH₄)

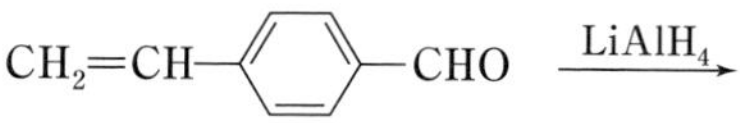

e) CH₃COCH₂COCH₃ + C₂H₅I →(NaOC₂H₅)

f) ⟨テトラヒドロピラン⟩-OCH₃ + H₂O →(H⁺)

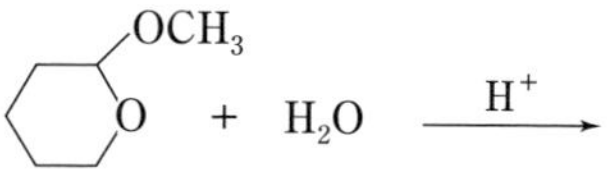

5 下に示す光学活性なケトンは，塩基性溶液中で容易にラセミ化する．この理由を説明せよ．

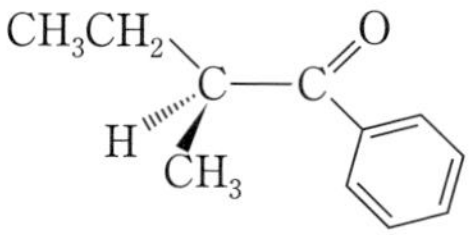

（CH₃CH₂基とCH₃基とHが不斉炭素に結合し，カルボニル基がフェニル基と結合したケトンの構造式）

6 下に示す塩素化イソシアヌルは酸化作用をもち，プールの消毒に用いられる．酸化剤となる理由を説明せよ．

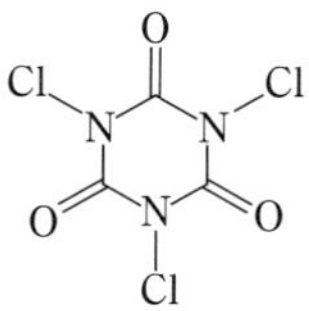

（トリクロロイソシアヌル酸の構造式）

7 次の各組の化合物について，指定された性質の大小を比較せよ．また，そう判断した理由を説明せよ．

a) CH₃COCH₃　CH₃COCH₂COCH₃　CH₃COCH₂—⟨phenyl⟩　のエノール形の割合

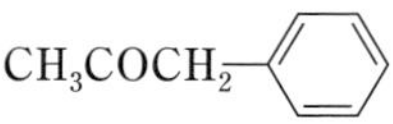

b) CH₃CHO　CH₂=CHCHO　Cl₃CCHO　のアルデヒド基に対する求核付加反応の起こりやすさ

8 アセトンだけを有機化合物の原料として，次の化合物を合成する方法を示せ．無機試薬および炭素骨格の形成に関わらない有機試薬は何を使ってもよい．

a) $CH_3\underset{\underset{Br}{|}}{CH}CH_3$　　　b) $CH_3CH_2CH_2-Br$

c) $CH_3COCH=C(CH_3)_2$　　d) $(CH_3)_2C=C(CH_3)_2$

9 アセトアルデヒドだけを有機化合物の原料として用い，次の化合物を合成する方法を示せ．無機試薬および炭素骨格の形成に関わらない有機試薬は何を使ってもよい．

a) $CH_3CH=CHCHO$　　b) CH_3COCH_2CHO

c) $CH_3CH_2CH_2CH_2OH$　　d) $CH_3\underset{\underset{OH}{|}}{CH}CH_2CH_3$

10 ベンゾイン縮合は，次のようにカルボアニオン I を中間体として進行すると考えられる．シアン化物イオン CN^- がベンズアルデヒドへ求核付加すればアニオン II が生成するはずであるが，II は容易に I に変化するためベンゾイン縮合が誘起される．II が I に変換しやすい理由を説明せよ．

$$C_6H_5-\underset{\underset{O^-}{|}}{\overset{\overset{CN}{|}}{C}}H \rightleftarrows C_6H_5-\underset{\underset{OH}{|}}{\overset{\overset{CN}{|}}{C}}{}^- \xrightarrow{C_6H_5CHO} C_6H_5-\underset{\underset{OH}{|}}{\overset{\overset{CN}{|}}{C}}-\underset{\underset{O^-}{|}}{C}HC_6H_5$$

$$\text{II} \qquad\qquad \text{I}$$

$$\xrightarrow[H^+移動]{} \xrightarrow{-CN^-} ベンゾイン$$

11 ベンゾフェノンとアセトアルデヒドの混合物に塩基を作用させた場合，生成する可能性のあるアルドール縮合化合物をすべて示せ．

$$C_6H_5-\underset{\underset{O}{\|}}{C}-C_6H_5 \qquad CH_3-\underset{\underset{O}{\|}}{C}-H$$

ベンゾフェノン　　アセトアルデヒド

12 カルボン酸とその誘導体

カルボキシル基 $-COOH$ の名は，carbonyl $\rangle C=O$ と hydroxy OH を組み合わせてつくられている．しかし，この官能基の中ではカルボニル基の性質が弱められ，逆にヒドロキシ基はアルコールの性質とは異なり，酸としての性質が強くなる．このようなカルボキシル基をもつカルボン酸と，カルボン酸の誘導体の特性を本章で学ぶことにしよう．カルボン酸の酸としての性質については特に深く考察しよう．

12·1 カルボン酸

カルボキシル基 $-COOH$ をもつ化合物を**カルボン酸**（carboxylic acid）という．分子中にあるカルボキシル基の個数 1, 2, … に応じてモノカルボン酸，ジカルボン酸，… などとよぶ．鎖式のモノカルボン酸は**脂肪酸**（fatty acid）ともよばれる．

カルボン酸は天然に広く分布し古くから知られているため，慣用名でよばれることが多く，IUPAC 名としても認められている．いくつかの例を次に示す．

HCOOH	ギ酸	formic acid
CH_3COOH	酢酸	acetic acid
CH_3CH_2COOH	プロピオン酸	propionic acid
$CH_3(CH_2)_2COOH$	酪酸	butyric acid
$CH_3(CH_2)_3COOH$	吉草酸	valeric acid
$HOOC-COOH$	シュウ酸	oxalic acid
$HOOC-CH_2-COOH$	マロン酸	malonic acid
$CH_2=CHCOOH$	アクリル酸	acrylic acid
C_6H_5COOH	安息香酸	benzoic acid

組織的な命名法では，$-COOH$ を $-CH_3$ に変えた母体炭化水素名に接尾語

oic acid（酸）や dioic acid（二酸）などをつける．−COOH は常に炭素鎖の末端にくるので，位置番号は自動的に 1 となり，これをつける必要はない．

$^6CH_3{}^5CH_2{}^4CH_2{}^3CH_2{}^2CH_2{}^1COOH$　　ヘキサン酸　　hexanoic acid

$CH_2=CHCH_2-COOH$　　3-ブテン酸　　3-butenoic acid

$HOOC-CH_2CH_2CH_2-COOH$　　ペンタン二酸　　pentanedioic acid

$^6CH_3-^5CH-^4CH-^3CH_2{}^2CH_2{}^1COOH$
　　　　　$|$　　$|$
　　　　CH_3　CH_3　　　4,5-ジメチルヘキサン酸
　　　　　　　　　　　　　　4,5-dimethylhexanoic acid

−COOH を置換基として命名するときは，母体化合物名に carboxylic acid（カルボン酸）をつける．

〈シクロヘキシル〉−COOH　　シクロヘキサンカルボン酸
　　　　　　　　　　　　cyclohexanecarboxylic acid

　　　　　　　　$COOH$
　　　　　　　　$|$
$HOOC-CH_2CH_2CH_2CH-COOH$　　1,1,4-ブタントリカルボン酸
　　　　　　　　　　　　　　　1,1,4-butanetricarboxylic acid

カルボン酸は分子間で水素結合をつくる．この水素結合はアルコールの分子間水素結合よりも強いので，一般にカルボン酸の沸点は同程度の分子量のアルコールよりも高い．

		分子量	沸点/℃
HCOOH	ギ 酸	46	100.8
CH_3CH_2OH	エタノール	46	78.3

単純なカルボン酸は，ベンゼンのような無極性溶媒中では二量体として存在する．

$$R-C{\overset{O\cdots\cdots H-O}{\underset{O-H\cdots\cdots O}{}}}C-R$$

カルボキシル基は親水性の基であり，炭素原子数の少ない脂肪酸は水によく溶ける．炭素原子数が多くなるにつれて，水に対する溶解度は減少する．

カルボキシル基の中の−OH は水溶液中で一部イオン解離し，酸性を示す．

$$\text{R-C}\begin{matrix}\diagup\!\!\!\!O\\ \diagdown\!\!\!\!O\text{-H}\end{matrix} + H_2O \rightleftarrows \text{R-C}\begin{matrix}\diagup\!\!\!\!O\\ \diagdown\!\!\!\!O^-\end{matrix} + H_3O^+$$

カルボン酸イオン
（カルボキシラートイオン）

カルボン酸をアルカリで中和すると塩を生ずる．カルボン酸の塩は無機の塩と似て融点が高い．

$$\text{RCOOH} + \text{NaOH} \longrightarrow \underset{\text{カルボン酸ナトリウム}}{\text{RCOO}^-\text{Na}^+} + H_2O$$

12・2 カルボン酸の酸性

　カルボン酸は酸であるとはいうものの，そのイオン解離の平衡はずっと非解離の酸の側にかたよっており，たとえば酢酸の酸解離定数 K_a は 10^{-5} 程度にすぎない．カルボン酸の強さは酸解離定数 K_a を次のように定義し，**酸解離指数** pK_a により表すことが多い．

$$\text{RCOOH} + H_2O \rightleftarrows \text{RCOO}^- + H_3O^+$$

$$K_a = \frac{[\text{RCOO}^-][H_3O^+]}{[\text{RCOOH}]}$$

$$pK_a = -\log K_a$$

　K_a の値が大きいほど，また pK_a の値が小さいほど，強い酸である．酸解離定数 K_a は，解離の前後の自由エネルギー変化 ΔG と次の関係にある．ΔG が小さいほど pK_a は小さく，より強い酸になる．

$$\Delta G = -RT\ln K_a$$

　解離したあとの陰イオンがより安定な状態にあるほど[1]，ΔG は小さくなるから，カルボキシラートイオンの安定性はカルボン酸のイオン解離の平衡を支

---

[1] エントロピー変化 ΔS はカルボン酸の構造によってほとんど変らないと仮定し，エンタルピー変化 ΔH だけを比較している．

配する大きな要因となる．カルボキシラートイオンは，次のような共鳴混成体として表され，負電荷が非局在化して安定化している．

$$R-C\overset{O}{\underset{O^-}{\diagup}} \longleftrightarrow R-C\overset{O^-}{\underset{O}{\diagup}} \quad \text{または} \quad R-C\overset{O}{\underset{O}{\diagup}}{}^{-}$$

アルコールのイオン解離により生ずるアルコキシド陰イオン RO^- には，共鳴による電荷の非局在化は起こらない．このため，共鳴による安定化の大きなカルボキシラートイオンの方がアルコキシドイオンより生成しやすい，つまり，カルボン酸の方が酸として強いことになる．カルボン酸 RCOOH の R が電子求引性であるとカルボキシラートイオン $R-COO^-$ の負電荷を安定化するため，カルボン酸の酸性が強くなる．たとえば，酢酸の CH_3- に電子求引性である塩素を置換すると，Cl の数が増すほど酸として強くなる（**表 12.1**）．

$$\overset{\delta-}{Cl}-\overset{\delta+}{CH_2}-C\overset{O}{\underset{O}{\diagup}}{}^{-} \qquad \overset{\delta-}{\underset{\overset{|}{Cl}}{Cl}}\overset{\delta|+}{\underset{\delta-}{CH}}-C\overset{O}{\underset{O}{\diagup}}{}^{-} \qquad \overset{\delta-}{\underset{\overset{|}{Cl}}{Cl}}-\overset{Cl}{\underset{\overset{|}{Cl}}{\overset{|\delta|+}{C}}}-C\overset{O}{\underset{O}{\diagup}}{}^{-}$$

塩素の電子求引性は誘起効果によるものであるから，塩素原子がカルボキシル基から遠ざかると安定化の効果は減少する（**表 12.1**）．

表 12.1 塩素置換カルボン酸の pK_a 値（25 ℃）

CH_3-COOH	4.757
$Cl-CH_2-COOH$	2.866
$Cl-\underset{\underset{Cl}{\mid}}{CH}-COOH$	1.29
$Cl-\underset{\underset{Cl}{\mid}}{\overset{\overset{Cl}{\mid}}{C}}-COOH$	0.1
CH_3CH_2-COOH	4.874
$CH_3\underset{\underset{Cl}{\mid}}{CH}-COOH$	2.88*
$Cl-CH_2CH_2-COOH$	4.10*

*18 ℃ の値

一方,電子供与性の置換基がつくと,カルボキシラートイオンの負電荷をますます不安定化することになり,酸性は弱くなる(**表 12.2**).

表 12.2 酢酸とその置換体の pK_a 値 (25 ℃)

CH_3COOH	4.757
$HO-CH_2COOH$	3.83
CH_3-CH_2COOH	4.874
O_2N-CH_2COOH	1.68

ギ酸 HCOOH (pK_a = 3.752),酢酸 CH_3COOH,プロピオン酸 CH_3CH_2COOH の順に酸性が弱くなるのは,H < CH_3 < CH_3CH_2 の順に電子供与性の誘起効果が強くなることで説明できる.

安息香酸のカルボキシル基はベンゼン環と共役の関係にあり,イオン解離する前にすでに共鳴による大きな安定化を受けている.このため解離平衡に対する ΔG は大きくなり,ギ酸よりも弱い酸となる.

安息香酸についた置換基は,誘起効果だけでなくメソメリー効果によっても,酸の強さに影響をおよぼす.どちらの効果も,電子求引性の場合は酸を強くし,電子供与性の場合は酸を弱くするように働く(**表 12.3**).

表 12.3 安息香酸と置換安息香酸の pK_a 値 (25 ℃)

C_6H_5COOH	4.21
$o\text{-}Cl-C_6H_4COOH$	2.94
$m\text{-}Cl-C_6H_4COOH$	3.82
$p\text{-}Cl-C_6H_4COOH$	3.99
$p\text{-}NO_2-C_6H_4COOH$	3.44
$m\text{-}CH_3O-C_6H_4COOH$	4.09
$p\text{-}CH_3O-C_6H_4COOH$	4.49

12·3 カルボン酸の合成と反応

カルボン酸は次のような方法で合成される.

(1) 酸化による生成

第一級アルコールやアルデヒドは，希硫酸酸性で二クロム酸塩により酸化されカルボン酸となる．

$$\text{R−CH}_2\text{−OH} \xrightarrow{[O]} \text{R−CHO} \xrightarrow{[O]} \text{R−COOH}$$

(2) 芳香族炭化水素の側鎖の酸化

アルキル基を置換した芳香族炭化水素は，過マンガン酸カリウムで酸化すると芳香族カルボン酸となる（9·3節）．

$$\text{C}_6\text{H}_5\text{−R} \xrightarrow[\text{加熱}]{\text{KMnO}_4} \text{C}_6\text{H}_5\text{−COOH}$$

(3) ニトリルの加水分解

ニトリル R−CN（12·6節）を酸またはアルカリ水溶液で加水分解すると，対応するカルボン酸となる．

$$\text{R−CN} \xrightarrow[\text{H}^+]{\text{H}_2\text{O}} \text{R−COOH}$$

(4) グリニャール試薬からの生成

グリニャール試薬に乾いた二酸化炭素を通し，生成物を加水分解するとカルボン酸が遊離する．

$$\overset{\delta-}{\text{R}}\overset{\delta+}{\text{MgX}} + \overset{\delta+}{\text{O}}=\overset{}{\text{C}}=\overset{\delta-}{\text{O}} \longrightarrow \underset{\underset{\text{OMgX}}{|}}{\overset{\overset{\text{R}}{|}}{\text{O}=\text{C}}} \xrightarrow[\text{H}^+]{\text{H}_2\text{O}} \underset{\underset{\text{O}}{\|}}{\text{R−C−O−H}}$$

(5) マロン酸エステル合成

マロン酸ジエチルの−CH$_2$−は活性メチレン基であり，ナトリウムエトキシドのような塩基により容易にカルボアニオンを生成する．この陰イオンはハロゲン化アルキルに対し求核試薬として作用し，アルキルマロン酸ジエチルを生

$$\underset{\underset{\text{CO}_2\text{C}_2\text{H}_5}{|}}{\overset{\overset{\text{CO}_2\text{C}_2\text{H}_5}{|}}{\text{CH}_2}} \xrightarrow[-\text{H}^+]{\text{C}_2\text{H}_5\text{ONa}} \left[\underset{\underset{\text{COOC}_2\text{H}_5}{|}}{\overset{\overset{\text{COOC}_2\text{H}_5}{|}}{\text{H−C:}^-}}\right] \text{Na}^+ \xrightarrow[-\text{NaX}]{\text{R−X}} \underset{\underset{\text{CO}_2\text{C}_2\text{H}_5}{|}}{\overset{\overset{\text{CO}_2\text{C}_2\text{H}_5}{|}}{\text{H−C−R}}}$$

成する．同様にしてもう1回アルキル基 R′ー を導入し $\underset{COOC_2H_5}{\underset{|}{R'-C-R}}\,^{COOC_2H_5}$ にすることもできる．

アルキル基を導入したあと加水分解してジカルボン酸とし，これを加熱すると CO_2 が脱離して，$R-CH_2COOH$ や $\underset{R'}{\overset{R}{>}}CHCOOH$ の構造のカルボン酸が得られる．この一連の反応を**マロン酸エステル合成**とよぶ．

カルボン酸は次のような反応を示す．

(1) カルボン酸の酸化と還元

カルボン酸は一般に酸化されにくい．ギ酸とシュウ酸は例外で，いずれも還元作用を示す．

カルボン酸は，水素化アルミニウムリチウム $LiAlH_4$ によって還元され第一級アルコールになる (8·2 節)．

(2) カルボン酸の脱炭酸

カルボキシル基の α 位に電子求引性の置換基がついたカルボン酸は 100～150 ℃ くらいに加熱すると CO_2 を脱離する．これを**脱炭酸** (decarboxylation) という．

$$\underset{COOH}{\underset{|}{R-CH-X}} \xrightarrow{\text{加熱}} R-CH_2-X + CO_2$$

$$X = -COOH, -COR', -CN, -NO_2$$

(3) カルボン酸誘導体の生成

カルボン酸の $-OH$ 部分がほかの置換基に変化した次のような種々の誘導体を生成する．

エステル　　$RCOOH + R'OH \xrightleftharpoons{H^+} RCOOR' + H_2O$

酸ハロゲン化物（ハロゲン化アシル）

$$RCOOH + SOCl_2 \longrightarrow RCOCl + SO_2 + HCl$$

酸無水物　　$2RCOOH + P_2O_5 \longrightarrow \underset{RCO}{\overset{RCO}{>}}O + 2HPO_3$

これらの反応はいずれも，カルボキシル基の炭素原子が求核試薬 (N:) に攻撃されて起こる．カルボニル基への求核付加と違い，カルボキシル基では求核

攻撃に続いて OH^- の脱離がいつも起こり，その結果 置換生成物を与える．

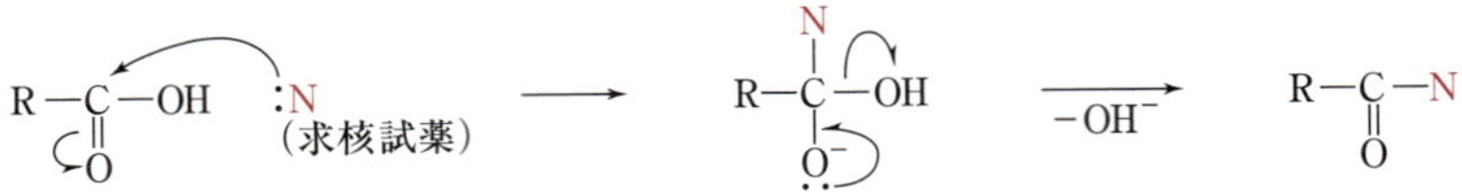

12·4 エステル

カルボン酸 RCOOH の −OH 基を −OR′ 基で置換した誘導体 RCOOR′ を**エステル**（ester）とよぶ．エステルは天然に広く分布している．一般に芳香をもち，果実や花の香気成分であることが多い．

命名法は，カルボン酸の名称のあとに，炭化水素基 R′− の名称を並べる．英語名は，炭化水素基名の後に，カルボン酸名の語尾 –ic acid を –ate に変えたものを並べて2語とする．

$CH_3COOC_2H_5$ 酢酸エチル   ethyl acetate

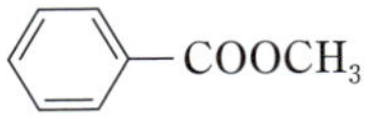

C₆H₅—COOCH₃   安息香酸メチル   methyl benzoate

なお，$-\underset{O}{\underset{\|}{C}}-OR'$ は alkoxycarbonyl，$R-\underset{O}{\underset{\|}{C}}-O-$ は acyloxy という接頭語で表される．ただし，CH_3COO- はアセトキシ（acetoxy）という省略形が用いられる．

$-CO-OC_2H_5$ エトキシカルボニル
                  ethoxycarbonyl
C_6H_5CO-O- ベンゾイルオキシ
                  benzoyloxy

エステルの合成法として最も一般的なものは，触媒量の酸の存在下で，カルボン酸とアルコールを加熱する方法である．

12・4 エステル

$$R-\underset{O}{\underset{\|}{C}}-OH + R'-OH \underset{}{\overset{H^+}{\rightleftarrows}} R-\underset{O}{\underset{\|}{C}}-OR' + H_2O$$

このエステル化反応は次のような機構で進む．まず触媒のプロトンがカルボキシル基 C=O の酸素に付加する．この結果，カルボキシル基の炭素原子は正電荷を帯び，アルコール R'−O−H の酸素原子による求核攻撃が容易に起こるようになる．

ここで生成したオキソニウムイオンの構造をもつ中間体は，3個の酸素原子の間をプロトンが付加したり脱離したりしながらとびうつり，平衡の状態にある．−OH 基にプロトン付加した形から H_2O が脱離し，それに続きプロトンが放出されるとエステルが生成する．エステル化は形式上は脱水縮合反応であるが，機構的には上に示したように C=O の炭素原子上の求核置換反応である．

$\Longrightarrow$ エステル化　　　　　　　　　　　　　　　　　$\Longleftarrow$ 加水分解

エステル化の反応の各段階は可逆反応であるので，エステル化を完結させるために，アルコールかカルボン酸を過剰に加えたり，生成する水を逐次共沸混

合物として留去するなどの方法がとられる．

　エステルは酸触媒により加水分解され，カルボン酸とアルコールを生成する．この反応は，酸触媒によるカルボン酸のエステル化の逆反応であり，その反応機構は上に述べたエステル化の各段階を逆にたどったものである．

　アルカリを用いたエステルの加水分解は**けん化** (saponification) とよばれ，次のように水酸化物イオンの C=O 炭素原子への求核攻撃により起こる．最終段階で，より塩基性の強いアルコキシド陰イオンにプロトンが移動し，カルボン酸の塩が直接の生成物となる．最終段階の平衡はプロトン移動にかたよっているので，けん化反応は非可逆的である．

$$R-\underset{HO^-}{\overset{O^{\delta-}}{\underset{\delta+}{C}}}-OR' \rightleftarrows R-\underset{OH}{\overset{O^-}{C}}-OR' \rightleftarrows R-\underset{OH}{\overset{O}{C}} + {}^-OR'$$

$$\rightleftarrows R-\overset{O}{C}-O^- + R'OH$$

　ヒドロキシ基をもつカルボン酸 (ヒドロキシ酸と総称される) から分子内で水が脱離した形の環状エステルを**ラクトン** (lactone) という．5員環のラクトン (γ-ラクトン) は特に生成しやすく，むしろ遊離のヒドロキシ酸を得ることは困難である．環が大きくなるに従いラクトンは生成しにくくなる．

$$\begin{array}{c} CH_2-COO^-Na^+ \\ CH_2 \\ CH_2-OH \end{array} \xrightarrow{H^+} \begin{array}{c} CH_2-C=O \\ CH_2 \quad\quad O \\ CH_2 \end{array}$$

γ-ヒドロキシ酪酸塩　　　　　　γ-ブチロラクトン
　　　　　　　　　　　　　　　　(γ-butyrolactone)

12·5　カルボン酸の塩化物と無水物

　カルボキシル基の中の $-$OH 基が塩素原子で置換されたカルボン酸の誘導体 R$-$CO$-$Cl をカルボン酸塩化物または**塩化アシル** (acyl chloride) という．

　塩化アシルはカルボン酸に $SOCl_2$，PCl_5 などを作用して合成される．反応性

12·5 カルボン酸の塩化物と無水物

が高く,空気中の水分によっても加水分解される.

塩化アシルには電子求引性の強い塩素原子が結合しているため,そのカルボニル基を求核試薬 (N:) が攻撃しやすく,置換反応が容易に起こる.

$$\underset{O^{\delta-}}{\overset{Cl^{\delta-}}{R-C^{\delta+}}} \quad :N^- \longrightarrow \underset{O^-}{\overset{Cl}{R-C-N}} \xrightarrow{-Cl^-} \underset{O}{R-C-N}$$

水,アルコール,アンモニアなどを求核試薬として用いると,カルボン酸やカルボン酸誘導体に導くことができる.

$$R-\underset{O}{C}-Cl + H_2O \longrightarrow R-\underset{O}{C}-OH + HCl$$
カルボン酸

$$R-\underset{O}{C}-Cl + R'-OH \longrightarrow R-\underset{O}{C}-OR' + HCl$$
エステル

$$R-\underset{O}{C}-Cl + NH_3 \longrightarrow R-\underset{O}{C}-NH_2 + HCl$$
アミド

塩化アシルはフリーデル-クラフツ反応 (9·4 節) に用いられ,また,アルデヒドの合成原料ともなる (11·2 節).

2個のカルボキシル基から1分子の水がとれて結合した形の官能基をもつ化合物 R−CO−O−CO−R′ を**カルボン酸無水物**,または,単に**酸無水物** (acid anhydride) という.

カルボン酸無水物は塩化アシルとカルボン酸の塩から合成することができる.通常用いられるカルボン酸無水物は R− と R′− が同一のもので,カルボン酸2分子からの脱水反応により合成される.

$$R-CO-Cl + R'-\underset{O}{C}-O^-Na^+ \longrightarrow R-\underset{O}{C}-O-\underset{O}{C}-R' + NaCl$$

$$2R-COOH + P_2O_5 \longrightarrow R-\underset{O}{C}-O-\underset{O}{C}-R + 2HPO_3$$

5員環あるいは6員環の環状無水物がジカルボン酸から容易に生成する.

マレイン酸 →(加熱) 無水マレイン酸　maleic anhydride

グルタル酸 →(加熱) グルタル酸無水物　glutaric anhydride

酸無水物の求核試薬に対する反応性は一般にエステルよりも高く，酸塩化物よりは低い．

$(RCO)_2O$
- H_2O → $2RCOOH$
- $R'OH$ → $RCOOR' + RCOOH$
- NH_3 → $RCONH_2 + RCOOH$

12·6　カルボン酸アミドとニトリル

　カルボキシル基の$-OH$とアンモニアまたはアミンの$>N-H$からH_2Oがとれて縮合した形の官能基 $-CO-N<$ をアミド結合といい，アミド結合をもつ化合物を**カルボン酸アミド**または単にアミド（amide）という．

　アミドでは，窒素原子上の非共有電子対によるメソメリー効果が働き，両性イオン構造の共鳴寄与が大きい（**図 12.1**）．その結果，平面構造が有利となって，大きな極性をもつことになる．また，容易に水素結合を形成する．ごく単純なアミドを除いて一般に結晶性の固体であること，炭素数6個の直鎖状アミドまでは水溶性であることなどは，この極性構造の寄与が関係している．

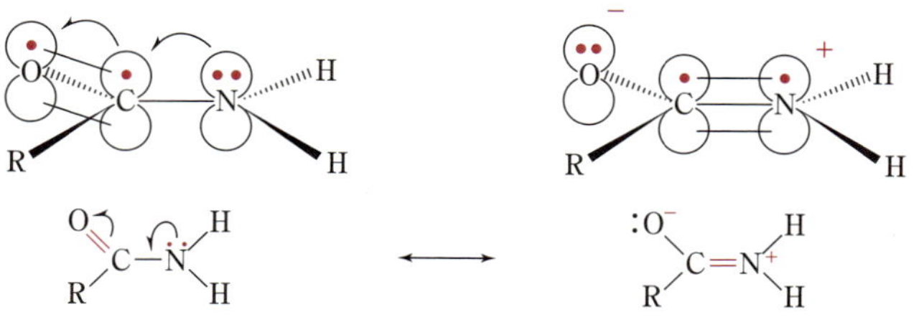

図 12.1 アミドのπ電子の共鳴

　アミドはカルボン酸誘導体の中では最も反応性が低い．アミドは，すでに述べたように，塩化アシル，酸無水物，エステルなどにアンモニアを作用させると生じる．アンモニアの代りにアミンを用いると N-置換アミドが得られる．

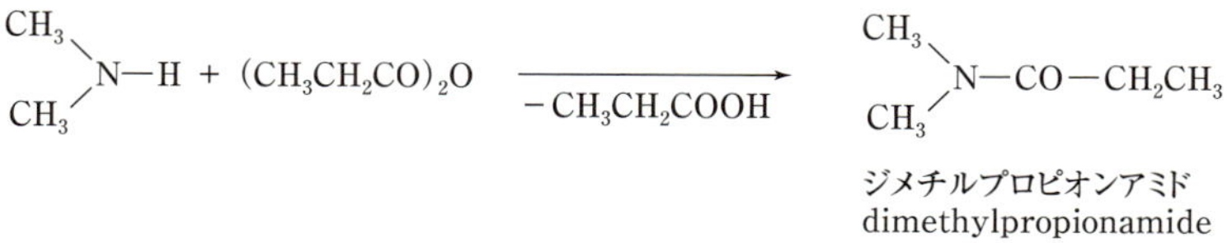

$$\text{(CH}_3)_2\text{N-H} + (\text{CH}_3\text{CH}_2\text{CO})_2\text{O} \xrightarrow{-\text{CH}_3\text{CH}_2\text{COOH}} (\text{CH}_3)_2\text{N-CO-CH}_2\text{CH}_3$$

ジメチルプロピオンアミド
dimethylpropionamide

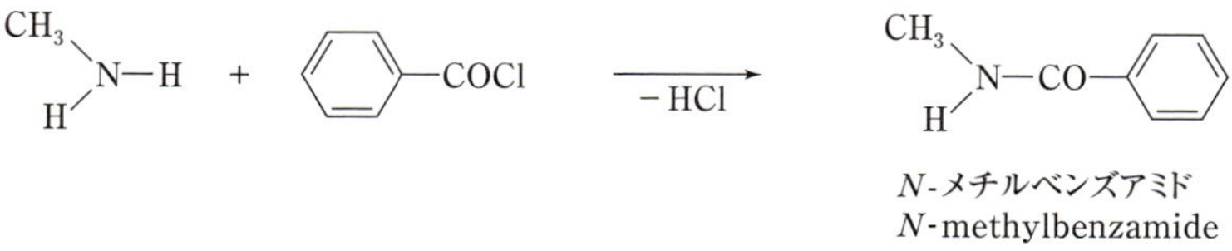

$$\text{CH}_3\text{NH-H} + \text{C}_6\text{H}_5\text{-COCl} \xrightarrow{-\text{HCl}} \text{CH}_3(\text{H})\text{N-CO-C}_6\text{H}_5$$

N-メチルベンズアミド
N-methylbenzamide

　ニトリル R−CN を穏やかな条件で加水分解してもアミドが得られる．

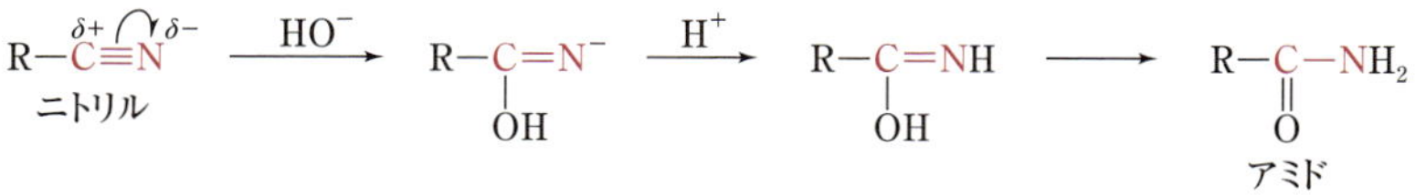

$$\text{R-}\overset{\delta+}{\text{C}}\equiv\overset{\delta-}{\text{N}} \xrightarrow{\text{HO}^-} \text{R-C(OH)=N}^- \xrightarrow{\text{H}^+} \text{R-C(OH)=NH} \longrightarrow \text{R-CO-NH}_2$$

ニトリル　　　　　　　　　　　　　　　　　　　　　　　　　　アミド

　オキシム（11·5 節）に濃硫酸や五塩化リンなどを作用させると，アミドが生成する．この反応はベックマン（Beckmann）転位とよばれる[1]．

---

1) ベックマン転位はナイロン 6 の工業的製法に利用されている．

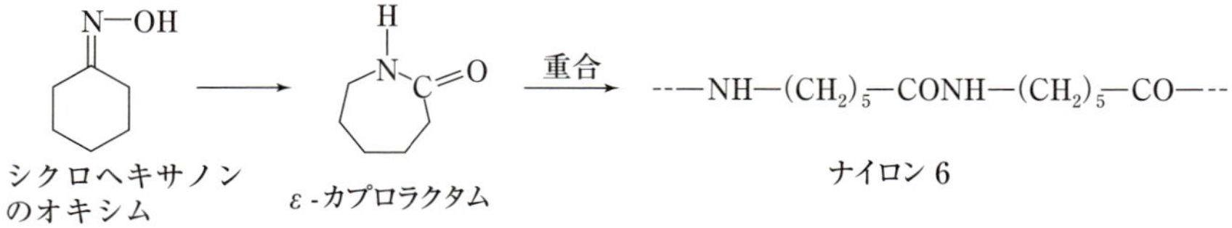

シクロヘキサノン　　　　ε-カプロラクタム　　　　$\xrightarrow{\text{重合}}$　---NH-(CH$_2$)$_5$-CONH-(CH$_2$)$_5$-CO---
のオキシム

ナイロン 6

$$R-\underset{R'}{C}=N-OH \xrightarrow{H^+} R-\underset{R'}{C}=\overset{+}{N}-\underset{H}{O}-H \xrightarrow{-H_2O} R'-N=\overset{+}{C}-R$$

$$\xrightarrow[-H^+]{H_2O} R'-NH-\underset{O}{\overset{\|}{C}}-R$$

ベックマン転位は，原子または原子団が分子内で移動し，位置を変える**分子内転位**（intramolecular rearrangement）反応の一例である．

アミドは酸またはアルカリで加水分解され，カルボン酸となる．エステルの加水分解と同じように求核付加を経て進行する．

$$R-\underset{O}{\overset{\|}{C}}-NH_2 \xrightarrow[H^+ \text{または} OH^-]{H_2O} R-\underset{O}{\overset{\|}{C}}-OH + NH_3$$

アミドを水素化アルミニウムリチウムで還元するとアミンを生ずる．

$$R-\underset{O}{\overset{\|}{C}}-NH_2 \xrightarrow{LiAlH_4} R-CH_2-NH_2$$

炭化水素基にシアノ基$-C\equiv N$が結合した形の化合物$R-C\equiv N$を**ニトリル**（nitrile）という．ニトリルの構造を見るだけではカルボン酸と結びつかないだろうが，実際には$-C\equiv N$は$-COOH$と深い関連をもち，ニトリルはカルボン酸誘導体とみなされる．たとえば，ニトリルを酸またはアルカリで加水分解するとアミドを経てカルボン酸となる．

$$R-C\equiv N \xrightarrow{H_2O} R-\underset{O}{\overset{\|}{C}}-NH_2 \xrightarrow[-NH_3]{H_2O} R-COOH$$

ニトリルは次のような共鳴寄与により一般に大きな極性をもつ．このため，炭素数の少ないニトリルは水によく溶ける．

$$R-C\equiv N \longleftrightarrow R-\overset{+}{C}=\overset{-}{N}:$$

ニトリルは次のような反応で合成される.

CN^- による S_N 反応：R－X ＋ NaCN ⟶ R－CN ＋ NaX

アミドの脱水反応：R－C(=O)－NH$_2$ $\xrightarrow[-H_2O]{P_2O_5}$ R－CN

サンドマイヤー反応：

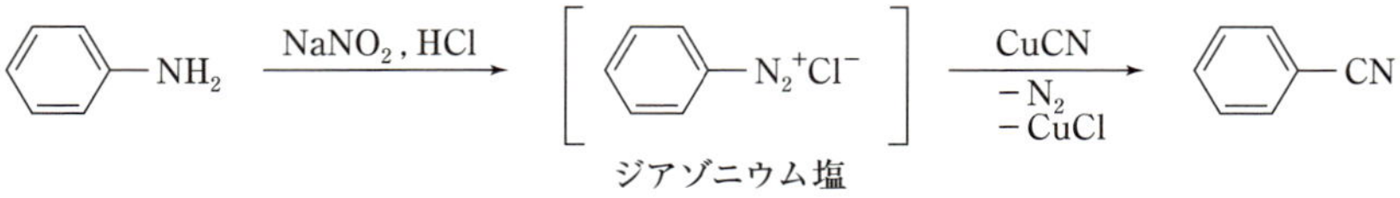

C$_6$H$_5$－NH$_2$ $\xrightarrow{NaNO_2, HCl}$ [C$_6$H$_5$－N$_2^+$Cl$^-$] $\xrightarrow[-CuCl]{CuCN, -N_2}$ C$_6$H$_5$－CN

ジアゾニウム塩

問　題

1 次の化合物を命名せよ.

a) CH$_3$CH$_2$CH$_2$CH(Cl)－COOH

b) (CH$_3$)$_2$CH－CH＝CH－CO$_2$H

c) シクロプロパン環に CH－CO$_2$H と CH－CO$_2$H が付いた構造 (CH$_2$ と二つの CH－CO$_2$H)

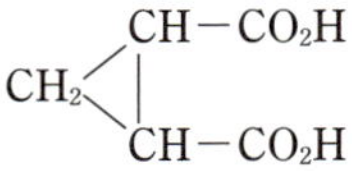

d) シクロヘキセン環に COOH, HO, OH, HO が付いた構造

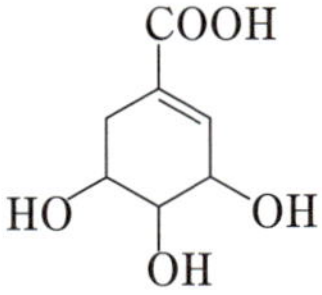

e) CH$_3$CH$_2$CH$_2$COOCH(CH$_3$)CH$_2$CH$_3$

f) C$_6$H$_5$－COO－C$_6$H$_5$

2 次の化合物の構造式を書け.

a) 7-クロロヘプタン酸
b) N-エチル-N-メチルベンズアミド
c) フェノキシ酢酸エチル
d) 塩化 p-クロロベンゾイル
e) 2-プロピン酸
f) 3-メチルペンタン二酸

3 次の各組のカルボン酸を pK_a の小さい順に並べ,その理由を説明せよ.

a) FCH$_2$COOH, ClCH$_2$COOH, BrCH$_2$COOH, ICH$_2$COOH

b) CH$_3$CH$_2$CH(Cl)COOH, CH$_3$CH(Cl)CH$_2$COOH, Cl－CH$_2$CH$_2$CH$_2$COOH

c) 3-メチル安息香酸, 3-ニトロ安息香酸, 安息香酸の構造式

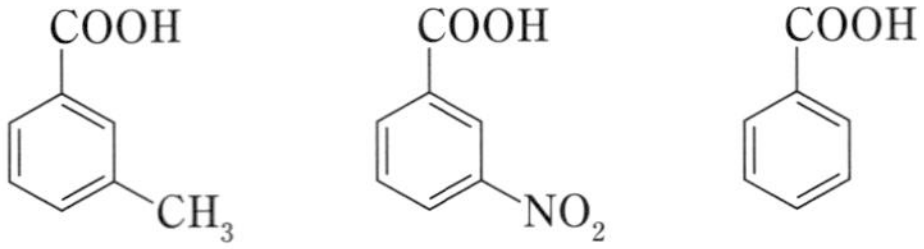

d) 安息香酸, 3-ヒドロキシ安息香酸, 4-ヒドロキシ安息香酸の構造式

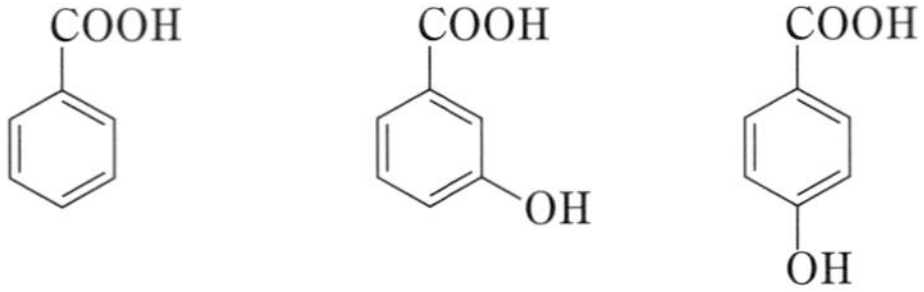

4 指定された原料化合物を用いて，次の化合物を合成する方法を示せ．

a) C$_6$H$_5$–Br ⟶ C$_6$H$_5$–COCl

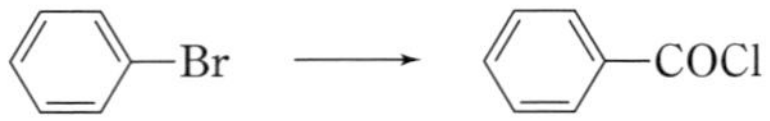

b) CH$_3$I ⟶ CH$_3$CH$_2$COOH

c) CH$_3$I ⟶ CH$_3$CHCO$_2$H
　　　　　　　　　 |
　　　　　　　　　CH$_3$

d) BrCH$_2$CH$_2$Br ⟶ HOCH$_2$CH$_2$CH$_2$CH$_2$OH

e) CH$_3$CH$_2$I ⟶ CH$_3$CH$_2$CONH$_2$

5 マロン酸エステルの代りにアセト酢酸エステル CH$_3$–CO–CH$_2$–CO$_2$C$_2$H$_5$ を用いて，マロン酸エステル合成と同様の反応を行うことができる．ハロゲン化アルキル R′X を1回反応させたのち，加水分解と脱炭酸を行って得られる化合物の構造式を書け．

6 次の反応の生成物を示せ．

a) γ-ブチロラクトン $\xrightarrow[\text{NaOH}]{\text{H}_2\text{O}}$

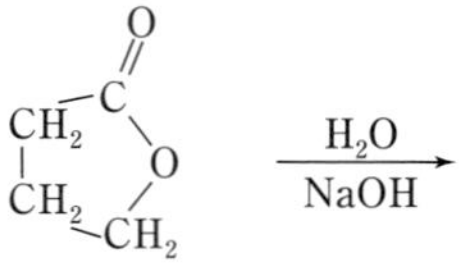

b) CH$_3$CH$_2$COOCH$_2$CH$_2$CH$_3$ $\xrightarrow{\text{LiAlH}_4}$ $\xrightarrow[\text{H}^+]{\text{H}_2\text{O}}$

c) テトラリン $\xrightarrow{\text{KMnO}_4}$ $\xrightarrow{\text{加熱}}$

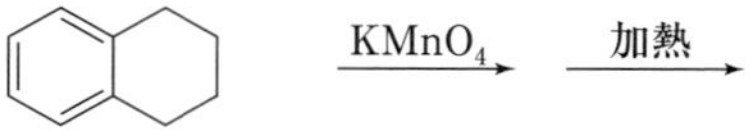

d) ![Ph-CH₂CH₂CH₂COOH] →SOCl₂→ →AlCl₃→

e) ![cyclohexane-1,1-dicarboxylic acid] →加熱→

7 ジメチルアセトアミドはアセトアミドより分子量が大きいにもかかわらず，その沸点はアセトアミドより低い．この理由を説明せよ．

$$\mathrm{CH_3 \atop CH_3}\!\!>\!\!N\!-\!C\!\!<\!\!{CH_3 \atop =O} \qquad \mathrm{H \atop H}\!\!>\!\!N\!-\!C\!\!<\!\!{CH_3 \atop =O}$$

ジメチルアセトアミド　　　アセトアミド
沸点 165 ℃　　　　　　　沸点 220 ℃

8 ジメチルアセトアミドの N−CO 結合のまわりの回転の速度は，トリメチルアミンの N−C 結合のまわりの回転に比べて遅い．この理由を説明せよ．また，どちらの N−C 結合の方が長いか．

$$\mathrm{CH_3 \atop CH_3}\!\!>\!\!N\!\circlearrowleft\!C\!\!<\!\!{CH_3 \atop =O} \qquad \mathrm{CH_3 \atop CH_3}\!\!>\!\!N\!\circlearrowleft\!C\!\!<\!\!{H \atop {H \atop H}}$$

9 ^{18}O で同位体標識をしたメタノールにより，安息香酸をエステル化した．生成する安息香酸メチルのカルボニル酸素原子と，エーテル酸素原子のいずれが ^{18}O で標識されるか．生成する水には ^{18}O が含まれるか．

$$\mathrm{Ph\!-\!\underset{O}{\overset{\|}{C}}\!-\!OH + CH_3{}^{18}OH \xrightarrow{H^+} Ph\!-\!\underset{O}{\overset{\|}{C}}\!-\!OCH_3 + H_2O}$$

13 アミンとニトロ化合物

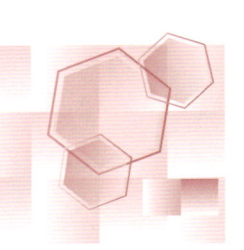

アミンはアンモニアの有機化合物誘導体とみなすことができる．最大の特徴はアンモニアと同様，塩基としての性質をもつことである．本章では，窒素を含む複素環式化合物も含め，アミンとその関連化合物の構造と反応性を理解しよう．アミンとともに窒素を含む代表的化合物であるニトロ化合物についても学ぼう．

13·1 アミン

アンモニア NH_3 の水素原子を炭化水素基で置き換えた構造の化合物を**アミン**（amine）という[1]．炭化水素基の数によって，次のように第一級アミン，第二級アミン，第三級アミンなどとよぶ．アンモニウムイオン NH_4^+ の4個のHをすべて炭化水素基で置き換えた構造のイオンを，第四級アンモニウムイオンといい，その塩 $R_4N^+X^-$ を第四級アンモニウム塩という．

```
H-N-H       R-N-H       R-N-R′      R-N-R′
  |           |           |           |
  H           H           H           R″
アンモニア   第一級アミン  第二級アミン  第三級アミン
```

アミンを命名するには，結合している炭化水素基名を abc 順に書き，最後に amine をつける．

$CH_3CH_2-NH-CH_3$ エチルメチルアミン   ethylmethylamine
$CH_3CH_2-NH-CH_2CH_3$ ジエチルアミン   diethylamine

第一級アミン RNH_2 に対しては，RH を母体化合物とし，その名称のあとに amine をつけて命名してもよい．

[1) 芳香族アミンについては 10·3 節ですでに学んだ．

H₂N−CH₂CH₂CH₂−NH₂	トリメチレンジアミン	trimethylenediamine
	1,3-プロパンジアミン	1,3-propanediamine

CH₃CHCH=CHCH₃
    |
   NH₂
	3-ペンテン-2-アミン	3-penten-2-amine

C₆H₅−NH₂	ベンゼンアミン	benzeneamine

異なる炭化水素基が置換した第二級アミンや第三級アミンは，第一級アミンの N-置換体として命名することができる．

CH₃CH₂CH₂CH₂−N−CH₂CH₃
               |
               CH₃
	N-エチル-N-メチルブチルアミン[1]
	 N-ethyl-N-methylbutylamine	

(CH₃)₂N−C₆H₅	N,N-ジメチルアニリン N,N-dimethylaniline	

第一級アミンや第二級アミンは極性の強い N−H 結合をもち，分子間水素結合をつくることができるので，沸点は同程度の分子量のアルカンの沸点よりも高い．しかし，対応するアルコールの沸点ほど高くはない．第三級アミンは立体障害により分子間水素結合をつくりにくいが，水とは水素結合することができる．したがって第一級，第二級，第三級アミンともに，炭素数が少ない場合は非常によく水に溶ける．

アミンの水溶液は弱い塩基性を示す（13·2 節）．

表 13.1 アミンおよび関連化合物の沸点

		分子量	沸点／℃
CH₃CH₂CH₂CH₃	ブタン	58	−0.5
CH₃CH₂CH₂−OH	プロパノール	60	97.2
CH₃CH₂CH₂−NH₂	プロピルアミン	59	49.7
CH₃CH₂−NH−CH₃	エチルメチルアミン	59	35
(CH₃)₃N	トリメチルアミン	59	3.4

---

[1] 最も複雑な第一級アミンを母体として選ぶ．

アミンの窒素原子は sp³ 混成をしており，3 本の共有結合と窒素の非共有電子対は正四面体の頂点に伸びた構造をしている．アミンのピラミッド構造は，室温で下のような**反転** (inversion) を起こし，非常に速い相互変換を行っている．したがって，第三級アミンの窒素上の三つの置換基がすべて異なる場合でも，鏡像異性体に分割し，それぞれを単離することはできない．

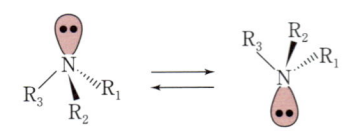

窒素原子が環式化合物に組み込まれ，共有結合の方向が固定された場合には，光学活性体が可能となる．

13·2 アミンの塩基性

アミンは水溶液中で弱い塩基性を示す．これは，アンモニアと同様に窒素原子の非共有電子対が水からプロトンを受け入れ，水酸化物イオンを遊離することによる．

アミンの塩基性の強さは構造によって異なり，塩基解離定数 K_b または塩基解離指数 pK_b により表される．

$$K_b = \frac{[RR'R''N^+H][^-OH]}{[RR'R''N]}$$

$$pK_b = -\log K_b$$

K_b の値が大きいほど，また pK_b の値が小さいほど，強い塩基である．**表 13.2** にいくつかのアミンと関連化合物の pK_b の値を示す．

脂肪族アミンはアンモニアよりも強い塩基である．アルキル基が電子供与性であり，窒素原子上の正電荷を安定化して平衡をイ

13·2 アミンの塩基性

表 13.2 アミンおよび関連化合物の pK_b 値 (25 ℃)

化合物	pK_b	化合物	pK_b
NH_3	4.75	2-ニトロアニリン	14.26
$C_2H_5NH_2$	3.37		
$(C_2H_5)_2NH$	3.06	3-ニトロアニリン	11.53
$(C_2H_5)_3N$	3.28		
アニリン	9.40	4-ニトロアニリン	13.01
ジフェニルアミン	13.2	CH_3CONH_2	14.5

オンの形成方向に移動させるためである.このように,電子供与性の置換基は一般にアミンの塩基性を増大させる.

芳香族アミンは脂肪族アミンより塩基性がかなり弱い.たとえば,H^+ を受け入れて $C_6H_5-{}^+NH_3$ となる前のアニリンは窒素原子上の非共有電子対を非局在化させ,下のような共鳴により安定化している.しかし,$C_6H_5-{}^+NH_3$ となってしまうと非共有電子対はプロトンへの配位に使われ,ベンゼン環との共鳴は不可能になる.これにより,芳香族アミンの塩基性の低さが説明できる.

アミンとアミドの塩基性の違いも,上と同様に考えることができる.すなわち,アミドには次のような共鳴安定化があり,窒素原子への H^+ の付加は起こりにくくなっている.

13·3 アミンの合成と反応

アミンは次のような反応により合成される．

(1) ハロゲン化アルキルの置換反応

アンモニアを求核試薬としてハロゲン化アルキルに作用させると，S_N2 反応によりアンモニウム塩が生じる．これを塩基で処理してアミンを遊離させる．

$$R-X + NH_3 \longrightarrow R-N^+H_3X^- \xrightarrow[-HX]{OH^-} R-NH_2$$
アルキルアンモニウム塩

この方法は，一般にアンモニア自身が塩基として作用しアミンを遊離させる結果，さらにハロゲン化アルキルとの反応が進行し，第二級アミン～第三級アミンおよび第四級アンモニウム塩が生成する．したがって，第一級アミンの合成法としてはあまり有用とはいえない．

$$RNH_2 \xrightarrow{R-X} R_2N^+H_2 \xrightarrow{-H^+} R_2NH$$

$$R_2NH \xrightarrow{R-X} R_3N^+H \xrightarrow{-H^+} R_3N$$

(2) アミドの還元

アミドを水素化アルミニウムリチウムで還元したり，接触還元することによりアミンが生成する．

$$R-\underset{\underset{O}{\|}}{C}-N{<}{R \atop R'} \xrightarrow{LiAlH_4} R-CH_2-N{<}{R \atop R'}$$

(3) ニトリルの還元

アミドの還元と同様の方法により第一級アミンが得られる．

$$R-C{\equiv}N \xrightarrow{[H]} R-CH_2-NH_2$$

(4) ニトロ化合物の還元

芳香族アミンは芳香族ニトロ化合物を接触還元するか，あるいは金属と酸を用いて還元すると得られる．

$$\underset{\underset{COOCH_3}{|}}{O_2N-C_6H_4} \xrightarrow{H_2, Pt} \underset{\underset{COOCH_3}{|}}{H_2N-C_6H_4}$$

$$C_6H_5-NO_2 \xrightarrow{Sn, HCl} C_6H_5-NH_2$$

アミンは次のような反応を示す．

(1) アシル化

第一級アミンと第二級アミンは，塩化アシルや酸無水物によってアシル化されアミドになる（12·6 節）．

(2) ホフマン（Hofmann）分解

第四級アンモニウム塩をアルカリ性の条件下で加熱すると，第三級アミンが脱離してアルケンを生成する．2 種以上のアルケンが生成する可能性がある場合には，炭化水素基の置換が少ないアルケンの方が主生成物となる．

$$CH_3CH_2CH_2-\overset{\overset{CH_3}{|}}{\underset{\underset{CH_3}{|}}{N^+}}-CH_2CH_3 \quad OH^-$$

加熱
- $\rightarrow CH_2=CH_2 + CH_3CH_2CH_2-N(CH_3)_2 + H_2O$　主反応
- $\rightarrow CH_3CH=CH_2 + (CH_3)_2N-CH_2CH_3 + H_2O$　副反応

(3) 塩化スルホニルとの反応

塩化スルホニル R−SO₂−Cl は，スルホン酸 R−SO₂−OH の酸塩化物であり，塩化アシル R−CO−Cl と同様にアミンと反応する．たとえば，塩化ベンゼン

スルホニルは，第一級アミンおよび第二級アミンと反応し，それぞれ N-置換ベンゼンスルホンアミドを与える．しかし，第三級アミンとは反応しない．

$$RNH_2 + C_6H_5-SO_2-Cl \longrightarrow \underset{H}{\overset{R}{N}}-SO_2-C_6H_5 + HCl$$

第一級アミン　塩化ベンゼンスルホニル　　　ベンゼンスルホンアミド

$$\underset{R}{\overset{R}{N}}-H + C_6H_5-SO_2-Cl \longrightarrow \underset{R}{\overset{R}{N}}-SO_2-C_6H_5 + HCl$$

第二級アミン　塩化ベンゼンスルホニル　　　ベンゼンスルホンアミド

第一級アミンから生じたスルホンアミドはアルカリに溶けるが，第二級アミンから生じたスルホンアミドはアルカリに溶けない（章末問題 6）．これらの反応を利用して，第一級，第二級，および第三級アミンを区別することができる．この方法を**ヒンスベルグ**（Hinsberg）**試験**という．

$$R-\underset{H}{N}-SO_2-C_6H_5 \xrightarrow{NaOH} [R-\dot{N}^--SO_2-C_6H_5]Na^+$$

可溶

(4) 亜硝酸との反応

　アニリンのような芳香族第一級アミンに亜硝酸を反応させると，ジアゾニウム塩が生成する（10・4 節）．この芳香族ジアゾニウム塩は，合成反応の中間体としていろいろと利用される（10・4 節）．脂肪族アミンと亜硝酸との反応は，第一級，第二級，第三級アミンによりそれぞれ異なる．第一級アミンはジアゾニウムイオンを生ずるが，この脂肪族ジアゾニウムイオンは非常に不安定で，すぐ分解して窒素を発生し，カルボカチオンを生成する．最終生成物は主にカルボカチオンに水が反応したアルコールである．

$$RNH_2 + HNO_2 \longrightarrow ROH + N_2 + H_2O$$

　この反応の機構は次のように考えられる．

$$R-\underset{H}{\overset{H}{N}}: + \overset{\delta+}{N}=\overset{\delta-}{O} \longrightarrow R-\underset{H}{\overset{H}{\overset{+}{N}}}-\underset{OH}{N}-O^- \xrightarrow{-H_2O} R-\underset{\text{ニトロソアミン}}{\overset{H}{N}-N=O}$$

$$\longrightarrow R-N=N-OH \xrightarrow{-OH^-} \underset{\substack{\text{ジアゾニウム}\\\text{イオン}}}{R-N=N^+} \xrightarrow{-N_2} \underset{\text{カルボカチオン}}{R^+} \xrightarrow[-H^+]{H_2O} R-OH$$

第二級アミンと亜硝酸との反応ではニトロソアミン (nitrosoamine) が生成する．第二級アミンの場合，第一級アミンの場合と異なり，ニトロソアミン中間体の窒素原子上には転位すべき H がないので，これ以上に反応は進まずニトロソアミンの段階で止まる．

$$\underset{R}{\overset{R}{>}}N-H + HONO \longrightarrow \underset{R}{\overset{R}{>}}N-N=O + H_2O$$
ニトロソアミン

脂肪族第三級アミンは亜硝酸との反応で単に塩となり，水溶性になるだけである．

13·4 複素環式アミン

環を構成する原子の中に炭素以外の原子 (ヘテロ原子) が含まれる環式化合物を，**複素環式化合物** (heterocyclic compound) という．ヘテロ原子としては，O, N, S などが一般的であるが，特に N を含む複素環式化合物は生体物質として重要な役割をもつものが多い．窒素複素環式化合物をいくつか下に示す．

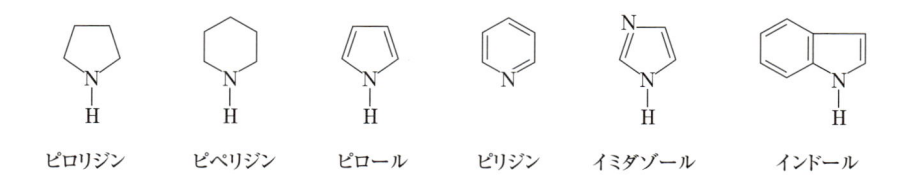

| ピロリジン | ピペリジン | ピロール | ピリジン | イミダゾール | インドール |

ピロリジンやピペリジンのような飽和複素環を構成する窒素原子は，非環式

の第二級アミンと同様の挙動を示す．不飽和の窒素複素環の場合は，環内の二重結合の位置や数によって，その環に特有の性質が現れるようになる．

ピリジンの窒素原子は sp^2 混成軌道の一つに非共有電子対を収容し，混成に加わらない p 軌道に電子 1 個をもっている（**図 13.1**）．このためピリジンではベンゼンと同様に 6π 電子系の環状共役が成立し，芳香族性が現れる．窒素原子の非共有電子対は環状共役とは無関係に，塩基としてふるまう．次の反応は，ピリジン環に芳香族性の安定化があることを示す例である．

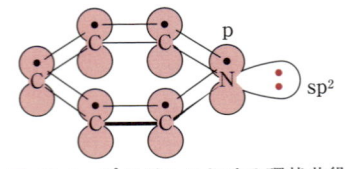

図 13.1 ピリジンにおける環状共役 6π 電子と非共有電子対の方向

3-メチルピリジン
（β-ピコリン）
→ KMnO₄ →
ピリジン-3-カルボン酸
（ニコチン酸）

ピロールの窒素原子も sp^2 混成であるが，その非共有電子対は下図のような共鳴に組み込まれ

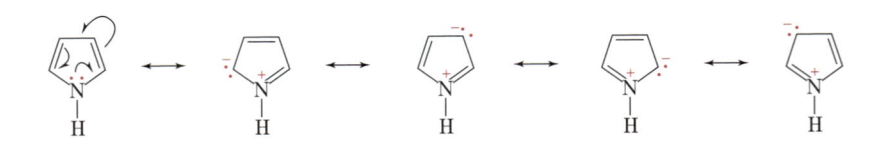

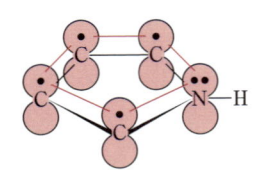

図 13.2 ピロールの環状共役 6π 電子

環全体にわたって非局在化する（**図 13.2**）．この環状共役には 6 個の電子が含まれ，やはり芳香族性が現れる．ピロールに H^+ が付加すると芳香族性による安定化が失われる．このため平衡はプロトン付加の方向に進みにくく，ピロールの塩基性は弱くなる（pK_b 約 13.6）．

複素環式化合物のうち，ピリジンやピロールのように芳香族性を示すものを**ヘテロ芳香族化合物**，または**複素環式芳香族化合物**という．

植物に含まれる天然産のアミンは**アルカロイド**（alkaloid）と総称される．アルカロイドの多くは生理活性をもつ化合物である．下にいくつかの例を示す．

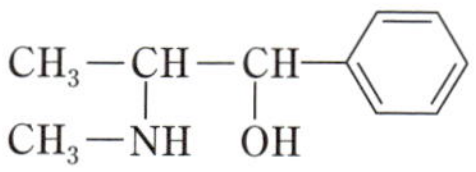

エフェドリン
マオウ（麻黄）
瞳孔拡大，血圧上昇剤

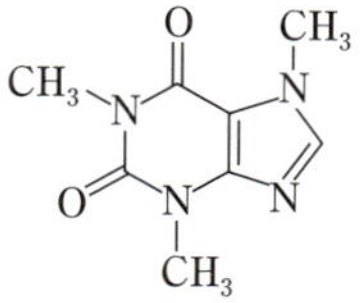

カフェイン
コーヒー豆
興奮剤

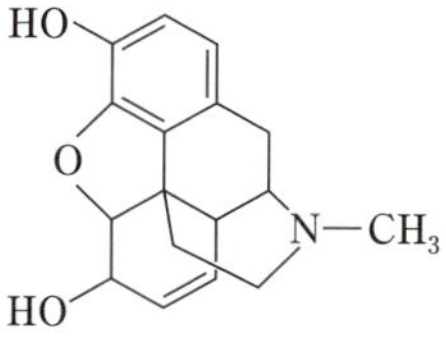

モルヒネ
白ケシ
鎮痛剤

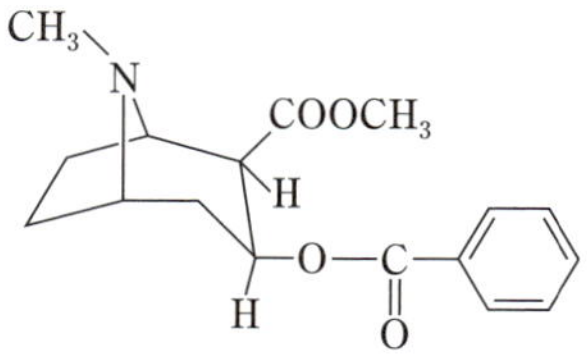

コカイン
コカ葉
局所麻酔剤

13·5 ニトロ化合物

ニトロ基－NO_2 が炭素原子に結合した化合物をニトロ化合物という．ニトロ基が酸素原子に結合している化合物 $R-O-NO_2$ は硝酸のエステルである（12·4 節）[1]．

ニトロ基は極性が高いため分子間相互作用が強く，ニトロ化合物の沸点は一般に高い．

α 位に水素原子のあるニトロ化合物は，ニトロ基の強い電子求引性のため，水素原子をプロトンとして放出しやすく，カルボニル基に隣接した活性メチレンと類似の挙動を示す．

---

1) ニトログリセリンやニトロセルロースは硝酸エステルである．
　　ニトログリセリン　$O_2N-O-CH_2CHCH_2-O-NO_2$
　　　　　　　　　　　　　　　　　　$|$
　　　　　　　　　　　　　　　　　$O-NO_2$

互変異性

$$CH_3-\overset{+}{N}\underset{O^-}{\overset{O}{\diagdown}} \underset{+H^+}{\overset{-H^+}{\rightleftarrows}} \left[CH_2^- - \overset{+}{N}\underset{O^-}{\overset{O}{\diagdown}}\right] \underset{-H^+}{\overset{+H^+}{\rightleftarrows}} CH_2=\overset{+}{N}\underset{O^-}{\overset{O-H}{\diagdown}}$$

ニトロ形　　　　　　　　　　　　　　　　　　　　　　　　　　　　　　　　　　　　　aci-ニトロ形

アルドール縮合型の反応

$$RCHO + CH_3NO_2 \xrightarrow{NaOC_2H_5} R\underset{OH}{\overset{|}{C}H}-CH_2NO_2$$

ニトロ化合物を還元すると，最終的には第一級アミンを生成する．芳香族ニトロ化合物では，還元反応の条件によりさまざまな中間生成物が得られる．

$$C_6H_5-NO_2 \begin{cases} \xrightarrow{NaOCH_3} & C_6H_5-\overset{O^-}{\overset{|}{\overset{+}{N}}}=N-C_6H_5 & \text{アゾキシベンゼン} \\ \xrightarrow{Zn+NaOH} & C_6H_5-N=N-C_6H_5 & \text{アゾベンゼン} \\ \xrightarrow[C_2H_5OH]{Zn+KOH} & C_6H_5-\underset{H}{\overset{|}{N}}-\underset{H}{\overset{|}{N}}-C_6H_5 & \text{ヒドラゾベンゼン} \\ \xrightarrow{Sn+HCl} & C_6H_5-NH_2 & \text{アニリン} \end{cases}$$

問　題

1 次の化合物の例を構造式で示せ．
  a）第一級アミン　　　b）第四級アンモニウム塩
  c）ニトロソアミン　　d）硝酸エステル

2 指定された原料化合物から，次の化合物を合成する反応段階を示せ．
  a）$CH_3CH_2CH_2COOH \longrightarrow CH_3CH_2CH_2CH_2NH_2$
  b）$CH_3CH_2Br \longrightarrow CH_3CH_2CH_2NH_2$
  c）ピペリジン(N-H) $\longrightarrow CH_2=CH-CH_2-CH=CH_2$

d) ⌬ ⟶ ⌬-CH$_2$NHCOCH$_3$

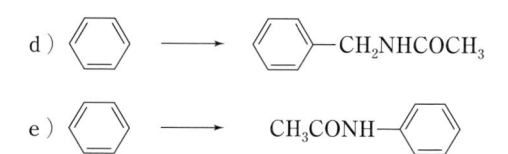

e) ⌬ ⟶ CH$_3$CONH-⌬

3 次の各化合物を化学反応により区別する方法を示せ．

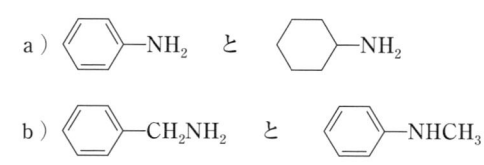

a) ⌬-NH$_2$ と ⌬-NH$_2$ (シクロヘキシル)

b) ⌬-CH$_2$NH$_2$ と ⌬-NHCH$_3$

c) CH$_3$CHNH$_2$ と (CH$_3$)$_3$N
    |
    CH$_3$

d) ⌬-NHCHO と HCO-⌬-NH$_2$

4 ジフェニルアミン $(C_6H_5)_2NH$ はアニリンより塩基性が低い（表 13.1）．この理由を説明せよ．

5 イミノ基 =NH の窒素原子は，アミノ基 −NH$_2$ の窒素原子よりも塩基性が小さいのがふつうである．ところがグアニジンではプロトンの付加が =NH 基に起こる．また，グアニジンは pK_b が約 0.4 という非常に強い塩基である．これらの理由を説明せよ．

$$\underset{H_2N \quad NH_2}{\overset{NH}{\underset{\parallel}{C}}} \quad グアニジン$$

6 第一級アミンから生じるスルホンアミドはアルカリに溶けるが，第二級アミンから生じるスルホンアミドはアルカリに溶けない理由を説明せよ．

7 ピロールへの芳香族求電子置換反応が 2 位に起こる場合と，3 位に起こる場合のそれぞれについて，反応中間体（σ 錯体）の共鳴に寄与する極限構造式を書け．2 位の置換と 3 位の置換は，どちらが起こりやすいと考えられるか．

8 ポルフィンは次の構造式で表され，分子全体は平面構造である．ヒュッケル則からみて，ポルフィンは複素環式芳香族化合物といえるか．

14 生体構成物質

　生命によってつくり出され生物体の構成成分として存在する有機化合物の化学は，有機化学の原点といえる．ここでは糖類，脂質，タンパク質を中心に基本的な事項を学ぶ[1]．いずれも，すでに学習した官能基の性質をもとに考えることができる．いくつかの官能基同士が作用し合い，特徴ある性質が現れる点に注目しよう．

14·1 糖 類

　炭水化物（carbohydrate）は，その大部分が $C_m(H_2O)_n$ の分子式で表され，ヒドロキシ基とカルボニル基をもつ．構造的にはポリヒドロキシアルデヒドまたはポリヒドロキシケトンに相当し，加水分解によりこれらを与える化合物も含めて炭水化物という．

　炭水化物は，また**糖類**（saccharides）ともよばれ，構造により**単糖**（monosaccharide），**二糖**（disaccharide），**三糖**（trisaccharide），…などに分類される．1分子を加水分解することにより，二糖からは2分子の単糖分子が，三糖からは3分子の単糖分子がそれぞれ生成する．単糖はそれ以上簡単な炭水化物に加水分解されない．デンプンやセルロースのように，加水分解によって1分子から多数の単糖を生ずる高分子化合物を**多糖**（polysaccharide）という[2]．

　天然に存在する単糖の多くは炭素数が5個か6個で，炭素数5個の単糖をペントース（pentose），6個の単糖をヘキソース（hexose）とよぶ．また，アルデヒド基をもつ単糖をアルドース（aldose），ケトン基をもつ単糖をケトース（ketose）と総称する．これらの組み合わせに応じて，次の例のようによぶ．

---

1) アルカロイドも生体物質である．これについては 13·4 節で学んだ．
2) 3〜10分子程度の単糖から構成される糖類はオリゴ糖（oligosaccharide）とよばれる．

アルドヘキソース　　CH₂−CH−CH−CH−CH−CHO
　　　　　　　　　　｜　　｜　　｜　　｜　　｜
　　　　　　　　　　OH　OH　OH　OH　OH

ケトペントース　　　CH₂−CH−CH−C−CH₂
　　　　　　　　　　｜　　｜　　｜　　‖　　｜
　　　　　　　　　　OH　OH　OH　O　OH

ヒドロキシ基が水素原子に変った構造をもつ糖はデオキシ糖とよばれる．

$$HO-CH_2-CH(OH)-CH(OH)-CH_2-CHO \quad デオキシアルドペントース$$

糖類の分子には数個の不斉炭素原子（n 個）が存在するので，2^n 種の立体異性体が可能である．たとえば，アルドヘキソースには4個の不斉炭素原子があり，16種の立体異性体が存在する．これらは8種類のジアステレオマーと，それぞれの鏡像異性体に相当し，合成で得られたものも含め，すべて実際に存在する．8種類の単糖はグルコース，ガラクトース，マンノースなど，それぞれ慣用名でよばれ，鏡像体に関しては，グリセルアルデヒドとの相対配置（点線で囲んだ部分）により，D− または L− で区別される（6・3節）[1]．

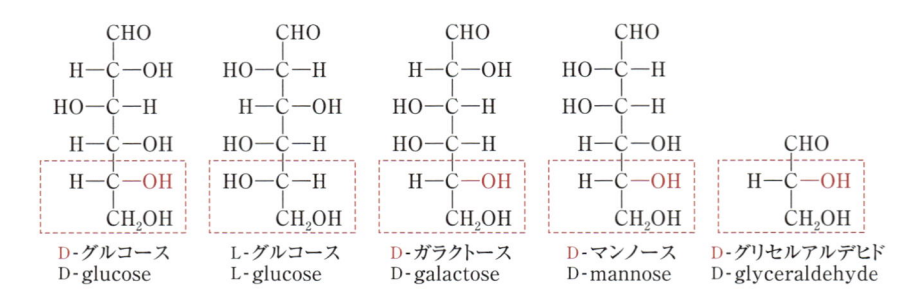

| D-グルコース | L-グルコース | D-ガラクトース | D-マンノース | D-グリセルアルデヒド |
| D-glucose | L-glucose | D-galactose | D-mannose | D-glyceraldehyde |

天然の単糖類の大部分は D 系列に属する．

14・2　単　糖

グルコース（glucose）はブドウ糖ともよばれ，最も広く分布する単糖である．5個のヒドロキシ基をもつアルデヒドで，多価アルコールおよびアルデヒドの性質を兼ね備えている．通常の簡単なアルデヒドと最も異なる点は，ヘミアセ

---

[1] D−, L− の区別は，カルボニル基から最も遠い不斉炭素原子の立体配置を示しているだけで，そのほかの不斉炭素原子については何もいっていない．フィッシャー投影式で，この不斉炭素原子につく OH が右を向いたものが D− 配置である．

タール構造が非常に安定に存在することである．5位のヒドロキシ基とアルデヒド基との間で分子内ヘミアセタールが形成され，安定な6員環の形となる．このような6員環構造をもつ単糖を**ピラノース**（pyranose）という．D-グルコースの例を下に示す．ヘミアセタールを形成すると，sp^2混成のカルボニル炭素原子はsp^3混成の炭素原子となる．この炭素は不斉炭素原子であるからヒドロキシ基の向きにより立体異性体が生じる．新たにできたOH基が5位の炭素につく$-CH_2OH$に対してトランスの配置となる異性体をα形，シス異性体をβ形とよぶ[1]．

これら糖の環状構造を示すには，ハース（Haworth）投影式が便利である．

環構造になることによって新たに不斉中心となった炭素原子をアノマー性炭素原子（anomeric carbon）とよび，この炭素原子の立体配置だけが互いに逆の関係にある環状単糖のジアステレオマーを**アノマー**（anomer）とよぶ．α-D-グルコースとβ-D-グルコースは互いにアノマーの関係にある．α-およびβ-D-グルコースは，再結晶の温度や溶媒を変えることにより，それぞれ純粋な固体と

---

1) 通常，$-CH_2OH$はequatrialに描くので，α形は$-OH$が環の下を向き，β形は上を向く．

して単離することができる．

　純粋な α-D-グルコースの調製直後の水溶液は $+113°$ の比旋光度を示すが，これを放置すると $+52.5°$ となる．一方，純粋な β-D-グルコースの比旋光度は $+19°$ である．しかし，これも放置すると次第に変化してやはり $+52.5°$ になる．このように，比旋光度が次第に変化して，ついに平衡に達する現象を**変旋光** (mutarotation) という．変旋光は，溶液中で α 形と β 形の間に平衡が成立することに起因する．相互変換は環の開いたアルデヒド形を経て起こるが，この形が存在する割合は 0.05 % 以下である．わずかとはいえ平衡移動によりアルデヒド形が現れることから，グルコースはアルデヒドの反応性を示し，フェーリング液の還元，銀鏡反応，オキシムとの縮合 (11·5 節)，フェニルヒドラジンとの縮合 (11·5 節) などの反応が起こる．

　D-フルクトース (fructose) はケトースの代表的な例である．D-フルクトースにはアルデヒド基が存在しないが，還元性を示す．これは，α-ヒドロキシケトンの構造 $-\underset{\underset{\text{OH}}{|}}{\text{CH}}-\underset{\underset{\text{O}}{\|}}{\text{C}}-$ が塩基性の条件下で酸化されやすいためである．

　D-フルクトースはピラノース環構造のほか，5位のヒドロキシ基とケトン基がヘミアセタールを形成して5員環になる．5員環構造をもつ単糖を**フラノース** (furanose) という．ふつうの果糖は β-D-フルクトースである．

α-D-フルクトース
(α-D-フルクトフラノース)　　　D-フルクトース　　　β-D-フルクトース
(β-D-フルクトフラノース)

14·3　二　糖

　2分子の単糖から，水1分子が失われて縮合した構造をもつものが二糖である．マルトース (maltose) は2個の D-グルコース単位からなる二糖で，麦芽糖

ともいう．一方の α-D-グルコースのアノマー性ヒドロキシ基と，もう一方の D-グルコースの4位のヒドロキシ基の間で脱水縮合した構造をもつ．

β-マルトース
〔$1,4'$-α-グリコシド結合〕

アノマー性ヒドロキシ基が関与するエーテル結合を**グリコシド結合**（glycoside linkage）といい，マルトースの場合のように α 形アノマーがつくるグリコシド結合を α-**グリコシド結合**という[1]．マルトースを構成するグルコース単位の一方にはヘミアセタール構造が残っているので，開環してアルデヒド形になることができる．したがってマルトースは還元性を示す．

スクロース（sucrose）はショ糖ともいい，α-D-グルコースのアノマー性ヒドロキシ基と β-D-フルクトースの2位のヒドロキシ基がグリコシド結合で結びついた二糖である．このどちらの成分にもヘミアセタール構造がないので，開環してアルデヒド形にはなりえず，還元性を示さない．

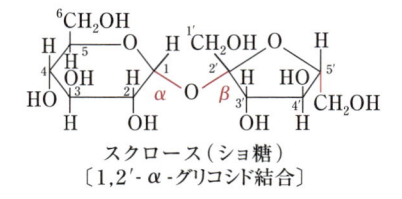

スクロース（ショ糖）
〔$1,2'$-α-グリコシド結合〕

14・4 多 糖

デンプン（starch）はアミロペクチン（amylopectin）とよばれる水に不溶性の部分（約80％）と，アミロース（amylose）とよばれる水溶性の部分（約20％）からできている．いずれも分子式は $(C_6H_{10}O_5)_n$ で表される．アミロースは200〜400個くらいの D-グルコース単位が1位と4位のヒドロキシ基で縮合し

1）β 形アノマーがつくるグリコシド結合は，β-グリコシド結合という．

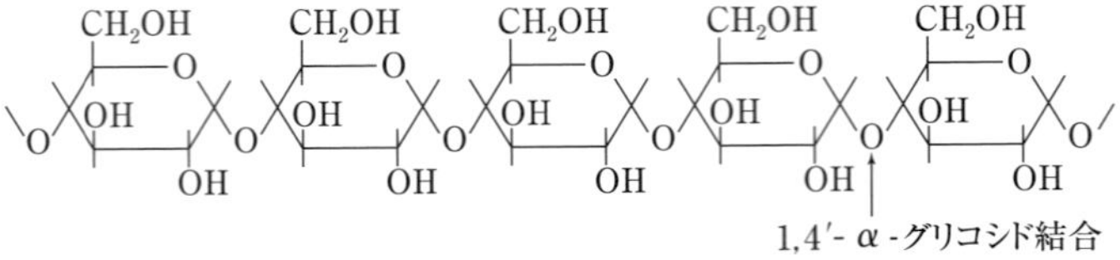

図 14.1　アミロース

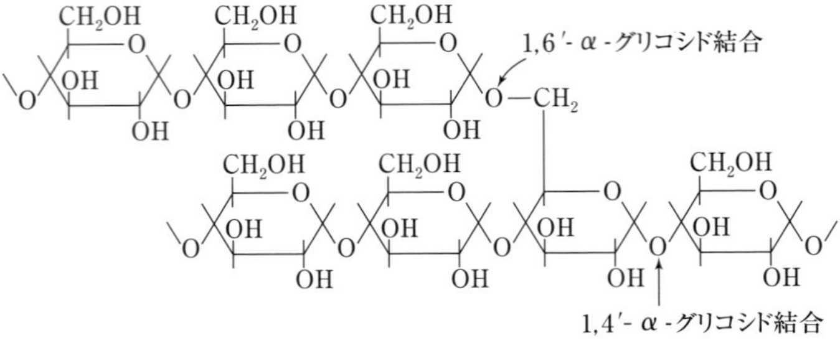

図 14.2　アミロペクチン

て直鎖状につながった高分子物質である（**図 14.1**）．アミロペクチンも D-グルコースの縮合体であるが，1,4-縮合のほか，鎖の途中で6位のヒドロキシ基が α-グリコシド結合によりほかの鎖と結びついた部分をもち，高度に枝分かれした構造をもつ（**図 14.2**）．アミロペクチンの分子量はアミロースより相当大きく，平均 1000 〜 5000 個のグルコース単位からできている．

デンプンに酵素のアミラーゼを作用するとマルトースが得られる．

デンプンを希硫酸と煮沸していると完全に加水分解されてグルコースになるが，反応を途中で中断すると種々の程度の加水分解生成物の混合物が得られる．これをデキストリン（dextrin）という．デキストリンの中には，グルコース単位が 6 〜 8 個連なって環を形成するものがある（**図 14.3**）．この種の**シクロデキストリン**（cyclodextrin）は気体や多くの有機化合物を環の内部の筒型の空洞にとり入れ，包接化合物をつくる．ヨウ素の包接体は深青色を呈する．

アミロースやアミロペクチンにも，6個のグルコース単位で一巻きとなるようならせん構造があり，ヨウ素分子を取り込んで着色する．

セルロース（cellulose）は $(C_6H_{10}O_5)_n$ の分子式で表され，D-グルコースが

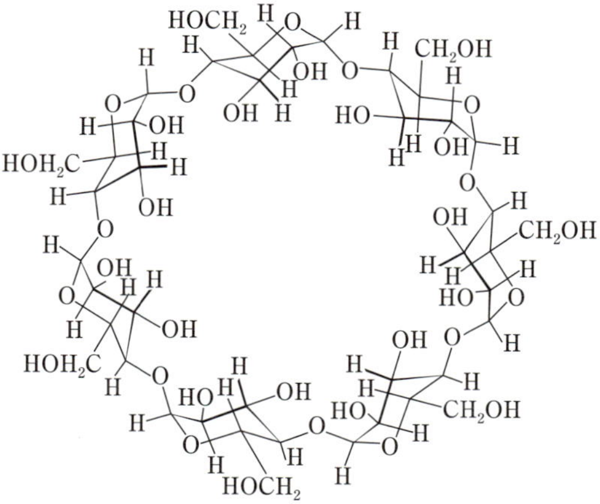

図 14.3 シクロデキストリンの例
（α-D-グルコース7分子からなる）

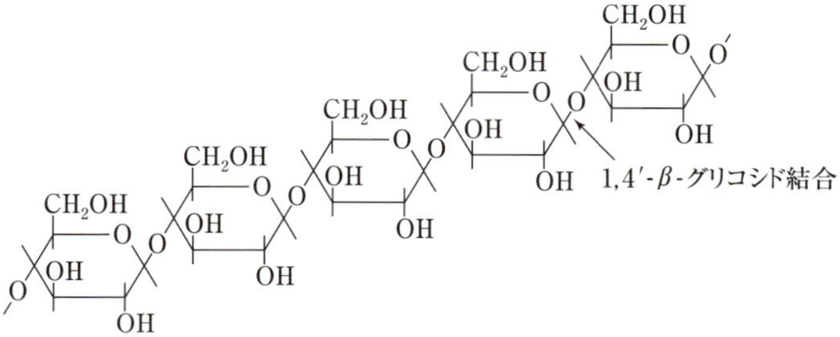

図 14.4 セルロース

1,4-縮合してできる直鎖状の分子である（**図 14.4**）．ただし，アミロースが α-グリコシド結合でつながっているのに対し，セルロースは β-グリコシド結合で結ばれている．単位となる D-グルコースは 300〜2500 個くらいある．セルロースを希塩酸で加水分解すると D-グルコースになるが，加水分解の速度はデンプンよりもずっと遅い．

14·5 脂 質

脂質（lipid）は水に不溶性で，ベンゼン，エーテルなどの有機溶媒により抽出

される細胞内有機化合物の総称である．この定義は物理的性質に基づいたもので，構造的には多様な化合物が含まれる．長鎖カルボン酸（脂肪酸）のエステルは脂質の代表的な例である．また，14・6節で述べるテルペンやステロイド類も脂質として扱われる．

ろう（wax）は，脂肪酸と長鎖一価アルコールとのエステルを主成分とする天然の物質である．

$$\text{パルミチン酸ヘキサデシル} \quad C_{15}H_{31}COOC_{16}H_{33}$$
鯨ろう（マッコウクジラの頭から得られる）の主成分
$$\text{パルミチン酸トリアコンチル} \quad C_{15}H_{31}COOC_{30}H_{61}$$
蜜ろう（ミツバチの巣から得られる）に含まれる

脂肪酸とグリセリンのエステルは一般に**グリセリド**（glyceride）とよばれ，**油脂**の主成分として動植物中に存在する．油脂のうち，飽和脂肪酸のグリセリドを主成分とするものは常温でろう状のやわらかい固体で，脂肪（fat）とよばれる．不飽和脂肪酸を主成分とするものは室温で粘性の大きい液体で，脂肪油（fatty oil）とよばれる．

$$\begin{array}{c}CH_2-OH\\CH-OH\\CH_2-OH\\\text{グリセリン}\end{array} + 3RCOOH \longrightarrow \begin{array}{c}CH_2-O-\underset{\underset{O}{\|}}{C}-R\\CH-O-\underset{\underset{O}{\|}}{C}-R\\CH_2-O-\underset{\underset{O}{\|}}{C}-R\\\text{グリセリド}\end{array}$$

表 14.1 油脂を構成する脂肪酸の例

構　造	名　称
$CH_3(CH_2)_{12}COOH$	ミリスチン酸
$CH_3(CH_2)_{14}COOH$	パルミチン酸
$CH_3(CH_2)_{16}COOH$	ステアリン酸
$CH_3(CH_2)_7CH\overset{9}{=}CH(CH_2)_7\overset{1}{C}OOH$	オレイン酸
$CH_3(CH_2)_4CH\overset{12}{=}CHCH_2CH\overset{9}{=}CH(CH_2)_7\overset{1}{C}OOH$	リノール酸

14・5 脂質

　油脂のグリセリド1分子を構成する3個の脂肪酸は必ずしも同一ではない. 一般に, これら脂肪酸の炭素数は偶数個で, 二重結合がある場合は *cis* 形の立体配置である.

　油脂の成分となる脂肪酸の例を**表 14.1**に示す.

　飽和脂肪酸のグリセリドは, ねじれ形配座の炭素鎖が規則正しく並んで分子同士が結晶のように充てんされやすいため固体となりやすい. 不飽和結合が入ると分子の構造に不規則性が増し, 分子同士がきちんと配列できないので固体になりにくくなる (**図 14.5**).

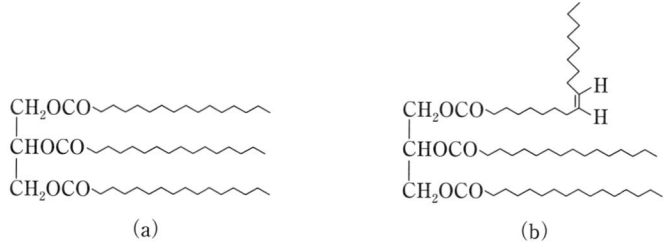

図 14.5 (a) 飽和脂肪酸だけからなる高融点のグリセリドのモデル
(b) 不飽和脂肪酸を含む低融点のグリセリドのモデル

　不飽和カルボン酸のグリセリドをNi触媒の存在で水素化すると飽和グリセリドに変換され, 融点の高い油脂となる.

　油脂を水酸化ナトリウムでけん化するとグリセリンと脂肪酸のナトリウム塩, すなわち石けんが生成する.

グリセリド　　　　　　　　　グリセリン　　カルボン酸ナトリウム
　　　　　　　　　　　　　　　　　　　　　（石けん, 種々の長鎖
　　　　　　　　　　　　　　　　　　　　　カルボン酸塩の混合物）

　石けんの分子は, 極性のない長い炭化水素鎖と, 極性の高い塩の部分から構

成されている．親油性の炭化水素鎖部が油の汚れを取り囲むので，外側に親水性のイオン部分が集まり，水と接触する．これにより，石けんは油を水中に引き出すことができ，洗浄作用を示す．

リン酸とグリセリンとのエステルは**リン脂質**（phospholipid）とよばれ，生物の細胞膜の形成に重要な役割を果たしている．基本となる構造は石けんに似て，無極性の長い炭化水素基（R, R′）と，水に溶けるイオン性の部分からできている．

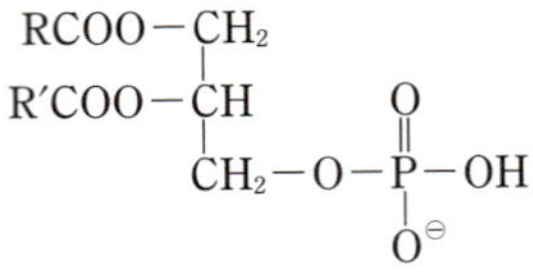

14・6　テルペンとステロイド

テルペン（terpene）は植物の精油成分で，$(C_5H_8)_n$ の組成をもつ炭化水素とその水素付加体およびそれらの誘導体の総称である[1]．構成単位となる C_5 はイソプレン $CH_2=C(CH_3)-CH=CH_2$ であり，テルペンは2個以上のイソプレン分子が結合した形の炭素骨格からなる[2]．テルペンとそれを含む植物の例を下に示す．

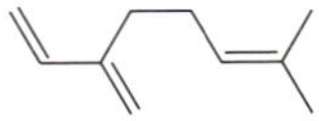

ミルセン
（げっけい樹）

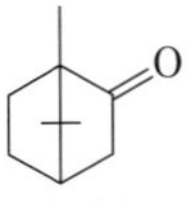

ショウノウ
（くすのき）

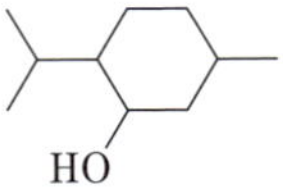

メントール
（はっか）

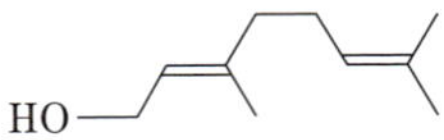

ゲラニオール（バラ）

ステロイド（steroid）も，イソプレンが骨格の構成単位となった化合物と見

---

[1] イソプレン単位が2（炭素数10）のものをモノテルペン，単位3（炭素数15）をセスキテルペン，単位4（炭素数20）をジテルペン，単位6（炭素数30）をトリテルペンとそれぞれよぶ．

[2] イソプレンそのものがテルペンの生合成前駆体というわけではない．

なされる．基本骨格はシクロヘキサン環3個とシクロペンタン環1個からなる．コレステロールなどのステロール類（ステロイド骨格をもつアルコール類），テストステロン，プロゲステロンなどの性ホルモン，コルチコステロンなどの副腎皮質ホルモンなどがあり，いずれも身体の機能調節に重要な役割をもつ．

ステロイド骨格

コレステロール

テストステロン

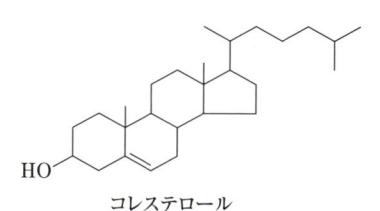

プロゲステロン

14·7 アミノ酸

アミノ基とカルボキシル基とをもつ化合物を**アミノ酸**（amino acid）という（**表 14.2**）．アミノ基が結合している炭素原子がカルボキシル基の α 位か，β 位か … に応じて，それぞれ α-アミノ酸，β-アミノ酸 … とよぶ．

多数のアミノ酸がアミノ基とカルボキシル基の間で**ペプチド結合**をつくって縮合した構造の化合物は**ポリペプチド**（polypeptide）とよばれ[1]，**タンパク質**（protein）の基本構造となる．

$$\cdots-NH-\underset{R}{CH}-\underset{O}{C}-NH-\underset{R'}{CH}-\underset{O}{C}-NH-\cdots$$

　　　　　　ペプチド結合

タンパク質の構成単位となるアミノ酸は 20 種類あり，すべて α-アミノ酸で

---

[1] アミノ酸からなるアミド結合をペプチド結合とよぶ．

表 14.2 タンパク質を構成するアミノ酸の例

名　称	略号	構　造　式	等電点
グリシン	Gly	H_2N-CH_2-COOH	5.97
アラニン	Ala	$CH_3-\underset{\underset{NH_2}{\mid}}{CH}-COOH$	6.01
ロイシン	Leu	$\underset{\underset{CH_3}{\mid}}{CH_3-CH}-CH_2-\underset{\underset{NH_2}{\mid}}{CH}-COOH$	5.98
チロシン	Tyr	$HO-\underset{}{\bigcirc}-CH_2-\underset{\underset{NH_2}{\mid}}{CH}-COOH$	5.66
システイン	Cys	$HS-CH_2-\underset{\underset{NH_2}{\mid}}{CH}-COOH$	5.07
グルタミン酸	Glu	$HOOC-CH_2-CH_2-\underset{\underset{NH_2}{\mid}}{CH}-COOH$	3.22
アスパラギン酸	Asp	$HOOC-CH_2-\underset{\underset{NH_2}{\mid}}{CH}-COOH$	2.77
アルギニン	Arg	$\underset{}{\overset{\overset{NH_2}{\mid}}{HN=C}}-NH-(CH_2)_3-\underset{\underset{NH_2}{\mid}}{CH}-COOH$	10.76

ある.また,R=H のグリシンを除いていずれも L-系列の立体配置をもつ光学活性体である.

アミノ酸は,酸性のカルボキシル基と塩基性のアミノ基をもつので両性(amphoteric)を示し,塩酸や水酸化ナトリウムと反応してそれぞれ塩をつくる.結晶では**双性イオン**(zwitterion)として存在するために,融点は比較的高く,有機溶媒よりも水に溶けやすい.水溶液中でも主に双性イオンの状態にあるが次のような平衡が存在する.塩基を反応させると $-NH_3^+$ が $-NH_2$ となって塩基型イオンが増え,酸を反応させると $-COO^-$ が $-COOH$ になって酸型イオンが増す.$-NH_3^+$ イオンと $-COO^-$ イオンの濃度が等しいときの水溶液のpH を**等電点**(isoelectric point)という.等電点では双性イオンの濃度が最大となる.等電点 (pI) はカルボキシル基の pK_a (pK_{a1}) とアミノ基の共役酸 $-NH_3^+$ の pK_a (pK_{a2}) の平均の値として算出できる $\left(pI = \dfrac{1}{2}(pK_{a1} + pK_{a2})\right)$.

14·7 アミノ酸

$$\underset{\text{酸型イオン}}{\underset{|}{\overset{|}{\text{R}-\text{CH}-\text{COOH}}}} \underset{\text{H}^+}{\overset{\text{OH}^-}{\rightleftarrows}} \underset{\text{双性イオン}}{\underset{|}{\overset{|}{\text{R}-\text{CH}-\text{COO}^-}}} \underset{\text{H}^+}{\overset{\text{OH}^-}{\rightleftarrows}} \underset{\text{塩基型イオン}}{\underset{|}{\overset{|}{\text{R}-\text{CH}-\text{COO}^-}}}$$

アラニン塩酸塩の水溶液を水酸化ナトリウム水溶液で滴定していくと, pHの増加にしたがって, 存在するイオン種は, **図 14.6** のように変化する.

α 位の側鎖部分に酸性部位をもつアミノ酸 (酸性アミノ酸) では等電点はより酸性側にずれ, 塩基性部位をもつアミノ酸 (塩基性アミノ酸) ではより塩基性側にずれる.

アミノ酸のカルボキシル基やアミノ基は, おのおのの官能基の反応性を示す. たとえばカルボキシル基はエステルに, アミノ基はアミドに変換される. これらの反応はアミノ酸を順序正しく結合してポリペプチドを合成するさい, 官能基の保護に用いられる (14·9 節).

アミノ酸は, ニンヒドリンと反応して青紫色の生成物を生じる. この呈色反応は**ニンヒドリン反応**とよばれ, アミノ酸の検出や定量分析に用いられる.

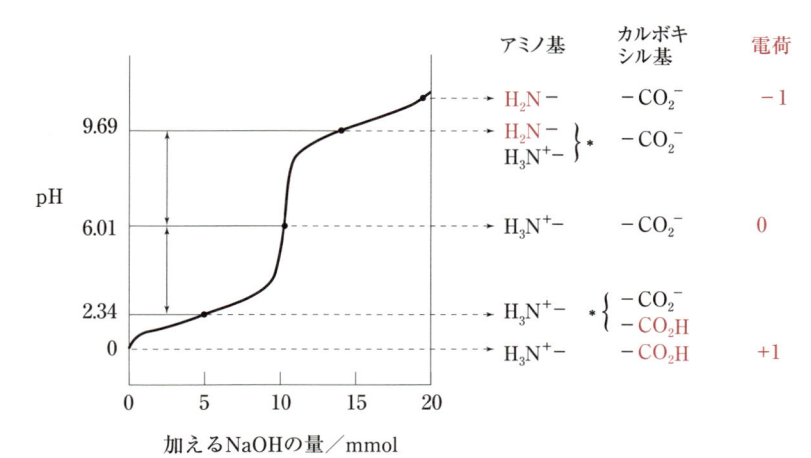

図 14.6 アラニン塩酸塩 (10 mmol) の NaOH による滴定
pI = 6.01, pK_{a1} = 2.34, pK_{a2} = 9.69   * 1 : 1 で存在する.

γ- および δ-アミノ酸は，加熱すると分子内の脱水反応により環状化合物を生成する．このような環状分子内アミドを**ラクタム** (lactam) という．

14·8　タンパク質

アミノ酸がペプチド結合 −CO−NH− で結ばれて生じるペプチドは，構成単位のアミノ酸の数 2, 3, 4, … により，ジペプチド，トリペプチド，テトラペプチド … とよばれる．タンパク質は少なくとも 100 個以上のアミノ酸からなるポリペプチドである．アミノ酸の配列順序をタンパク質の**一次構造**という．

ポリペプチドの一次構造を表すとき，構成単位となるアミノ酸の略号（表 14.2）を使い，左側に遊離のアミノ基をもつ末端のアミノ酸を，右側に遊離のカルボキシル基をもつ末端のアミノ酸を書く．これらのアミノ酸は，それぞれ N-末端残基，C-末端残基とよばれる．

$$H_2N-CHR-CO-NH-\cdots\cdots-CO-NH-CHR'-COOH$$

N-末端残基　　　　　　　　　　　　　　　　　　　　　　C-末端残基

トリペプチド　Gly-Leu-Tyr

ポリペプチドの構造を決定するには，構成成分となるアミノ酸の種類とそれらの配列の順序を明らかにしなければならない．末端のペプチド結合から 1 個ずつ切断する反応を繰り返し，そのたびに遊離するアミノ酸を同定すれば，ア

ミノ酸の種類と配列がわかる．N-末端を切断することにより，ポリペプチド鎖を順次短くしていく方法として，**エドマン**（Edman）**分解**が用いられる[1]．

$$\underset{\underset{R_1}{|}}{H_2N-\overset{\overset{H}{|}}{C}-CO}-NH-\underset{\underset{R_2}{|}}{\overset{\overset{H}{|}}{C}}\cdots \xrightarrow[\text{フェニルイソチオシアナート}]{C_6H_5-N=C=S} C_6H_5-N\underset{\underset{O}{\|}}{\overset{\overset{S}{\|}}{\underset{}{}}}\underset{R_1}{\overset{}{CH}}NH + H_2N-\underset{\underset{R_2}{|}}{\overset{\overset{H}{|}}{C}}$$

フェニルチオヒダントイン誘導体

　生理活性のあるタンパク質は立体的に一定の規則的繰り返し構造をもつ．その基本構造は α-らせんと β-シートの二つの構造である．いずれも，ペプチド結合が平面構造をとりやすいこと（12・6節）と，水素結合を最も多く形成するための必然的な構造と考えられる．このような繰り返し構造を，タンパク質の**二次構造**という．

　タンパク質はさらに，らせん構造の鎖が特殊な折りたたまれ方をし（三次構造），そのような折りたたみ構造同士がお互いに絡み合って（四次構造），複雑な立体構造をとる．

14・9　ポリペプチドの合成

　アミノ酸をつないでペプチドを合成するさい，特定のアミノ基とカルボキシル基だけを反応させ，目的のペプチド結合に導く必要がある．たとえば，グリシンとアラニンの混合物からは，アミノ基とカルボキシル基の組み合わせを考えれば，4種類のジペプチドが生じてしまう．このため，アラニルグリシンを合成したい場合，N-末端残基，すなわちアラニンのアミノ基を保護してから酸塩化物に導き，これを C-末端残基を保護したグリシンと反応させる．こうすれば，アラニンのカルボキシル基とグリシンのアミノ基の間でのみペプチド結合が形成される[2]．

---

[1] ポリペプチドにフェニルイソチオシアナートを反応させると，N-末端のアミノ酸はフェニルチオヒダントイン誘導体として遊離するので，これを同定してアミノ酸の種類を決める．
[2] ペプチド結合形成試薬としてジシクロヘキシルカルボジイミド（DCC）がふつう用いられる．$C_6H_{11}-N=C=N-C_6H_{11}$

最後に，保護基を Pd 触媒で水素化還元して除去し，アラニルグリシンが得られる．

$$\underbrace{C_6H_5-CH_2-O-\underset{\underset{O}{\|}}{C}}_{\text{保護基}}-NH-\underset{CH_3}{\underset{|}{C}H}-COOH$$

$$H_2N-CH_2-\underset{\underset{O}{\|}}{C}-\underbrace{O-CH_2-C_6H_5}_{\text{保護基}}$$

$\xrightarrow{DCC}$

$$C_6H_5CH_2OCO-NH\underset{\underset{CH_3}{|}}{C}HCO-NHCH_2COO-CH_2C_6H_5 \xrightarrow{H_2}{Pd} H_2N-\underset{\underset{CH_3}{|}}{C}HCONHCH_2-COOH$$

アラニルグリシン

アミノ基の保護基としては，ベンジルオキシカルボニル基や t-ブトキシカルボニル基などが使われる．

$$\underbrace{C_6H_5-CH_2-O-\underset{\underset{O}{\|}}{C}-NH-}_{\text{略号 Cbz または Z}} \qquad \underbrace{CH_3-\underset{\underset{CH_3}{|}}{\overset{\overset{CH_3}{|}}{C}}-O-\underset{\underset{O}{\|}}{C}-NH-}_{\text{略号 Boc}}$$

カルボキシル基の保護には，ベンジルエステル，t-ブチルエステルなどが用いられる．

$$-\underset{\underset{O}{\|}}{C}-O-\underbrace{CH_2-C_6H_5}_{\text{略号 Bzl}} \qquad -\underset{\underset{O}{\|}}{C}-O-\underbrace{\underset{\underset{CH_3}{|}}{\overset{\overset{CH_3}{|}}{C}}-CH_3}_{\text{略号 }t\text{-Bu}}$$

これらの保護基は，ペプチド結合の形成反応を終えたのちは，いずれも容易に取りはずすことができる．

ポリペプチドの合成に含まれる反応の種類はペプチド結合の形成反応一つだけである．これに着目した固相ペプチド合成は自動合成機の開発を可能にした．

固相ペプチド合成では，ポリスチレン樹脂に C-末端残基のカルボキシル基

をエステルの形で結合させ，このアミノ酸のアミノ基に対して，アミノ基を保護した別のアミノ酸を反応させてペプチド結合をつくる．樹脂の末端となったアミノ基の保護をはずし，次のアミノ酸を同様にして反応させ，N-末端残基に至るまで順次繰り返す．ペプチド結合を形成させるたびに，液相に残った過剰の試薬を洗浄し，最後に，樹脂とポリペプチドを無水フッ化水素酸により分離する．自動合成機では，以上の一連の反応が自動的に行われる．

問　題

1 次の糖について，環状ヘミアセタール構造のハース投影式およびいす形配座を描け．ただし (a) については α 形，(b) については β 形を示せ．

(a)
```
    CHO
HO──H
H ──OH
H ──OH
H ──OH
    CH₂OH
```

(b)
```
    CHO
HO──H
HO──H
HO──H
H ──OH
    CH₂OH
```

2 次の糖をカルボニル構造のフィッシャー投影式で書け．

(a) (ピラノース構造の図)
(b) (フラノース構造の図)

3 トレハロース (trehalose) は次の構造をもつ二糖である．

(トレハロースの構造図)

a) トレハロースはフェーリング液を還元するか．またはしないか．
b) トレハロースの加水分解生成物をハース投影式またはフィッシャー投影式で示せ．

4 グルコースをアルカリ溶液中で加熱すると，グルコース，マンノース，フルクトースの混合物になる．この異性化の機構を，破線で囲った部分構造に注目し，カルボニル基のケト-エノール互変異性により説明せよ．

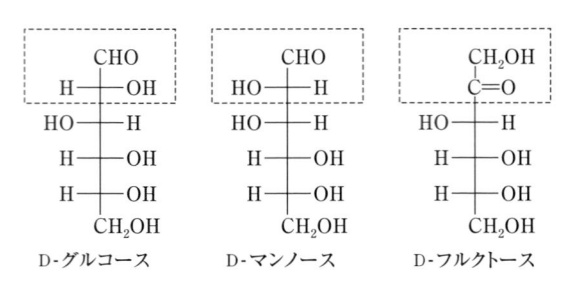

```
    ┌─────────┐        ┌─────────┐        ┌─────────┐
    │  CHO    │        │  CHO    │        │ CH₂OH   │
    │ H──OH   │        │ HO──H   │        │  C=O    │
    └─────────┘        └─────────┘        └─────────┘
     HO──H              HO──H              HO──H
     H──OH              H──OH              H──OH
     H──OH              H──OH              H──OH
     CH₂OH              CH₂OH              CH₂OH
    D-グルコース        D-マンノース        D-フルクトース
```

5 セロビオースはセルロースの部分加水分解で得られる二糖である．セロビオースをいす形で描き，β-マルトースに記した例にならってグリコシド結合を記述せよ．

6 純粋な α-D-グルコースと β-D-グルコースの比旋光度はそれぞれ $+113°$，$+19°$ である．また α 形と β 形の平衡溶液の比旋光度は $+52°$ である．二つのアノマーの存在比を求めよ．ただし，平衡点で α 形と β 形以外の異性体は存在しないものとする．

7 14·6 節の図に示したテルペンの構造は，イソプレン分子の炭素骨格がどのように結びついて形成されたものか．それぞれ，イソプレン単位ごとの区切りを示せ．

8 14·6 節の図に示したステロイドの炭素骨格について，どのシクロヘキサン環もいす形として立体的に描け．

9 あるペプチドを加水分解して，生成するアミノ酸を分析したところ，次のような結果になった．このペプチドの実験式を求めよ．

　　Ala 1.78 μmol　　Gly 0.60 μmol　　Tyr 1.21 μmol

10 Gly-Ala-Leu について
　a) 完全な構造式を書け．
　b) 構造異性体の関係にあるすべてのトリペプチドを，略号表記で示せ．

15 π共役化合物と分子軌道

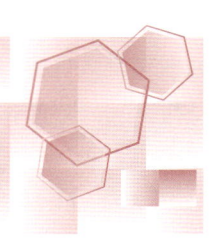

　π共役化合物の反応性については，これまで共鳴やメソメリー効果に基づいて学習してきた．しかし，π電子の状態を共鳴だけで理解することは，とうてい不可能である．現代では，分子軌道の考え方が欠かせない基本原理となっている．本章では，分子軌道を使ったπ共役化合物の化学の一端に触れてみよう．

15·1　π電子の分子軌道

　原子では1個の核に対して原子軌道 $1s$, $2s$, $2p_x$, $2p_y$, $2p_z$, … が存在し，それぞれの原子軌道に電子が収容される（第2章）．分子でも同様に，分子を構成する全原子の核をひとまとめに見て，核と電子の関係を考える．ここで，すべての核を巡り分子全体にわたって分布する電子の状態を記述するのが**分子軌道**（molecular orbital）である．

　分子軌道も原子軌道のように，とびとびの固有のエネルギーと固有の形（電子の存在確率で示される）をもつ．一つの分子軌道にはスピンの向きを逆にして電子が2個ずつ収容され，エネルギーの低い安定な分子軌道から順に電子は詰まっていく．

　π結合をつくるp軌道の電子は，s軌道の電子やσ結合の電子に比べ核からの引力を受けにくいので，より高いエネルギーをもつ．そこで，π結合の電子だけを取り出して，独立に分子軌道を考えることにする．これを**π電子近似**という[1]．既に第2章で述べたエチレンのπ結合は，分子軌道をπ電子近似で考えていたことになる．エチレンの例のように，π電子の分子軌道は，sp^2 炭素

---

1) π電子近似で，共役π電子系の分子軌道のエネルギーと電子の存在確率をもとめる方法を単純ヒュッケル分子軌道法（HMO法）という．

原子の混成に参加していない p 軌道をつなぎ合わせることによりでき上がる[1].

15·2　HOMO と LUMO

共役二重結合からなる 1,3-ブタジエンでは，4 個の sp^2 炭素原子が出し合った p 軌道をつなぎ合わせることにより，4 個の分子軌道が形成される．ブタジエンの分子軌道のエネルギー順位と，それぞれの分子軌道における電子分布を図 15.1 に示す．四つのうちの二つは，分子軌道をつくる前に電子が収容されていた p 軌道のエネルギーよりも低いエネルギーをもつ．他の二つは，p 軌道よりも高いエネルギーにある．エネルギーの低いものを**結合性軌道** (bonding orbital)，高い方を**反結合性軌道** (antibonding orbital) とよぶ．ブタジエンの 4 個の π 電子は，すべて結合性分子軌道に収まる[2].

電子の詰まった分子軌道のうち，最もエネルギーの高い軌道を**最高被占軌道**（**HOMO**）[3]とよぶ．空の分子軌道のうち，最もエネルギーの低い軌道を**最低空**

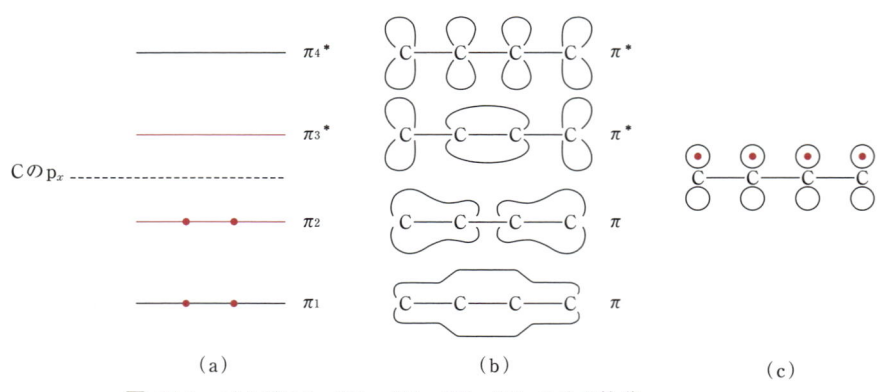

図 15.1　ブタジエン $CH_2=CH-CH=CH_2$ の分子軌道．
(a) エネルギー準位．π_2 が HOMO，π_3^* が LUMO となる．
(b) 各分子軌道における電子の分布
(c) 分子軌道のもととなる p 軌道

---

1) 分子軌道は，原子軌道の線形結合によって表されるものと近似する．これを linear combination of atomic orbitals の頭文字をとって LCAO 近似とよぶ．
2) 反結合性軌道は * 印を付して示す．
3) highest occupied molecular orbital

軌道 (**LUMO**)[1] とよぶ．

二重結合の共役がさらに，3個，4個，… と伸びると，π電子の数が増えるので分子軌道の数も増える．それにつれて，HOMOのエネルギーは次第に上昇し，逆にLUMOのエネルギーは低下してくる（**図 15.2**）．

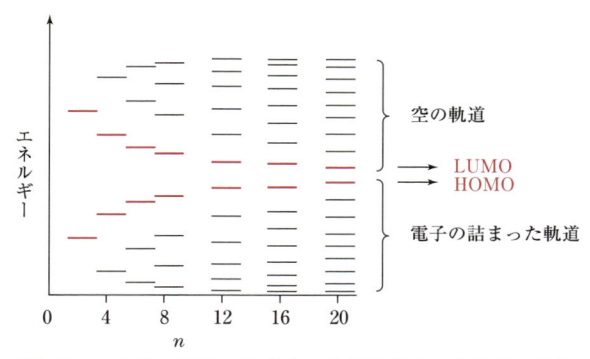

図 15.2 共役π電子の数 (n) と分子軌道のエネルギー準位

HOMOにある電子を無限に遠くへ引き離すのに要するエネルギーは分子の**イオン化エネルギー**（ionization energy）である．したがって，HOMOのエネルギーが高ければ，イオン化エネルギーは小さくなる．電子が取れやすいことは，酸化されやすいことに相当する．また，電子を与えやすいため，求電子攻撃を受けやすくなる．

一方，LUMOに電子を取り入れるときに放出されるエネルギーは**電子親和力**（electron affinity）である．LUMOのエネルギーが低いほど，電子親和力は大きく，電子を取り入れやすい．すなわち還元されやすい．また，電子を受け入れやすいので，求核攻撃が起こりやすくなる．

表 15.1にベンゼンの一置換体のイオン化エネルギーを示す．芳香族のベンゼン環は，酸化に対しても安定であるのが普通だが，アミノ基やヒドロキシ基のような電子供与性基が置換するとHOMOが上昇し，イオン化エネルギーが

---

[1] lowest unoccupied molecular orbital

表 15.1　ベンゼン置換体 X-C₆H₅ のイオン化エネルギー

X	イオン化エネルギー/eV
NH₂—	7.72
CH₃O—	8.21
C₂H₅—	8.77
H—	9.246
HCO—	9.49
NC—	9.62
O₂N—	9.86

低下する結果，酸化されやすくなり，また芳香族求電子置換反応（9・4 節）も容易になる．アニリンがさらし粉で酸化されたり，ヒドロキノンが写真の現像で還元剤に使われるのは，このためである．逆に，ニトロ基のように電子求引性置換基が導入されると，還元されやすく，求核反応を受けやすくなる（10・2 節）．

HOMO から 1 個の電子が取り除かれて酸化された結果，π 共役分子は不対電子を 1 個もつ陽イオンとなる．この分子種を**カチオンラジカル**という[1]．一方，LUMO に電子を 1 個受け入れ還元された状態は，不対電子を 1 個もつ陰イオンとなり，**アニオンラジカル**とよばれる[1]．

15・3　電子スペクトル

HOMO と LUMO のエネルギー差に相当する電磁波を照射された分子は，この電磁波をエネルギーとして吸収し，HOMO にある π 電子を 1 個，空の LUMO にもち上げて**励起状態**（excited state）となる．これを**電子遷移**（electronic transition）あるいは**電子励起**（electronic excitation）とよぶ．

吸収される電磁波の波長（λ）と分子軌道の間のエネルギー差（ΔE）の間には，次の関係がある．

$$\Delta E = h\nu = \frac{hc}{\lambda} \quad h：プランク定数，\nu：振動数，c：光速度$$

電子遷移の場合，波長 λ は紫外線（ほぼ 200〜400 nm）および可視光線（ほ

---

[1] カチオンラジカルは R⁺・，アニオンラジカルは R⁻・ のように表記されることが多い．

ぼ 400〜800 nm）の光に相当する．エネルギー差（ΔE）は化合物の π 共役のしかたや分子構造によって大なり小なり異なるので，化合物はそれぞれに特徴的な紫外・可視部の光を吸収する．どの波長の光がどの程度吸収されたかをグラフで表したものが，**電子スペクトル**（electronic spectrum）あるいは**紫外・可視吸収スペクトル**（UV/visible absorption spectrum）である．

図 15.3 に天然染料インジゴの電子スペクトルを示す．電子スペクトルは，π 共役分子の電子構造を推定したり，定性分析や定量分析の手段として用いられる．

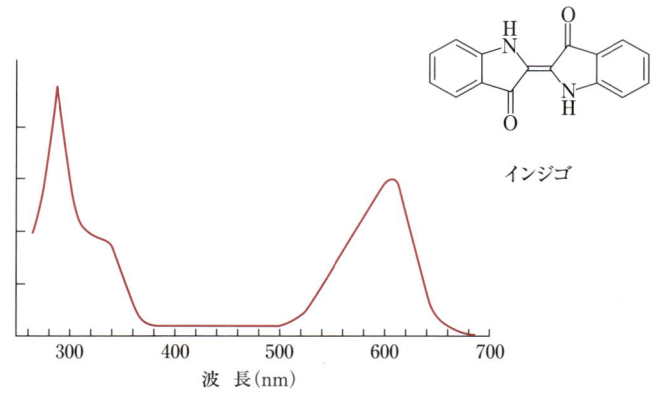

図 15.3 インジゴの電子スペクトル．たて軸は吸収の強さを目盛ってある．

15·4 有機化合物の色

有機化合物が電子遷移によって吸収する電磁波は，紫外線から可視光線にわたる．可視光線が吸収される場合には着色する．有機化合物の色は，吸収された可視光が除かれたあとの光，すなわち吸収された色の補色を目が感知した結果である．図 15.3 のインジゴは，橙色に相当する 600 nm の可視光線を吸収するので，その補色の青色が目に入る．

π 共役系が長いほど，HOMO と LUMO のエネルギー差が小さくなる（図 15.2）．したがって，より長波長の光（よりエネルギーの小さな光）を吸収する

ようになり，それが可視部の領域にまでおよべば着色することになる．エチレンやブタジエンは着色化合物ではないが，二重結合が 11 個も共役した β-カロテンは 484 nm の光を吸収し，赤い色をしている（5・4 節）．また，ナフタレンやアントラセンには色がないが，ナフタセンは黄色，ペンタセンは青い色の化合物である．sp^2 混成の炭素原子 60 個により形成される C_{60}（フラーレン）は赤い色をしている．

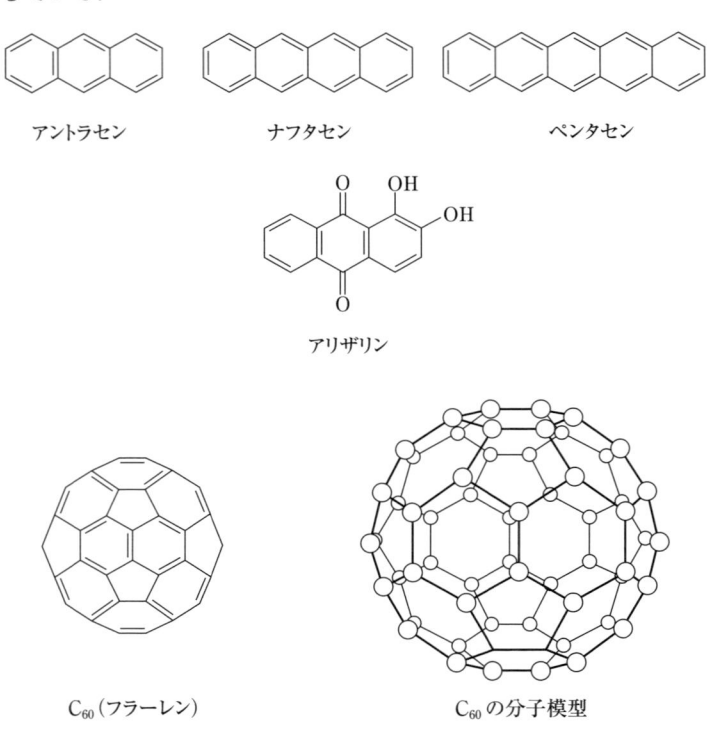

アントラセン　　　　ナフタセン　　　　　ペンタセン

アリザリン

C_{60}（フラーレン）　　　　C_{60} の分子模型

　天然の染料として用いられるアリザリン（茜の根）やインジゴ（藍の葉）は，発色の原因となる原子団として，$>C=C<$，$>C=O$，$-N=N-$ などの π 電子系の官能基を含んでいる．これらは発色団とよばれる．$-N=N-$ は特に有効な発色団となり，合成染料の化合物にも取り入れられている．
　光を吸収して励起状態にある分子が，もとの**基底状態**（ground state）にもどるとき，吸収したエネルギーをもう一度光として放出することがある．この光

には，**蛍光**（fluorescence）と**りん光**（phosphorescence）の 2 種類がある[1]．蛍光染料には，このような性質をもつ π 共役化合物が用いられている．たとえば，フルオレセインのアルカリ水溶液は緑黄色の蛍光を示す．

フルオレセイン

15・5 カルボニル基の分子軌道

有機化合物で最も多彩な振る舞いを見せるカルボニル基について，π 電子の分子軌道を考えてみよう．

カルボニル基の π 分子軌道は**図 15.4** のようになる．エチレンの π 軌道と同様に，カルボニル平面に垂直な面に結合性および反結合性 π 軌道がある．それぞれを π，π^* と記す．エチレンと異なる点は，酸素原子の sp^2 混成軌道が π 軌道の面と垂直に出ており，ここに酸素原子の非共有電子対が収まっていることである．この軌道は酸素と炭素を結びつける結合エネルギーに寄与しないことから，**非結合性軌道**（nonbonding orbital）あるいは n 軌道とよばれる．

共鳴の考え方によるカルボニル基の反応性は，大きく正に分極した炭素原子により特徴づけられた（11・1 節）．分子軌道の考え方でも，電子を受け入れる LUMO の空の軌道は大きく炭素原子の方に広がっており，高い電子供与性をも

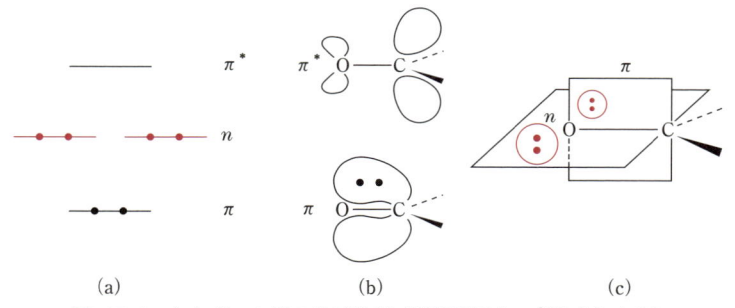

図 15.4 カルボニル基の分子軌道（酸素原子を sp^2 混成とする）
(a) エネルギー準位，(b) π 軌道の形，(c) n 軌道の方向，π と直交する面内

---

[1] 蛍光とりん光には明確な違いがあるが，ここでは触れない．

つ求核試薬が炭素原子上を攻撃することがわかる.

また，求電子試薬との反応では電子を最も与えやすい HOMO の軌道が反応するから，カルボニル基では n 軌道の非共有電子対が求電子攻撃を受ける．プロトンの付加は n 電子に向かって起こることになる．

カルボニル基において最もエネルギーの小さい電子遷移は n 軌道にある電子が 1 個，反結合性 π^* 軌道に励起される場合で，これを n-π^* 遷移とよぶ．

カルボニル化合物の電子スペクトルをエタノール中で測定すると，この n-π^* 遷移による吸収は，ヘキサンのような炭化水素溶媒中で測定したときよりもより短波長（高エネルギー）へ移動する[1]．エタノール中では酸素原子の非共有電子対に，溶媒からの水素結合 $\diagup$C=O…HO−R があり，n-π^* 遷移を起こすためにはこの水素結合を断ち切らなければならず，より多くのエネルギーを必要とするからである．

15・6 光化学反応

光を照射することにより進行する反応を **光化学反応** (photochemical reaction) という．光により電子励起された分子に特有の多種多様な反応が知られているが，いずれも分子軌道をもとに理解され，体系化されている．ここではカルボニル基の光化学反応を見てみよう．

カルボニル基の光化学反応の多くは n-π^* 励起により起こる．励起状態では反結合性軌道の電子は炭素原子の方に存在する確率が高く，基底状態を特徴づけていた $\diagup$C$^+$−O$^-$ の分極に逆らうことになり，むしろ，ビラジカル $\diagup$Ċ−Ȯ に似た振る舞いをする．

励起されたカルボニル分子は，水素供与体から水素原子をラジカルとして引き抜く．励起状態では n 軌道，π^* 軌道ともに電子は 1 個しか入っていないが，n 軌道の方が π^* 軌道よりも電子親和力が大きいから，孤立電子すなわち H· を

---

[1] 電子スペクトルにおけるこのような短波長側への移動を，浅色効果 (hypsochromic effect) または青色移動 (blue shift) とよぶ．逆に長波長側への移動は，深色効果 (bathochromic effect) または赤色移動 (red shift) とよばれる．

受容するのは n 軌道の方である．したがって，カルボニル基の酸素原子がラジカル受容部位となる．

たとえば，ベンゾフェノンの2-プロパノール溶液に紫外線を照射すると，アセトンとベンズピナコールが生成する[1]．光により電子励起したベンゾフェノンが水素を引き抜くとラジカルとなる．ここまでが励起状態の反応である．その先は，基底状態のラジカル反応でピナコールが生成する．

$$(C_6H_5)_2C=O \xrightarrow{h\nu} [(C_6H_5)_2C=O]^* \quad (励起状態)$$

$$[(C_6H_5)_2C=O]^* + (CH_3)_2CHOH \longrightarrow (C_6H_5)_2\dot{C}OH + (CH_3)_2\dot{C}OH$$
$$\qquad\qquad\qquad\qquad 2\text{-プロパノール}$$

$$(CH_3)_2\dot{C}OH + (C_6H_5)_2C=O \longrightarrow (CH_3)_2C=O + (C_6H_5)_2\dot{C}OH$$

$$2(C_6H_5)_2\dot{C}OH \longrightarrow (C_6H_5)_2\underset{OH}{C}-\underset{OH}{C}(C_6H_5)_2$$

ケトンでは，分子内で水素原子を引き抜く光反応も一般的である．6員環状の配置を取ることによって引き抜かれるので，カルボニル基の γ 位に水素原子が存在する場合に見られる．これをノリッシュⅡ型（Norrish Type Ⅱ）反応という．

カルボニル基の炭素を含む C−C 結合のラジカル開裂も，ケトンでは一般的に見られる光反応である．これはノリッシュⅠ型反応とよばれる．

---

1) 光反応であることを示すために，反応式の矢印の上に $h\nu$ と記す．

$$\text{R}-\underset{\underset{\text{O}}{\|}}{\text{C}}-\text{R}' \xrightarrow{h\nu} \text{R}-\underset{\underset{\text{O}}{\|}}{\text{C}}\cdot + \cdot\text{R}'$$

　光反応で生じる R−CO ラジカルは，主に，CO を脱離して R· ラジカルとなり，最終的には，R′· ラジカルとともに安定な生成物になる．

　緑色植物が光エネルギーを吸収し，二酸化炭素と水からグルコースを生成する**光合成**（photosynthesis）は，自然界で最も重要な光反応である．

15·7　ペリ環状反応

　鎖状の π 共役化合物が，次のように環状化合物になる異性化反応が知られている．

$$\text{(cis-1,3,5-ヘキサトリエン)} \xrightarrow{熱} \text{(1,3-シクロヘキサジエン)}$$

　この反応の機構は，イオン反応でもラジカル反応でもない．反応中間体は存在せず，π 軌道が環状につながった遷移状態を経て進行する．このような分子内反応を**電子環状反応**（electrocyclic reaction）とよぶ[1]．電子環状反応の特徴は，反応の立体化学に規則性があり，この規則性が分子軌道と密接に関係している点にある．

　たとえば，*trans, cis, trans*-2, 4, 6-オクタトリエンを加熱すると *cis*-5, 6-ジメチル-1, 3-シクロヘキサジエンが得られるが，*trans, cis, cis*-体からは *trans*-5, 6-ジメチル-1, 3-シクロヘキサジエンが生成する．電子環状反応は，立体特異的な反応ということができる．

---

1) 中間体が存在しないという点で，S_N2 反応に似ている．電子環状反応も，原料分子の π 結合が切れつつ，同時に生成物分子の新しい π 結合および σ 結合が形成されていく．

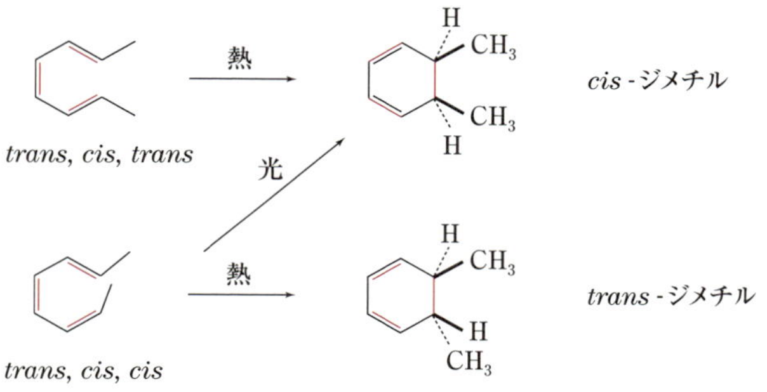

同様の閉環反応は*trans, cis, cis*−体に紫外線を照射しても起こる．しかし，光反応の場合は，もっぱら*cis*のジメチル体が生成する．熱反応も光反応も立体特異的であるが，立体化学的な結果は互いに逆ということになる．

この立体特異性の違いは，遷移状態において，熱反応ではHOMOのπ電子が，光反応ではLUMOのπ電子がそれぞれ閉じた軌道の輪を形成することにより説明できる．

分子内閉環反応のほか，分子間での**付加環化反応**（cycloaddition reaction）も電子環状反応と同様の機構で進行する．すなわち，遷移状態において，結合の変化に関係するすべての電子を含む環状共役系が形成される（**図 15.5**）．このとき，一方の分子のHOMOと他方の分子のLUMOの重なり方が遷移状態の安定性を支配し，反応の経路を決める．

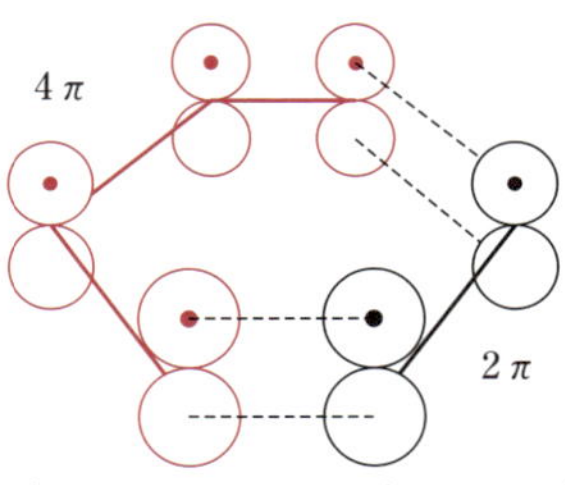

図 15.5　ジエン（ブタジエン）とジエノフィル（エチレン）の［4＋2］付加環化反応の遷移状態．
それぞれのp軌道からできるHOMOとLUMOのつながり方が反応性を支配する．この図では，HOMO，LUMOの成分となるp軌道で示している．

これにより，*trans,trans*-ヘキサジエンからは*cis*-ジメチル体が，*cis,trans*-ヘキサジエンからは*trans*-ジメチル体がそれぞれ立体特異的に生成することが説明される．

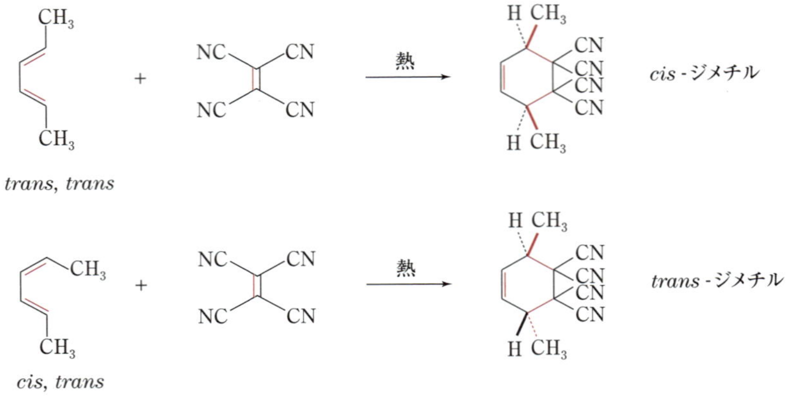

trans, trans

cis, trans

上に示した反応は，実はディールス-アルダー反応である．ディールス-アルダー反応は付加環化反応の典型例である[1]．

付加環化反応は，双方のπ共役系に含まれるπ電子の数 m, n によって，$[m+n]$付加環化のようによばれる．ディールス-アルダー反応は$[4+2]$付加環化ということになる（**図 15.5**）．

電子環状反応や付加環化反応は，まとめて**ペリ環状反応**（pericyclic reaction）とよばれる．

問題

1 次の各分子あるいはイオンのπ分子軌道には，合計何個のπ電子が収容されているか．

a) CO_3^{2-}　　b) $CH_2=CH-CH=CH-CH=CH_2$
c) NO_2　　d) $CH_2=CH-CH_2^+$

---

[1] ディールス-アルダー反応は立体特異的であったことを思い出そう．

2 ベンゼンおよびシクロペンタジエニルアニオンの分子軌道のエネルギー順位は図のようになる．それぞれ，π電子はどのように収容されているか．また，ベンゼンのアニオンラジカルではどうか．図 15.1 (a) に倣って示せ．

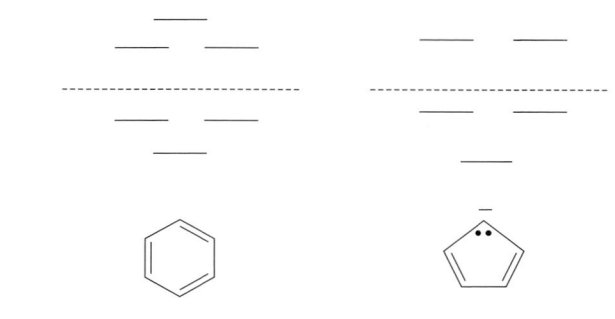

3 ベンゾキノンが LUMO に電子を 1 個受け入れてアニオンラジカルとなった状態を共鳴で考えると，どのような極限構造式で表されるか．

4 中和滴定の指示薬として用いられるある化合物は，酸性およびアルカリ性で次のような構造変化を示す．この指示薬は酸性とアルカリ性のどちらで着色すると考えられるか．

5 次の化合物は，共役ジエンと同様に，ジエノフィルとディールス-アルダー反応により付加環化生成物を与える．エチレンとの反応を例に，反応生成物の構造式を示せ．

$$R-C\equiv N^+-O^- \quad \underset{H}{\overset{R}{C}}=N^+=N^- \quad R-N=N^+=N^-$$

6 *cis*-1,3-ジメチル-2-シクロヘキサノン (1) に光照射を行ったところ，*trans* 体 (2) が生成した．この反応の機構を説明せよ．

(1) $\xrightarrow{h\nu}$ (2)

7 次に示す付加環化反応に関与する π 電子の数は何個か．$[m+n]$ 付加環化の形で示せ．

a) シクロヘキセノン + イソブテン $\xrightarrow{\text{光}}$ 生成物

b) シクロペンタジエン + トロポン $\xrightarrow{\text{熱}}$ 生成物

8 次の反応はコープ転位とよばれ，ペリ環状反応の例である．結合の変化に関与する電子の数は何個か．この反応では，σ 結合の電子が π 結合の電子に変化しているので，それらも含めて数える必要がある．

9 化合物 I をアントラセンの存在下で加熱すると化合物 II（トリプチセン）が生成する．この反応は，I から生成する不安定な中間体 III がアントラセンに付加環化することがわかっている．中間体 III はどのような構造の化合物か推定せよ．

16 有機合成反応

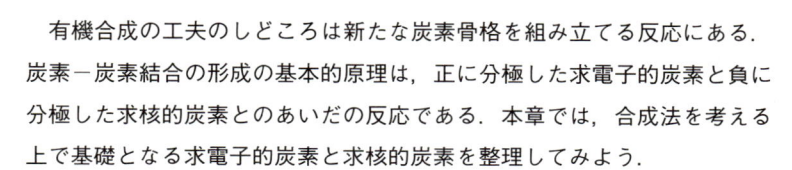

　有機合成の工夫のしどころは新たな炭素骨格を組み立てる反応にある．炭素−炭素結合の形成の基本的原理は，正に分極した求電子的炭素と負に分極した求核的炭素とのあいだの反応である．本章では，合成法を考える上で基礎となる求電子的炭素と求核的炭素を整理してみよう．

16·1 逆 合 成

　合成目標の炭素骨格を組み立てるための部分構造のつなげ方はいく通りも考えられる．しかし，実際に可能な反応で，効率のよい方法は限られる．目標の生成物から逆にさかのぼって，反応原料を決める遡源的な考え方を**逆合成**（retrosynthesis）という．

　一段階の簡単な逆合成を 1-フェニル-2-ブタノールの合成について考えてみよう．これには，(a)〜(d) の四つの逆合成経路がありえる．原理的には，C−C 結合をヘテロリシスで切断したカルボアニオンとカルボカチオンとのあいだの反応である．実際には，**合成等価体**（synthetic equivalence）とよばれるそれぞれの前駆体化合物を考える．

カルボアニオン等価体としては，たとえば，グリニャール試薬がある．また，ヒドロキシ基を置換したカルボカチオン等価体にはアルデヒドが考えられる．

$$R-\overset{|}{\underset{|}{C}}^- \Longleftrightarrow R-\overset{|}{\underset{|}{C}}^{\delta-}MgBr \qquad R'-\overset{HO}{\underset{|}{C}}^+ \Longleftrightarrow R'-\overset{O}{\overset{\|}{C}}^{\delta+}-H$$

したがって，(a)と(d)に相当する反応は実現可能である．しかし，(b)と(c)に相当する反応は $PhCH_2CH(OH)^-$ や $CH_3CH_2CH(OH)^-$ に対応する合成等価体が一般的に見出せないため，実際の合成反応としては適当でない．

炭素結合を炭素ラジカル同士でつなぐという逆合成も考えられる．一般的には，ラジカル同士の結合の形成は相手を選ばないので，選択性がよくない．したがって，下のような逆合成は合成反応としては有効ではない[1]．

$$\text{C}_6\text{H}_5-CH_2-\underset{OH}{\overset{|}{CH}}-CH_2 \dagger CH_3 \Longrightarrow \text{C}_6\text{H}_5-CH_2-\underset{OH}{\overset{|}{CH}}-CH_2\cdot \;+\; \cdot CH_3 \qquad (e)$$

上の例でもわかるとおり，炭素－炭素結合の形成を逆合成で考えることは，最も相応しい求電子的炭素と求核的炭素を選ぶことにほかならない．

16・2 求電子的炭素

(1) 脱離基が置換する炭素

ハロゲンのような脱離基が置換した炭素原子は求核置換反応を受ける．したがって，求電子的炭素である．脱離基としては，ハロゲン，オキソニウムイオン（酸触媒存在下でのヒドロキシ基）について既に学んだ（7・3節，8・3節）．

p-トルエンスルホン酸エステルは非常にすぐれた脱離基である．カルボン酸のエステルは通常，O－CO結合で開裂するのでカルボカチオン等価体とはならない．スルホン酸エステルではC－O結合が切れて，たいていの場合，カルボカチオンを中間体とする S_N1 反応が起こる．

---

1) したがって，炭化水素の部分構造でC－C結合の形成を考えるよりは，官能基の置換した炭素との結合部分で逆合成を考えるのがふつうである．

$$-\underset{|}{\overset{|}{C}}-O-\underset{\underset{O}{\|}}{\overset{\overset{O}{\|}}{S}}-\underset{}{\underbrace{}}-CH_3 \longrightarrow -\underset{|}{\overset{|}{C}}{}^+ + {}^-O-\underset{\underset{O}{\|}}{\overset{\overset{O}{\|}}{S}}-\underset{}{}-CH_3$$

$$\underbrace{}_{\text{Ts}^{1)}}$$

(2) カルボニル化合物の炭素

カルボニル基の炭素原子は正に分極した求電子的炭素である．カルボニル基の反応性の順序はごく一般的な傾向として

$$R-CO-Cl > R-CO-OCOR' > R-CO-H > R-CO-\text{alkyl} > R-CO-\text{aryl} > R-CO-OR' > R-CO-NH_2$$

である．上位の化合物ほど，R−CO−X における X の脱離能力が高い．

(3) α, β-不飽和カルボニルの β 炭素原子

α, β-不飽和カルボニルは β 位置の炭素原子が正に分極する（3・4 節，11・4 節）．このため，求電子的な炭素である．

(4) ニトリルの炭素原子

ニトリルの炭素原子も求電子的な炭素である．グリニャール試薬の求核的炭素と反応して，ケトンを与える．

$$R-C^{\delta+}\equiv N^{\delta-} + R'MgBr \longrightarrow [R-\underset{\underset{R'}{|}}{C}=NMgBr] \xrightarrow{H_2O} R-\overset{\overset{O}{\|}}{C}-R'$$

16·3 活性メチレン基の求核的炭素

求核的炭素をもつ化合物は種類が多い．活性メチレン基の炭素は，カルボアニオンそのものを与え，求核的炭素の典型である．求電子的炭素としてハロゲン化アルキルを反応させれば，アルキル基を導入することができる．最初から 2 当量の塩基を加えて，ハロゲン化アルキルを滴下すれば，2 個のアルキル基が

---

1) p-トルエンスルホニル基の部分をトシル基とよび，Ts と略記される．p-トルエンスルホン酸のエステルは R−OTs となる．

導入される[1]．このように 1 回の反応で複数の反応過程まで進行する反応を，**ワンポット反応** (one-pot reaction) とよぶ．

$$\underset{\substack{|\\CH_2\\|\\CO_2C_2H_5}}{CO_2C_2H_5} \xrightarrow[C_2H_5-OH]{NaOC_2H_5} \underset{\substack{|\\CH^-\\|\\CO_2C_2H_5}}{CO_2C_2H_5} \; Na^+ \xrightarrow[-NaBr]{R-Br} \underset{\substack{|\\CH-R\\|\\CO_2C_2H_5}}{CO_2C_2H_5} \longrightarrow$$

$$\xrightarrow{2\,NaOC_2H_5} \xrightarrow{2\,R-Br} \underset{\substack{|\\R-C-R\\|\\CO_2C_2H_5}}{CO_2C_2H_5} \longrightarrow \longrightarrow \underset{\substack{|\\CH-CO_2H\\|\\R}}{R} \quad R-CH_2CO_2H$$

　この反応ではさらに加水分解と脱炭酸を行うことにより，カルボン酸に導くことができる．マロン酸エステルは，生成した化合物の CHCOOH の部分に片鱗を見るに過ぎない．マロン酸エステルは$-\underset{|}{C}HCOOH$と合成等価体ということになる．

　アルデヒドを求電子的炭素として反応させると，付加脱離（脱水縮合）により，炭素-炭素二重結合が形成される．

$$Ph-\underset{\substack{\|\\O}}{C}-H \; + \; \underset{\substack{|\\CH_2\\|\\CO_2C_2H_5}}{CO_2C_2H_5} \xrightarrow{\text{ピペリジン (N-H)}} Ph-CH=C\underset{CO_2C_2H_5}{\overset{CO_2C_2H_5}{\diagdown}}$$

　α, β-不飽和カルボニル化合物を求電子的炭素とする場合は，β 位の求電子的炭素との結合の形成，すなわち共役付加が起こりやすい．

$$Ph-CH=CH-\underset{\substack{\|\\O}}{C}-Ph \; + \; \underset{\substack{|\\CH_2\\|\\CO_2C_2H_5}}{COPh} \xrightarrow{NaOC_2H_5} \underset{\substack{|\\PhCO-CH\\|\\CO_2C_2H_5}}{Ph-CH-CH_2-CO-Ph}$$

　カルボアニオンの α, β-不飽和カルボニル化合物へのこのような共役付加は**マイケル** (Micheal) **付加**と呼ばれる．

---

1) ただし，立体障害のため 2 個目のアルキル化は起こりにくい．塩基として加えた余分の $NaOC_2H_5$ も求核試薬であるから，求電子炭素の R-Br と反応してエーテルが生成する（ウィリアムソンのエーテル合成）のではないかと思うかもしれない．しかし，カルボアニオンの求核性の方が高いので，エーテル生成の心配はない．

16·4　1個の電子求引基に隣接する求核的炭素

1個の電子求引基に隣接するメチレン基も，強い塩基を用いれば，求核的炭素を発生する．強塩基として，LiN(i-Pr)$_2$[1]，水素化カリウム，Ph$_3$C$^-$Na$^+$ などが用いられる．

$$CH_3-CH_2-CH_2-\underset{\underset{O}{\|}}{C}-O-CH_3 \xrightarrow[\text{THF}]{\text{LDA}} \xrightarrow{CH_3-CH_2-I} CH_3-CH_2-\underset{\underset{CH_3-CH_2}{|}}{CH}-\underset{\underset{O}{\|}}{C}-O-CH_3$$

カルボニル化合物，特に，アルデヒドは，アルドール縮合にみるように，塩基の存在下で自己縮合を起こしやすい．自己縮合を避けるためには，塩基の溶液にアルデヒドを徐々に加え，溶液中に存在するカルボニル化合物を全て求核的カルボアニオンに変換し，求電子的炭素が存在しない状態に保つ必要がある．

非対称ケトンの α 位の反応では，カルボニル基のどちら側に C−C 結合ができるかという**位置選択性**（regioselectivity）の問題が常に存在する．一般的には，立体障害の小さな方が優先する．さらに，主生成物に関しては，シス体とトランス体のどちらが得られるかが問題となる．立体異性体の一つが優先的に生成する場合は，**立体選択的**（stereoselective）反応とよばれる．

$$\text{2-methylcyclohexanone} \xrightarrow[\text{(2)PhCH}_2-\text{Br}]{\text{(1)LDA,}} \text{PhCH}_2\text{体（主生成物）} + \text{CH}_2\text{Ph 体}$$

主生成物

アルドール縮合は，炭素骨格の形成のために利用価値の高い反応である．2種類の異なるアルデヒドを用いて，求電子的な炭素と求核的炭素の役割分担ができれば，さらにこの合成反応の有用性が広がる．このような**交差アルドール縮合**（cross aldol condensation）の手法の一つとして，アルデヒド基をより求電子性の弱い（求核攻撃のされにくい）官能基に変換して反応させる方法がある．

---

[1] LDA と略記する．第7章 問題8 も参照．

$$CH_3-\underset{O}{\underset{\|}{C}}-H \xrightarrow{\text{C}_6\text{H}_{11}-NH_2} CH_3-CH=N-C_6H_{11} \xrightarrow{LDA} \left[Li^+ \ ^-CH_2-CH=N-C_6H_{11} \right]$$

$$\xrightarrow{Ph-CO-Ph} Ph-\underset{OH}{\underset{|}{\overset{Ph}{\overset{|}{C}}}}-CH_2-CH=N-C_6H_{11} \xrightarrow[H^+]{H_2O} Ph-\underset{OH}{\underset{|}{\overset{Ph}{\overset{|}{C}}}}-CH_2-CH=O$$

アセトアルデヒドは求核的炭素としての役割のみを担うことになり，アルデヒドの自己縮合が避けられる．イミンはアルデヒド等価体ということになる．

ハロゲン化アルキルを求電子炭素として用いれば，アルデヒドのα位へアルキル基を導入することもできる．

分子内での求核的炭素と求電子的炭素との反応は，環状炭素骨格の合成にも応用できる．分子内で起こるクライゼン (Claisen) 縮合は，**ディークマン (Dieckmann) 縮合**とよばれる．

分子内環化は，結合をむすぶ炭素同士の空間的距離が遠すぎても近すぎても起こりにくい．このため，5～7員環が最も生成しやすい．12員環以上の大環状化合物の場合は，分子内よりも分子間での反応が優先してしまう．そこで大きな環をまくときには，**高希釈法**が用いられる．

たとえば次の反応では，エステルの溶液に NaH を 9 日間かけて加えることにより，求核的炭素の濃度は常に 10^{-3} M 以下に抑えられている．

16·5 塩基なしで生成する求核的炭素

塩基によりカルボアニオンを発生させなくても，負の極性が著しい炭素であれば，カルボアニオン等価体として求核反応性を示す．二重結合にアミノ基が置換すると，次のような極限構造式に従って，β位の電子密度が高くなり求核的炭素となる．このような，アミノ基の置換した二重結合をもつ化合物を**エナミン**（enamine）とよぶ．

エナミンはカルボニル化合物から誘導されるから，カルボニル基のα位に塩基を使わずに（中性の条件下で），求核的炭素原子を発生させることになる．求電子的な炭素としてハロゲン化アルキルを使えばアルキル化が，また，カルボン酸塩化物を使えばアシル化が，それぞれ可能である．

エノールのβ位の炭素も求核的炭素である．ただし，エノール自身は不安定なため，トリメチルシリル基で保護した**シリルエノールエーテル**が用いられる．トリメチルシリル基 $-Si(CH_3)_3$ は H 等価体とみなすことができる．

アルデヒドとの反応では，その求電子反応性を高めるため，触媒としてルイス酸の $TiCl_4$ が用いられる．あるいは，シリルエノールエーテルの側の反応性を高めるために，フッ化物イオン（通常は $F^-N^+(C_2H_5)_4$ が用いられる）を作用

する．フッ素はケイ素と強い結合をつくるので，Si(CH$_3$)$_3$ がカチオンとしてはずれて，エノラートアニオンが生成する．

このようにして発生した求核的炭素は，ハロゲン化アルキルの求電子的炭素あるいはカルボニル基の求電子的炭素と以下のように反応する．

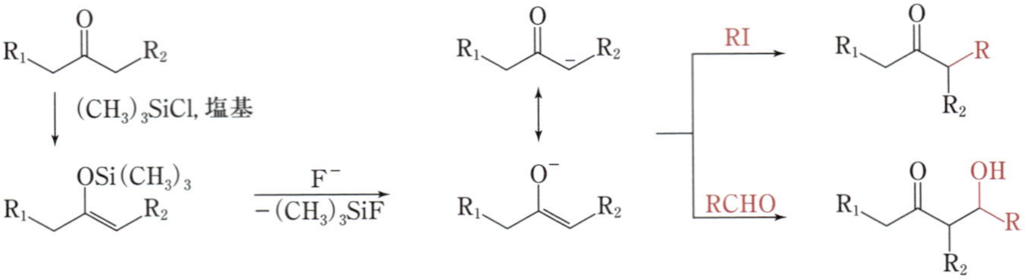

シリルエノールエーテルはカルボニル化合物に塩基の存在下で塩化トリメチルシリルを作用することにより得られる．非対称ケトンの場合は，カルボニル基のどちら側がアニオンになるか，という位置選択性が問題となる．

16·6 有機金属化合物の求核的炭素

金属に結合した炭素原子は求核的炭素である．グリニャール試薬はその代表例である．種々の求電子的炭素との反応は既に記した．ただし，ハロゲン化アルキル類を求電子的炭素とする C−C 結合形成反応は，特殊な場合を除いて実用的ではない[1]．

有機銅化合物も合成反応に利用される．

$$4RLi + Cu_2I_2 \longrightarrow 2R_2CuLi + 2LiI$$

この反応で得られるジアルキル銅（I）酸リチウム（リチウムジアルキルキュープレート）の求核的炭素は，α, β-不飽和カルボニル化合物に対して共役付加を起こしやすく，β 位へのアルキル基の導入に有利である．

---

1) グリニャール試薬に由来する炭化水素の二量化生成物が生成しやすい．

[化学反応式: 2-シクロヘキセノンに(CH₃)₂CuLiを作用させて3-メチルシクロヘキサノンを生成]

三重結合の sp 炭素原子と結合する水素原子は金属と置き換わり，求核的な炭素になる．ハロゲン化アルキル類やカルボニル化合物を求電子的炭素として炭素–炭素結合を生じる．

$$R-C\equiv C-H \xrightarrow{\begin{array}{c}R-Li\\R-MgBr\end{array}} \begin{array}{c}R-C\equiv CLi \xrightarrow{R'-Br} R-C\equiv C-R'\\R-C\equiv CMgBr \xrightarrow{R'-CHO} R-C\equiv C-\underset{OH}{CH}-R'\end{array}$$

16·7 ヘテロ原子により安定化された求核的炭素

ホスホニウム塩の4価のリンに隣接する炭素上の水素原子は，リン原子上の正電荷による電子求引性により酸性度が高い．このため，塩基の作用でプロトンが脱離してカルボアニオンを与える．こうして生成する化合物は**イリド**と呼ばれる．イリドは，分子内に正電荷と負電荷をあわせもつ双性イオン (zwitter ion) の一種である．リン原子は空の d 軌道を使うことができるので，炭素上の非共有電子対をリンの方に移動させたと考えれば，電荷をもたない構造式で表すこともできる．この構造式は，アルキリデンホスホランとよばれる．どちらの共鳴寄与もあるため，イリドは比較的安定な化合物である．

[反応スキーム: R₁R₂CH-Br + PPh₃ → ホスホニウム塩 → (塩基, -HBr) → イリド ⇔ ホスホラン]

イリドのカルボアニオンはカルボニル化合物の求電子的炭素と結合して炭素–炭素の二重結合を形成する．この反応は**ウィッティヒ (Wittig) 反応**とよばれる．この反応に用いるイリド (ホスホラン) をウィッティヒ試薬とよぶ．

硫黄原子が結合する炭素原子にカルボアニオンを発生させることができる．たとえば，1,3-ジチアンに強い塩基を作用すると，硫黄原子にはさまれた炭素上の水素が引きぬかれてカルボアニオンを生じる．この求核的炭素に対して，ハロゲン化アルキルを求電子的炭素として反応させると，C－C 結合が形成される．この誘導体は水銀塩と処理することによって，カルボニル化合物に変換される．

求電子的炭素をもつハロゲン化アルキルの方から見れば，炭素数が 1 個増えたアルデヒドが合成されたことになる．1,3-ジチアンの構造は最終生成物のアルデヒドの中にはあからさまに現れず，アルデヒドの合成等価体としての役割を担ったことになる．

1,3-ジチアンの硫黄原子にはさまれた炭素はアニオンの発生源であるから，求核的な炭素である．しかし，カルボニル基の炭素に変化したあとは，求電子的な炭素になっている．このような，正，負の極性が変わることを**極性変換**または**ウンポールング（Umpolung）**という．

1,3-ジチアンにアルキル基を2個導入することもできる．この場合は，ケトンの合成法となる．

$$\text{1,3-dithiane} \xrightarrow[R_1-Br]{BuLi} \begin{array}{c} R_1 \\ H \end{array}\!\!\!\!\!\!\text{（ジチアン）} \xrightarrow[R_2-Br]{BuLi} \begin{array}{c} R_1 \\ R_2 \end{array}\!\!\!\!\!\!\text{（ジチアン）} \xrightarrow[HgCl_2]{H_2O} \begin{array}{c} R_1 \\ R_2 \end{array}\!\!\!\!\!\!C=O$$

問　題

1 指定された原料を使って，次の各化合物を合成する方法を示せ．

a) シクロペンチル–Br ⟶ シクロペンチル–CH$_2$OH

b) C$_6$H$_5$–CH$_2$–OH ⟶ C$_6$H$_5$–C(CH$_3$)$_2$–OH

c) C$_6$H$_5$–CH$_2$–CH$_2$–OH ⟶ C$_6$H$_5$–CH$_2$–CH$_2$–CH(OH)–CH$_2$–CH$_2$–C$_6$H$_5$

d) C$_6$H$_6$ ⟶ (C$_6$H$_5$)$_2$C=CH$_2$

e) CH$_3$–CO–CH$_2$–CO–O–C$_2$H$_5$ ⟶ CH$_3$–CO–CH$_2$–CH$_2$–CH$_2$–C$_6$H$_5$

f) C$_2$H$_5$–O–CO–CH$_2$–CO–O–C$_2$H$_5$ ⟶ シクロブタン-1,1-ジカルボン酸ジエチル (CO$_2$C$_2$H$_5$)$_2$

g) CH$_3$–CH(CH$_3$)–CH$_2$–OH ⟶ CH$_3$–C(CH$_3$)=CH–COOH

h) (structure: benzene-1,2-dicarboxylic acid) → (anthraquinone)

i) (structure: benzene-1,2-dicarbaldehyde) → (1,2-divinylbenzene)

j) $CH_3-CH_2-CH_2-CH_2-Br$ + (1,3-dithiane) ⎫
  ⎬ → $CH_3-CH_2-CH_2-CH_2-\underset{O}{C}-CH_2-CH_2-CH_2-CH_3$
  ⎭

2 下の各反応 (a)〜(f) はビタミン A の合成経路である．各段階で用いられた原料化合物，試薬などを推定し，反応を説明せよ．

3 次ページの各反応 A〜O は女性ホルモンの一種であるエストロンの合成経路である．各段階で用いられた原料化合物，試薬などを推定し，反応を説明せよ．

問題

問題解答

第 1 章

1 この化合物 1.36 g 中の C の質量は $\dfrac{12 \times 4.40}{44} = 1.20$ g, H の質量は $\dfrac{2 \times 1.44}{18} = 0.16$ g. したがって C と H 以外は含まれない. 原子数の比は C : H $= \dfrac{1.20}{12} : \dfrac{0.16}{1} = 5 : 8$ であるから, 実験式は C_5H_8 (式量 68). 分子量が 136 だから, 分子式は $C_{10}H_{16}$.

2 原子数の比は C : H : N : O $= \dfrac{49.48}{12} : \dfrac{5.15}{1} : \dfrac{28.87}{14} : \dfrac{16.5}{16} = 4 : 5 : 2 : 1$ であるから, 実験式は $C_4H_5N_2O$ (式量 97). 分子量が 194 だから, 分子式は $C_8H_{10}N_4O_2$.

3

a)
```
      CH₂  CH₂  CH₂  CO₂H
   CH₂   CH    CH₂  CH₂
    S—S
```

b)
```
   CH₃       CH₂—CH₂
      C—CH         C—CH₃
   CH₂       CH₂—CH
```

c)
```
      CH₂  CH₂
   CH₂  CH   CH₂
   CH₂  CH   CH₂
      CH₂  CH₂
```

4 a) $CH_2=CHCH_2CH_2CH_3$ $CH_3CH=CHCH_2CH_3$ $CH_2=CCH_2CH_3$
                                                                    $\quad\;\; CH_3$

$CH_3C=CHCH_3$ $CH_3CHCH=CH_2$
$\;\;\;\; CH_3$ $\;\;\;\; CH_3$

```
   CH₂CH₃   CH₃            CH₃                                  CH₂
   CH        C              CH           CH₂—CH—CH₃        CH₂    CH₂
   CH₂—CH₂   CH₂—CH₂        CH₂—CH—CH₃   CH₂—CH₂           CH₂—CH₂
```

b) $CH_3-CH=CH-OH$ $CH_3-C=CH_2$ $HO-CH_2-CH=CH_2$
                                  $\quad\;\; OH$

$CH_3-\underset{O}{\overset{\;}{C}}-CH_3$ $CH_3-CH_2-\underset{O}{\overset{\;}{C}}-H$ $CH_3-O-CH=CH_2$

         CH₂   O   CH₂—CH₂
        / \   / \   /   \
     CH₂—CH—OH   CH₂—CH—CH₃   CH₂—O

c) CH₃CHCH₂—Cl   Cl—CH₂CH₂CH₂—Cl   Cl
        | |
        Cl   CH₃CCH₃
                                                  |
                                                  Cl

    CH₃CH₂CH—Cl
           |
           Cl

d) CH₃CH₂CH₂CH₂—NH₂   CH₃CH₂CHCH₃   CH₃CHCH₂—NH₂
                                  | |
                                  NH₂   CH₃

        CH₃
         |
    CH₃CCH₃   CH₃—NH—CH₂CH₂CH₃   CH₃—NH—CHCH₃
         | |
         NH₂   CH₃

    CH₃CH₂—NH—CH₂CH₃   CH₃—N—CH₂CH₃
                                 |
                                 CH₃

5 a) ニトロ基，ハロゲン　　b) シアノ基（−CN），炭素-炭素二重結合
　　c) ヒドロキシ基，炭素-炭素二重結合　　d) カルボキシル基，アミノ基
　　e) ケトン基

6 一例を示す．

a) CH₃−CH₂−CH₂−CH₂−CH₂−CH₂−CH₃　　b) ⟨benzene⟩−CH₃

c) ⟨cyclohexyl⟩−NH₂　　d) ⟨tetrahydropyran⟩

e) CH₃−CH₂−CH₂−CH₂−CH₂−CH₂−C(=O)H

f) CH₃−CH₂−CH₂−C≡C−CH₂−CH₃

g) CH₃−CH₂−CH₂−CH₂−CH₂−C(=O)−CH₂−Br　　h) ⟨pyrrolidine N−H⟩

i) ベンゼン環-C(=O)-OH （安息香酸） j) 4-ニトロピリジン

7 a) アルケン b) アルコール c) エーテル
   d) アミン e) ハロゲン化物 f) ケトン

8 たとえば

a) $CH_3-\underset{O}{\overset{\|}{C}}-CH_2CH_3$ b) $\begin{array}{c} CH_2-CH_2 \\ \diagdown\;\;\diagup \\ CH_2\;\;CH_2 \\ \diagdown\;\diagup \\ O \end{array}$

c) $CH_3CH_2CH_2-CHO$ d) $CH_2=CH-O-CH_2CH_3$

e) $CH_3-CH=CH-CH_2-OH$

第 2 章

1 a) sp^2 b) $sp^3\,(CH_3-)$, $sp^2\,(-CH=, =CH_2)$
   c) $sp^3\,(CH_3-)$, $sp\,(-C\equiv)$ d) sp
   e) sp^2 f) $sp^3\,(CH_3-)$, $sp^2\,(-CH=)$

2 窒素原子は sp^2 混成であり, sp^2 混成の炭素原子と π 結合を形成している (13・4 節, ピリジンの構造を参照). したがって, C=C 二重結合と同様にシス-トランス異性体が存在する. 窒素原子の非共有電子対は, 分子平面内で C=N 結合と 120° の方向に伸びた sp^2 混成軌道にある (わかりやすいように, 構造式の中に示した).

$$\underset{H}{\overset{C_6H_5}{\diagdown}}C=N\underset{\ddots}{\overset{C_6H_5}{\diagup}} \qquad \underset{H}{\overset{C_6H_5}{\diagdown}}C=N\underset{C_6H_5}{\overset{\ddots}{\diagup}}$$

3 a) sp^2 b) sp^3 c) sp^2

4 正四面体の頂点に向かって伸びた sp^3 混成軌道のうち, 二つは H と共有結合をつくり, 残る二つには非共有電子対が収まり結合には使われていない. オキソニウムイオンでは, 非共有電子対の一組が H^+ に配位して, ピラミッド型構造になる.

問題解答　225

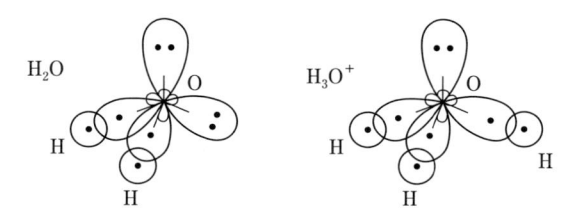

5
a) CH₃–C≡N:
b) CH₃–N⁺≡C:⁻
c) :⁻CH₂–N⁺≡N:
d) CH₂=N⁺=N:⁻
e) CH₃–N(=O:)–O:⁻
f) (CH₃)₃N⁺–O:⁻
g) CH₃–C(=O:)–H

6 一例を示す．

a) CH₃–C(=O)–CH₃
b) H–C≡C–C(CH₃)=C(H)–H
c) ピロール (NH)
d) シクロヘキセン

7
a) シス-トランス異性体が存在する．

c) 次の四つの立体異性体が存在する．いずれも，メチル基同士の重なり形配座で表されている．

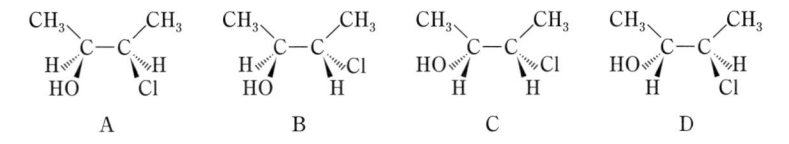

（A，B，C，D の構造式）

A と C，B と D はそれぞれ鏡像異性体の関係にある．A と B，A と D，B と C，C と D の各対はそれぞれジアステレオマーの関係にある．

e) シス-トランス異性体が存在する．

b), d), f) には，異性体は存在しない．

8 a) b)

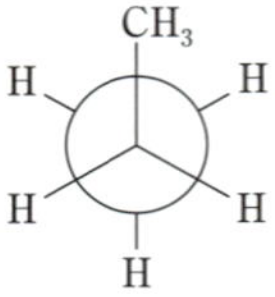

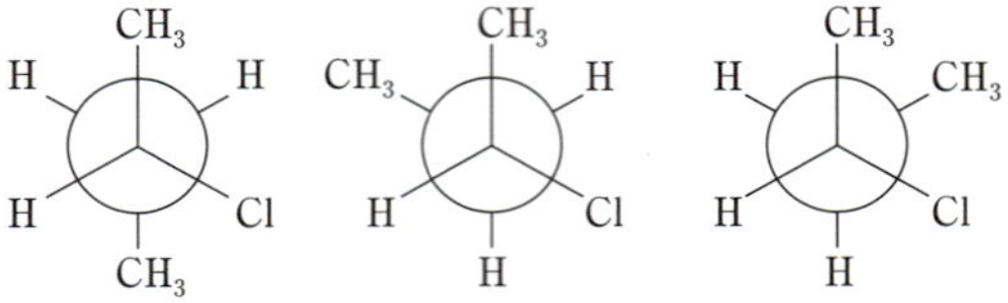

9

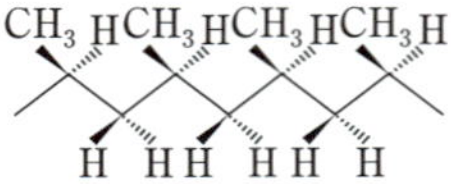

B

A と B は立体配置の違いによる異性体である．B のポリプロピレンは，アイソタクチック重合体とよばれ，チーグラー-ナッタ (Ziegler-Natta) 触媒 (TiCl$_4$ と Al(C$_2$H$_5$)$_3$) によりプロピレンを立体選択的に重合して得られる．

第 3 章

1 C–Cl 結合の結合モーメントを μ とすると，CH$_2$Cl$_2$ 分子の双極子モーメントは $\sqrt{\mu^2 + \mu^2 - 2\mu^2 \cos(180° - \theta)}$ で表される．θ は sp^3 炭素原子の結合角で $\cos\theta = -\dfrac{1}{3}$．したがって，1.68 D．実測値は 1.62 D．CHCl$_3$ 分子の双極子モーメントは $3\mu\cos(180 - \theta) = 1.46$ D．実測値は 1.02 D．

2 a)

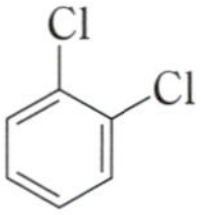

b) SO$_2$．CO$_2$ は直線分子であるが，SO$_2$ は ∠OSO が 119.5° に曲がっている．

c)

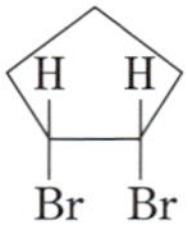

3 S$^{\delta+}$–Cl$^{\delta-}$ Br$^{\delta-}$–C$^{\delta+}$

4 $-\underset{O}{\overset{X}{C}}\mathrel{\mathop{\Vert}}$ におけるカルボニル基の電子求引性は，X の電子供与性メソメリー効果に

より満たされてしまう．

$$-\overset{|}{\underset{\underset{O^-}{\|}}{C}}\overset{\curvearrowleft}{\underset{\curvearrowleft}{-}}\dot{X} \longleftrightarrow -\overset{|}{\underset{\underset{O^-}{|}}{C}}=\overset{+}{X}$$

メソメリー効果による電子供与性は

$-H < -Cl < -OR < -NH_2 < -O^-$ の順に強くなる．

5 a) $CH_2=CH-O-CH=CH_2 \longleftrightarrow \bar{C}H_2-CH=\overset{+}{O}-CH=CH_2$
$\longleftrightarrow CH_2=CH-\overset{+}{O}=CH-\bar{C}H_2$

b) $CH_3-\underset{\underset{O}{\|}}{C}-CH=CH-CH=CH_2 \longleftrightarrow CH_3-\underset{\underset{O}{\|}}{C}-\bar{C}H-CH=CH-\overset{+}{C}H_2$
$\longleftrightarrow CH_3-\underset{\underset{O^-}{|}}{C}=CH-\overset{+}{C}H-CH=CH_2 \longleftrightarrow CH_3-\underset{\underset{O^-}{|}}{C}=CH-CH=CH-\overset{+}{C}H_2$

正電荷が隣り合うので，次の極限構造式の寄与は小さいと考えられる．

$CH_3-\underset{\underset{O^{\delta -}}{|}}{\overset{\delta +}{C}}-\bar{C}H-CH=CH-\bar{C}H_2$

c) [furan resonance structures]

d) [4H-pyranone resonance structures]

e) [anisole resonance structures]

f) $CH_3-\underset{\underset{O}{\|}}{C}-CH=CH-O-CH_3 \longleftrightarrow CH_3-\underset{\underset{O}{\|}}{C}-\bar{C}H-CH=\overset{+}{O}-CH_3 \longleftrightarrow$
$CH_3-\underset{\underset{O^-}{|}}{C}=CH-CH=\overset{+}{O}-CH_3 \longleftrightarrow CH_3-\underset{\underset{O^-}{|}}{C}=CH-\overset{+}{C}H-O-CH_3$

6 a) 水素結合をする $CH_3CH_2CH_2CH_2OH$ (97.2℃) の方が沸点は高い．

b) 上と同じ理由により $CH_3CH_2CH_2CH_2OH$

c) 極性の大きな *cis*-1,2-ジクロロエチレン (60.3℃) の方が *trans*-1,2-ジクロロエチレン (47.5℃) より沸点は高い．

d) N−H 結合をもつ $CH_3CH_2CH_2NH_2$ (49.7℃) には水素結合が可能なので，$(CH_3)_3N$ (3.5℃) より沸点は高い．

e) 水素結合が原因で，CH_3CH_2OH (78.3℃) の方が CH_3CHO (20.2℃) より沸点が高い．

f) 主にファンデルワールス力により CCl_4 (76.7℃)．

7 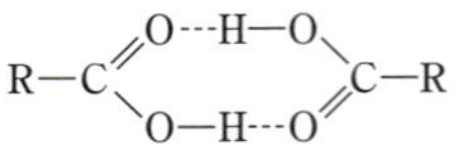
8 a) 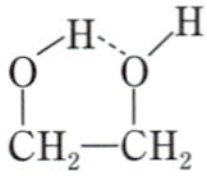 b) 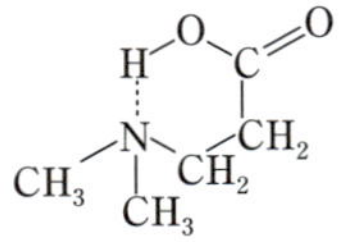 c) 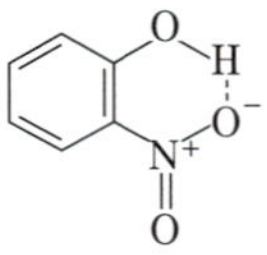 d)

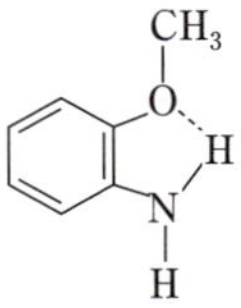

第 4 章

1 a) 2,4-ジメチルペンタン

b) 3-エチル-2,2-ジメチルペンタン

主鎖の炭素数が同じならば，なるべく置換基の多い方を主鎖とする．したがって，3-*t*-ブチルペンタンとはしない．

c) 4-プロピルヘプタン

d) 1-エチル-3-メチルシクロヘプタン

2 a) $CH_3CH_2CH_2-\underset{\underset{CH_3CH_2CH_3}{|}}{\overset{\overset{CH_3}{|}}{C}}-CH-CH_2CH_2CH_3$

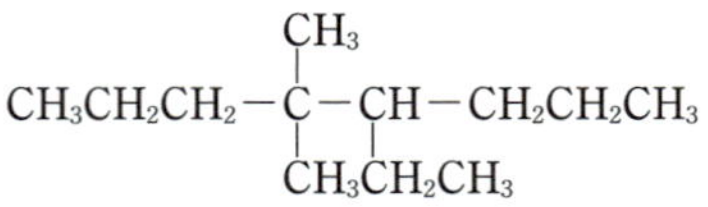

b) $CH_3-\underset{\underset{CH_3}{|}}{CH}-CH_2-\underset{\underset{CH_3}{|}}{CH}-CH_2-\underset{\underset{CH_3}{|}}{CH}-CH_3$

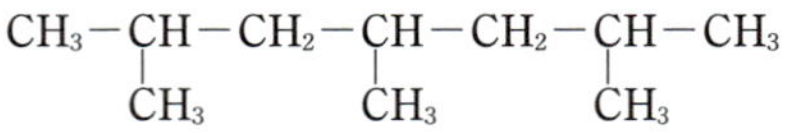

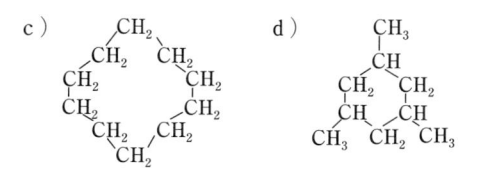

c) [cyclodecane structure with CH₂ groups]   d) [branched structure with CH₃ and CH₂ groups]

3 計算に必要な結合解離エネルギー (kJ mol^{-1}) の値は,

CH_3-Br；293, $H-Br$；366

CH_3-H；435, $Br-Br$；193

反応熱 $= (293 + 366) - (435 + 193) = 31 \text{ kJ mol}^{-1}$

4 a) H_A b) H_B c) H_B d) H_A

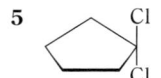

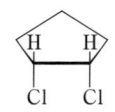

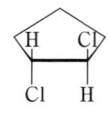

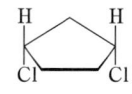

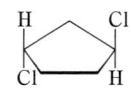

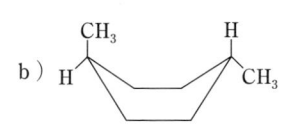

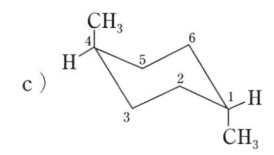

5 [five cyclopentane stereoisomer structures with Cl and H substituents]

6 a) トランス形

b) [chair/structure with CH₃ and H]   c) [cyclohexane chair numbered 1-6 with CH₃ groups at positions 1 and 4]

d) Ⅰのいす形配座の方が安定. c) のいす形配座では, CH_3- 基が 2 個ともアキシアル結合になり, アキシアル水素との立体反発が大きいので不安定である.

e) 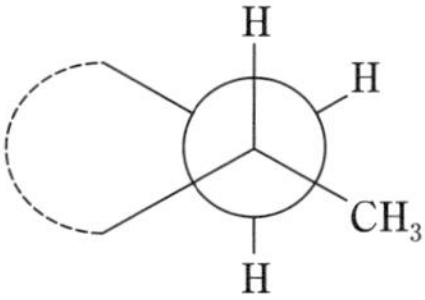 [Newman projection with H, H, H and CH₃]

c) の配座の C_1-C_2 結合に関するニューマン投影式は下のようになる.

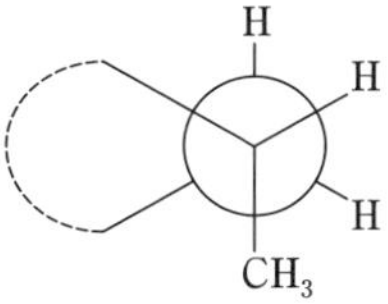

[Newman projection with H, H, H and CH₃]

7

a), 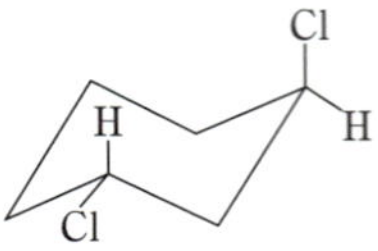 b), 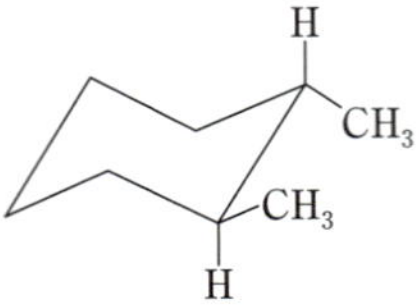 c), 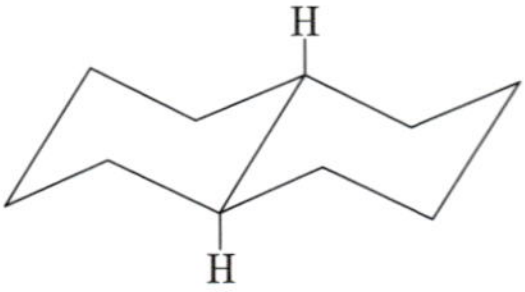 d) 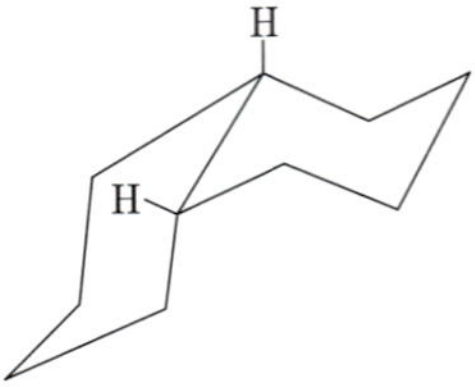 [構造式]

第 5 章

1 a) 3,3-ジメチル-1-ブテン

b) 1,3-ペンタジエン

c) 2-ヘキシン

d) 5-メチル-1,3-ヘキサジイン

e) 1-ペンテン-4-イン（1-penten-4-yne）

多重結合の位置番号が同じ場合は二重結合を優先させるので，4-ペンテン-1-インとはしない．

f) 3-ビニル-1-ヘキセン-4-イン

2 a) CH$_3$CH(OH)CH$_3$

b) 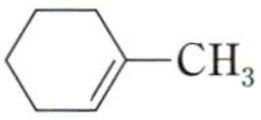 CH$_3$-C(Br)(H)-C(Br)(H)-CH$_3$ (立体配置付き)

c) CH$_3$CH$_2$CH(Br)CH(CH$_3$)$_2$

d) CH$_3$CHO

e) trans-1,2-ジブロモシクロヘキサン および その鏡像体

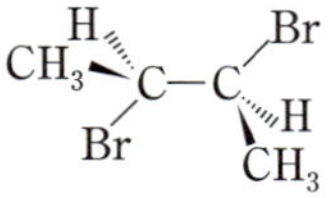

f) 1-クロロ-1-メチルシクロヘキサン

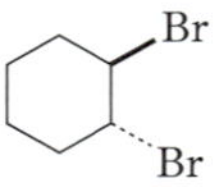

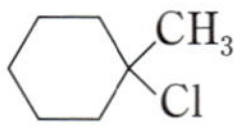

3 a) CH$_3$CH$_2$CH=C(CH$_3$)CH$_3$

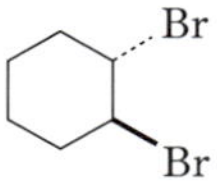

b) 1-メチルシクロヘキセン

c) [structure: octahydronaphthalene-1,4-dione with one double bond]

d) $CH_3CH-CHCH_2CH_3$
      $|$ $|$
      OH OH

e) $CH_3-C\equiv C-CH_2CH_3$

4

A:
$$\begin{array}{c}CH_3CH_2\\ \diagdown\\ C=C\\ CH_3\diagup\diagdown H\end{array}\begin{array}{c}CH_2CH_3\end{array}$$
または
$$\begin{array}{c}CH_3CH_2H\\ \diagdown\diagup\\ C=C\\ CH_3\diagup\diagdown CH_2CH_3\end{array}$$

B: $CH_3-{}^6CH\begin{array}{c}{}^5CH_2-{}^4CH_2\\ \\ {}^3CH-CH_3\\ \\ {}^1CH={}^2CH\end{array}$
または
$CH_3-CH\begin{array}{c}CH_2-CH_2\\ \\ CH\cdots CH_3\\ \\ CH=CH\end{array}$

3 位と 6 位の立体配置は，オゾン分解生成物においても保たれる．また，下の化合物の可能性もある．

[cyclic structure with two double bonds and four methyl substituents]

5

a) cyclohexanol $\xrightarrow{H_2SO_4}$ cyclohexene $\xrightarrow[OH^-, 0°C]{KMnO_4}$ cis-1,2-cyclohexanediol

b) cyclohexanol $\rightarrow$ cyclohexene $\xrightarrow{H_2/Ni}$ cyclohexane

c) cyclohexanol $\rightarrow$ cyclohexene $\xrightarrow{Br_2}$ trans-1,2-dibromocyclohexane $\xrightarrow{(CH_3)_3CO^-K^+}$ 1,3-cyclohexadiene

6 b), c), d), e)

第 6 章

1　不斉炭素原子を ∗ 印で示す.

a）

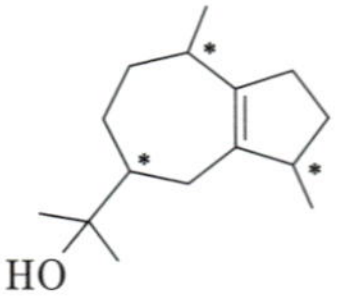
HO

b）

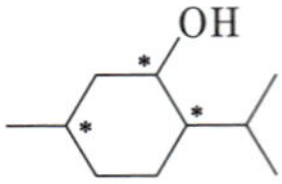
OH

2　a）*R*　　b）CH_3 の置換した不斉炭素原子は *S*

NH_2 の置換した不斉炭素原子も *S*

c）CH_2OH の置換した手前の不斉炭素原子は *S*

CH_3 の置換した後方の不斉炭素原子は *R*

d）*R*

3　a）

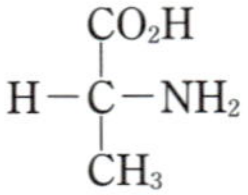
CO2H
H−C−NH2
CH3

R

b）

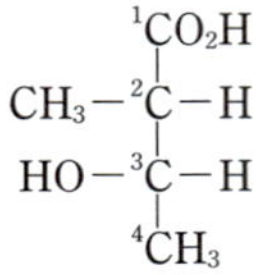
1CO2H
CH3−2C−H
HO−3C−H
4CH3

2 位 *S*
3 位 *S*

4　I のシクロヘキサン環が反転した形 II は，I の鏡像体 I′ と一致する.

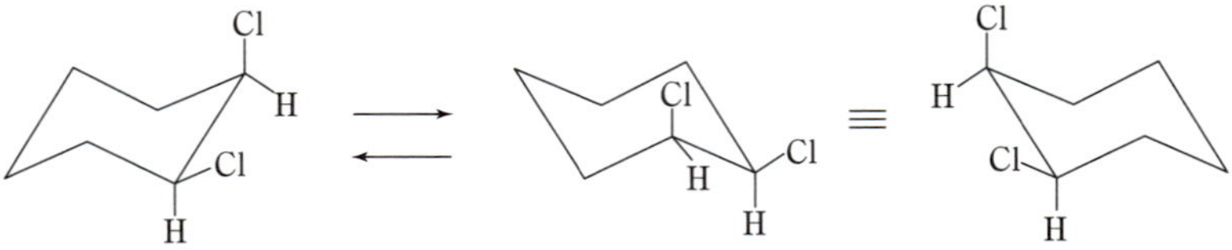
Cl
H
Cl
H
Cl
H
Cl
H
≡
Cl
H
Cl
H

I　　　II　　　I′

cis-1, 2-ジクロロシクロヘキサンと *cis*-1, 4-ジクロロシクロヘキサンはともにメソ体で，鏡像異性体は存在しない.

5　a) では存在しない．b) および c) には鏡像異性体が存在する.

6　*cis*-2-ブテンへの付加では，二つの立体異性体が生成し，これらは鏡像異性体の関係にある．つまり，*dl* 体が生成する.

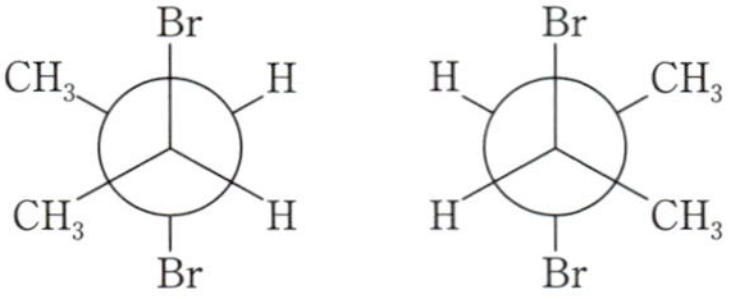
Br
CH3
H
CH3
H
Br
Br
H
CH3
H
CH3
Br

trans-2-ブテンの場合，次の二つの付加物は同一化合物であり，メソ体が生成することになる．

7 a)

H–C(CH₃)–OH
H–C(C₂H₅)–C₆H₅

HO–C(CH₃)–H
H–C(C₂H₅)–C₆H₅

b) ジアステレオマー

c) 二つのアルコールはどちらも光学活性

d) カルボニル基の平面の左右の立体的環境が（C–CO 結合に関してどのような立体配座であろうと）異なるので，還元剤の攻撃しやすさも左右で異なる．そのためジアステレオマーの生成比は 1：1 にならない．このような不斉反応をジアステレオ区別反応という．

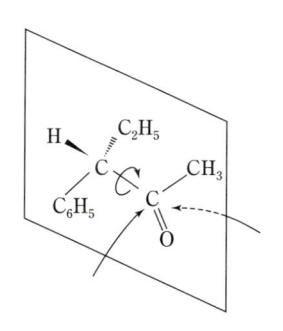

8 スルホキシド $-\overset{O}{\underset{\|}{S}}-$ は，硫黄原子の三つの結合をピラミッド型の三方向に伸ばしている．

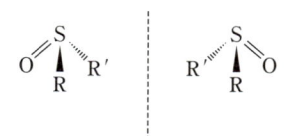

上の二つの構造は互いに鏡像異性体の関係にある．アミンも同様のピラミッド構造をとるが，反転が速いため鏡像異性体に分離することができない（13・1 節）．

第 7 章

1 a) $CH_3CH_2CH=C(CH_3)_2$　　b) $CH_3CH_2CH_2-O-C_2H_5$

c) C₆H₅–CH₂–O–C₂H₅　　d) CH_3CH_2-CN

e) $CH_3CH_2\underset{Cl}{C}HCH_2CH_3$

2 a) $CH_2=CHCH_2CH_3 \xrightarrow{HBr} CH_3\underset{Br}{C}HCH_2CH_3 \xrightarrow{NaOCH_3} CH_3\underset{OCH_3}{C}HCH_2CH_3$

   b) $CH_3CH_2CH_2-OH \xrightarrow[150℃]{H_2SO_4} CH_3CH=CH_2 \xrightarrow{Br_2} CH_3\underset{Br}{C}HCH_2-Br$

   c) $CH_3CH_2\underset{Br}{C}HCH_2CH_3 \xrightarrow[C_2H_5OH]{KOH} CH_3CH_2CH=CHCH_3 \xrightarrow{O_3} CH_3CH_2CHO$

3 (R) の $CH_3\underset{OC_2H_5}{C}HCH_2CH_3$ が主生成物

4 d) $CH_3CH=CHCH_2-I$ > c) $CH_3CH=CHCH_2-Br$
   > a) $CH_3CH_2CH_2CH_2-Br$ > e) $CH_3CH_2CH_2CH_2-Cl$
   > b) $CH_3CH=\underset{Br}{C}CH_3$ の順

   ハロゲンの脱離のしやすさ（I > Br > Cl）とカルボカチオンの安定性を考える．

5 カルボカチオンが中間体となる S_N1 反応である．第三級炭素原子上にも正電荷が分布する．

$$CH_3-\underset{\underset{CH_3}{|}}{C}=CH-\overset{+}{C}H_2 \longleftrightarrow CH_3-\underset{\underset{CH_3}{|}}{\overset{+}{C}}-CH=CH_2$$

6 付加反応のカルボカチオン中間体に，カルボキシル基が分子内で求核攻撃したものと考えられる．反応中心の近くに求核性の強いカルボキシル基があり，安定な6員環状遷移状態を経てC-O結合が形成される．

7 a) エタノリシスであり，カルボカチオンの生成が律速段階である．Brの方が脱離基としてすぐれ，イオン解離しやすいので臭化t-ブチルの方が反応は速い．

   b) いったんカルボカチオン中間体が生成したあとは，置換生成物と脱離生成物

の生成比は，カルボカチオンのアルキル基の構造に依存する．臭化 t-ブチルからも，塩化 t-ブチルからも同じ t-ブチルカチオンが生ずるから，**S/E** はどちらも同じである．

8 いずれも，負電荷をもつ原子のまわりがアルキル基で混み合っているため，求核試薬として炭素原子を攻撃しようとすると立体障害を受ける．水素原子は分子の外側にむき出しになっているので，水素原子を攻撃して塩基として作用するのは容易である．

第 8 章

1 a）4-メチル-2-ペンタノール（第二級）

b）3-エチル-3-ペンタノール（第三級）

c）4-ペンテン-2-オール（第二級）

d）1-メチルシクロヘキサノール（第三級）

e）3-クロロ-2-メチル-2-ペンタノール（第三級）

f）2,2-ジメチル-1,4-ペンタンジオール（第一級と第二級の二価アルコール）

g）2-エトキシシクロヘキサノール（第二級）

h）3-メトキシ-1-プロパノール（第一級）

2 a) $CH_3COCH_3 \xrightarrow{CH_3MgI} \xrightarrow[H^+]{H_2O} CH_3-\underset{\underset{OH}{|}}{\overset{\overset{CH_3}{|}}{C}}-CH_3$

b) 1-メチルシクロヘキセン $\xrightarrow{H_2SO_4} \xrightarrow{H_2O}$ 1-メチルシクロヘキサノール

c) 1-メチルシクロヘキセン $\xrightarrow{BH_3} \xrightarrow[OH^-]{H_2O_2}$ 2-メチルシクロヘキサノール

d) $CH_3CH_2CH_2-Br \xrightarrow{Mg} \xrightarrow{HCHO} \xrightarrow[H^+]{H_2O} CH_3CH_2CH_2CH_2-OH$

e) $CH_3CH_2CH_2-Br \xrightarrow{CH_3CH_2CH_2ONa} CH_3CH_2CH_2-O-CH_2CH_2CH_3$

f) シクロヘキシル-Br $\xrightarrow{NaOH} \xrightarrow[H^+]{Na_2Cr_2O_7}$ シクロヘキサノン

3 a) $CH_3CH_2CH_2CHO$ b) $HCHO$
   c) $CH_3\underset{\underset{O}{\|}}{C}CH_2CH_3$ d) CH_3CHO

4 a) $NaBH_4$ は $-COOH$ を還元しない．
      H_2SO_4 による脱水反応は主に $CH_3CH=CHCH_2CH_2OH$ やテトラヒドロフラン誘導体を与え，目的化合物の収率は低い．
   b) OH 基をもつハロゲン化物からグリニャール試薬は調製できない．

5 a) エタノールとの水素結合が可能なジエチルエーテルの方が溶解度が大きい．
   b) エチレングリコールの分子にはヒドロキシ基が 2 個含まれ，水素結合による分子間の凝縮力は大きい．
   c) テトラヒドロフランの酸素原子は，炭化水素基に妨害されることなく水素結合を起こしやすい．
   d) エチレンオキシドは結合角のひずみが大きいので，酸による開環反応が起こりやすい．
   e) エーテルの酸素原子に隣接した位置のラジカルは安定であるため，この位置の水素原子がラジカルとして酸素により引きぬかれる．

6 a) $CH_3\underset{\underset{OH}{|}}{C}HCH_2CH_3$ は $K_2Cr_2O_7$ 溶液により酸化され，反応溶液は赤橙色から緑色に変化する．

   $3CH_3\underset{\underset{OH}{|}}{C}HCH_2CH_3 + 4H_2SO_4 + K_2Cr_2O_7 \longrightarrow$

   $3CH_3-\underset{\underset{O}{\|}}{C}-CH_2CH_3 + K_2SO_4 + Cr_2(SO_4)_3 + 7H_2O$

   b) C_2H_5OH は Na を反応させると水素の発生がみられる．
      $C_2H_5OH + Na \longrightarrow C_2H_5ONa + \frac{1}{2}H_2$
   c) $CH_2=CH-CH_2-OH$ は Br_2 と反応して Br_2 溶液の色を脱色する．
      $CH_2=CH-CH_2-OH + Br_2 \longrightarrow \underset{\underset{Br}{|}}{C}H_2-\underset{\underset{Br}{|}}{C}H-CH_2-OH$

7 I の形は，分子内水素結合ができるため，より安定である．

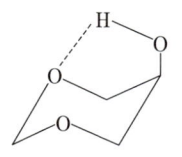

第 9 章

1 a) 構造式: OCH₃(フェニル), p-クレゾール(OH, CH₃), m-クレゾール(OH, CH₃), o-クレゾール(OH, CH₃), ベンジルアルコール(CH₂-OH)

b) 2,3-ジメチルニトロベンゼン類 2種

c) Cl-CH-CH₂Cl(フェニル), Cl-CH-CH₃ と p-Cl, m-Cl, o-Cl 置換体

2 アントラセン: 4つの極限構造式

フェナントレン: 5つの極限構造式

一般に，極限構造式の数が多く書けるほど共鳴エネルギーは大きい．

3

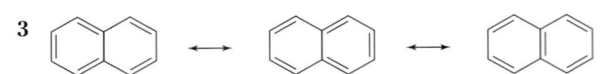

Aの結合は3個の極限構造式のうち2個で二重結合であり，混成体としては $\frac{2}{3} \times 2 + \frac{1}{3} \times 1 = \frac{5}{3}$ 重結合に相当する．Bの結合は $\frac{2}{3} \times 1 + \frac{1}{3} \times 2 = \frac{4}{3}$ 重結合．したがって結合次数の小さいBの方が長い．

4 この構造（Dewarベンゼンとよばれる）では平面分子にはなりえず，各原子の相対的な位置がベンゼンと異なる．共鳴に寄与する構造は，原子配置が変らないことが必要である．一方，ベンゼンと同じ原子配置と仮定した場合には，結合距離と結合角の点でDewarベンゼンの安定性は非常に小さいはずである．共鳴混成体に有効に寄与する極限構造式は互いにエネルギーが接近していることが必要であり，不安定なDewarベンゼンの寄与はほとんどないと考えられる．

5 a) 12π b) 4π c) 6π d) 10π e) 8π f) 12π g) 6π h) 16π i) 18π

(c), (d), (g), (i) が芳香族性をもつ．(d), (h), (i) のような単環状ポリエンをアヌレン（annulene）とよぶ．

6

オルト

メタ

パラ

COOH基の電子求引性によりIとIIはほかの極限構造式にくらべて不安定である．このため，相対的にメタ置換のσ錯体が生成しやすい．

7

a) ベンゼン $\xrightarrow{\mathrm{Br}_2/\mathrm{Fe}}$ Br—C$_6$H$_5$ $\xrightarrow{\mathrm{HNO}_3/\mathrm{H}_2\mathrm{SO}_4}$ Br—C$_6$H$_4$—NO$_2$

b) ⌬ —[HNO₃/H₂SO₄]→ Ph–NO₂ —[Br₂/Fe]→ 3-Br-C₆H₄-NO₂

c) ⌬ —[CH₃COCl / AlCl₃]→ Ph–C(=O)–CH₃

d) ⌬ —[C₂H₅Br / AlCl₃]→ C₂H₅–Ph —[H₂SO₄]→ 4-C₂H₅-C₆H₄-SO₃H

e) ⌬ —[Br₂/Fe]→ Ph–Br —[Mg]→ Ph–MgBr —[CH₃COCH₃ (O)]→ —[H₂O/H⁺]→ Ph–C(CH₃)₂–OH

f) ⌬ → → Ph–MgBr —[CO₂]→ —[H₂O/H⁺]→ Ph–CO₂H

または ⌬ —[CH₃I / AlCl₃]→ Ph–CH₃ —[KMnO₄]→ Ph–CO₂H

第 10 章

1 HO–C₆H₄–NO₂ > HO–C₆H₅ > HO–C₆H₄–CH₃ の順に減少する．

p-ニトロフェノキシドイオンは次のように共鳴安定化している．CH₃– 基はフェノキシド陰イオンを不安定化する．

⁻O–C₆H₄–NO₂ ⟷ O=C₆H₄=N⁺(O⁻)₂

2 a) 共鳴構造 I（Cl, OH 置換シクロヘキサジエニル陰イオン、NO₂ 基による共鳴安定化）

b) m-ニトロクロロベンゼンから生成する陰イオン中間体では，ニトロ基の電子求引性メソメリー効果が作用しない．すなわち，p-体の I に相当する極限構造式が書けない分だけ，中間体の安定化が小さい．

3 a)
$$\text{C}_6\text{H}_5\text{NO}_2 \xrightarrow{\text{Sn, HCl}} \text{C}_6\text{H}_5\text{NH}_2 \xrightarrow{(\text{CH}_3\text{CO})_2\text{O}} \text{C}_6\text{H}_5\text{NHCOCH}_3 \xrightarrow{\text{Br}_2/\text{Fe}} p\text{-Br-C}_6\text{H}_4\text{NHCOCH}_3 \xrightarrow{\text{H}_2\text{O}/\text{H}^+} p\text{-Br-C}_6\text{H}_4\text{NH}_2$$

b)
$$\text{C}_6\text{H}_5\text{NO}_2 \xrightarrow{\text{Br}_2/\text{Fe}} m\text{-Br-C}_6\text{H}_4\text{NO}_2 \xrightarrow{\text{Sn, HCl}} m\text{-Br-C}_6\text{H}_4\text{NH}_2 \xrightarrow{\text{NaNO}_2/\text{HCl}} m\text{-Br-C}_6\text{H}_4\text{N}_2^+\text{Cl}^- \xrightarrow{\text{Cu}_2\text{Cl}_2} m\text{-Br-C}_6\text{H}_4\text{Cl}$$

c)
$$\text{C}_6\text{H}_5\text{NO}_2 \longrightarrow \text{C}_6\text{H}_5\text{NH}_2 \xrightarrow{\text{NaNO}_2/\text{HCl}} \text{C}_6\text{H}_5\text{N}_2^+\text{Cl}^- \xrightarrow{\text{H}_2\text{O}} \text{C}_6\text{H}_5\text{OH} \xrightarrow{\text{C}_6\text{H}_5\text{N}_2^+} p\text{-HO-C}_6\text{H}_4\text{-N=N-C}_6\text{H}_5$$

d)
$$\text{C}_6\text{H}_5\text{NO}_2 \xrightarrow{\text{Cl}_2/\text{AlCl}_3} m\text{-Cl-C}_6\text{H}_4\text{NO}_2 \xrightarrow{\text{Sn, HCl}} m\text{-Cl-C}_6\text{H}_4\text{NH}_2 \xrightarrow{\text{NaNO}_2/\text{HCl}} m\text{-Cl-C}_6\text{H}_4\text{N}_2^+\text{Cl}^- \xrightarrow{\text{H}_2\text{O}} m\text{-Cl-C}_6\text{H}_4\text{OH}$$

e)

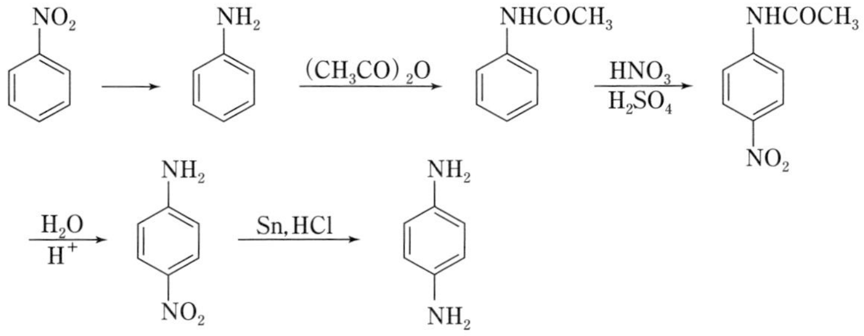

NO₂ → NH₂ —(CH₃CO)₂O→ NHCOCH₃ —HNO₃/H₂SO₄→ NHCOCH₃ (with NO₂ para)

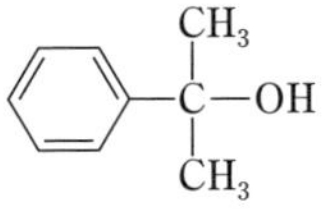

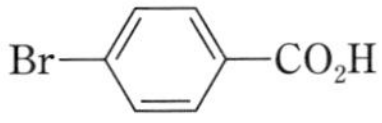

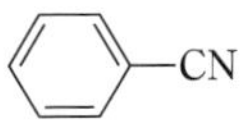

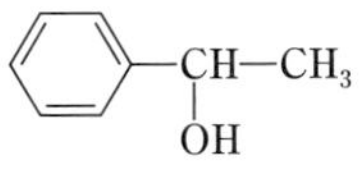

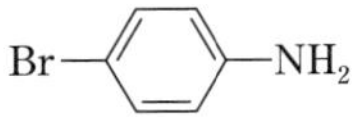

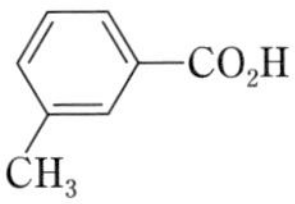

—H₂O/H⁺→ NH₂ (with NO₂ para) —Sn, HCl→ NH₂ (with NH₂ para)

f)

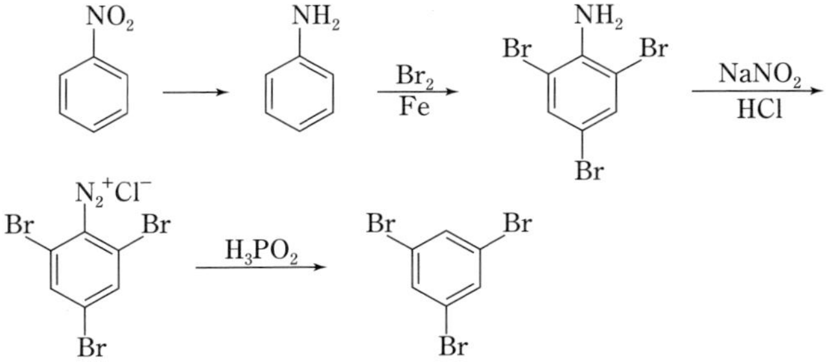

NO₂ → NH₂ —Br₂/Fe→ 2,4,6-tribromoaniline —NaNO₂/HCl→

N₂⁺Cl⁻ (2,4,6-tribromo) —H₃PO₂→ 1,3,5-tribromobenzene

4

a) C₆H₅-C(CH₃)₂-OH

b) Br-C₆H₄-CO₂H (para)

c) C₆H₅-CN

d) C₆H₅-CH(OH)-CH₃

e) Br-C₆H₄-NH₂ (para)

f) m-CH₃-C₆H₄-CO₂H

g) C₆H₅-O-CH₂CH₃

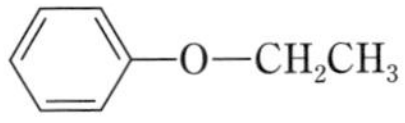

5 混合物を薄い水酸化ナトリウム水溶液とエーテルとでよく振る. p-クレゾールは水層に移り, p-キシレンと p-トルイジンがエーテル層に残る. 次に, エーテル層を希塩酸と振って p-キシレンをエーテル層に分離する. p-クレゾールと p-トルイ

第 11 章

1
a) 3-メトキシペンタナール
b) 2,4-ジメチル-3-ペンテナール
c) 3,4,5-トリメチル-2-ヘキサノン
d) 1-フェニル-4-ヘキセン-2-オン
e) 4-t-ブチルシクロヘキサノン
f) 2-メチル-1-フェニル-1-プロパノン

2

a) $CH_2=CHCH_2-\overset{O}{\overset{\|}{C}}-$〈シクロヘキシル〉

b) シクロオクタノン（環に C=O）

c) $CH_2=\underset{CH_3O}{C}-\overset{O}{\overset{\|}{C}}-$Ph

d) Ph$-$O$-$C$_6$H$_4-$CHO

e) $CH_2=CH-CH_2CH_2CH_2CHO$

f) $HCOCH_2\underset{CH_3}{C}=CHCH_2CHO$

g) シクロヘキセノン

h) 1,4-シクロヘキサンジオン

3
a) $CH_3CH_2CH_2CHO$ はフェーリング液を還元し，赤褐色沈殿を生ずる.

$$CH_3CH_2CH_2CHO + 2Cu^{2+} + 4OH^- \longrightarrow CH_3CH_2CH_2COOH + Cu_2O + 2H_2O$$

b) CH_3CHO はヨードホルム反応により特有の臭いをもつヨードホルムの黄色沈殿を生ずる.

$$CH_3CHO + 3I_2 + 4KOH \longrightarrow CHI_3 + HCOOK + 3KI + 3H_2O$$

c) $CH_3CH_2\overset{O}{\overset{\|}{C}}CH_2CH_3$ は 2,4-ジニトロフェニルヒドラジンにより，2,4-ジニトロフェニルヒドラゾンの橙赤色沈殿を生ずる.

問題解答　243

$$CH_3CH_2\underset{O}{\overset{\|}{C}}CH_2CH_3 + H_2NNH\text{-}C_6H_3(NO_2)_2 \xrightarrow{H^+}$$

$$CH_3CH_2\underset{CH_3CH_2}{\overset{|}{C}}=NNH\text{-}C_6H_3(NO_2)_2$$

4 a) シクロヘキサノン=NNH$_2$ 　　b) $(CH_3)_3C-\underset{OH}{\overset{|}{C}H}-CH_2-CHO$

c) $CH_3\underset{CH_3}{\overset{|}{C}H}CH_2\underset{OC_2H_5}{\overset{|}{C}H}OC_2H_5$ 　　d) $CH_2=CH-\text{C}_6\text{H}_4-CH_2OH$

e) $CH_3COCH\underset{C_2H_5}{\overset{|}{}}COCH_3$ 　　f) $HO-CH_2CH_2CH_2CH_2-CHO$

5 カルボニル基の α 位の水素が H$^+$ として脱離し，エノール化が促進される．エノール化により不斉炭素原子は sp^2 平面構造となりラセミ化する．

$$CH_3CH_2-\underset{\underset{OH}{|}}{\overset{\underset{CH_3}{|}}{C}}=C-C_6H_5 \longrightarrow \underset{\underset{CH_3}{|}}{\overset{\underset{C_2H_5}{|}}{\underset{H}{C}}}-CO-C_6H_5 + \underset{\underset{H}{|}}{\overset{\underset{C_2H_5}{|}}{\underset{CH_3}{C}}}-CO-C_6H_5$$

　　　エノール

6 2個のカルボニル基にはさまれた窒素原子から，塩素が Cl$^+$ となって放出される．

$\underset{|}{\overset{O}{C}}-\overset{N^-}{}-\underset{|}{\overset{O}{C}}$ の陰イオンが安定であることによる．

7 a) $CH_3COCH_2COCH_3 > CH_3COCH_2C_6H_5 > CH_3COCH_3$

エノール化によって生ずる共役系の安定性に対応する．

b) $Cl_3CCHO > CH_3CHO > CH_2=CHCHO$

Cl$_3$C$-$ 基はカルボニル基の分極 $>C^{\delta+}=O^{\delta-}$ を強める．CH$_2$=CH$-$ 基は $^+CH_2-CH=CH-O^-$ の共鳴によりカルボニル基への求核付加を抑える．

8 a) $CH_3\underset{O}{\overset{\|}{C}}CH_3 \xrightarrow{LiAlH_4} CH_3\underset{OH}{\overset{|}{C}H}CH_3 \xrightarrow{HBr} CH_3\underset{Br}{\overset{|}{C}H}CH_3$

b) $CH_3\underset{O}{\overset{\|}{C}}CH_3 \longrightarrow CH_3\underset{OH}{\overset{|}{C}H}CH_3 \xrightarrow{H_2SO_4} CH_3CH=CH_2 \xrightarrow[光]{HBr} CH_3CH_2CH_2Br$

c ） 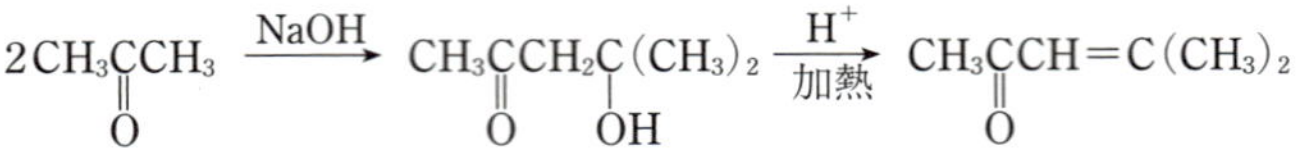

d ） 上の a) から

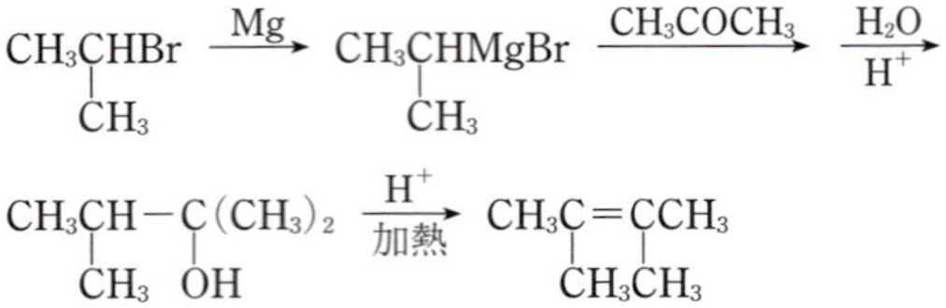

9 a ） 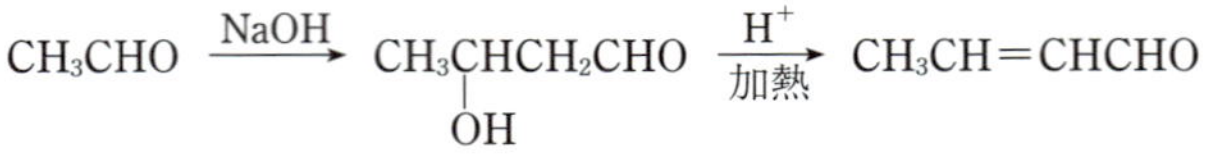

b ） 上の a) から

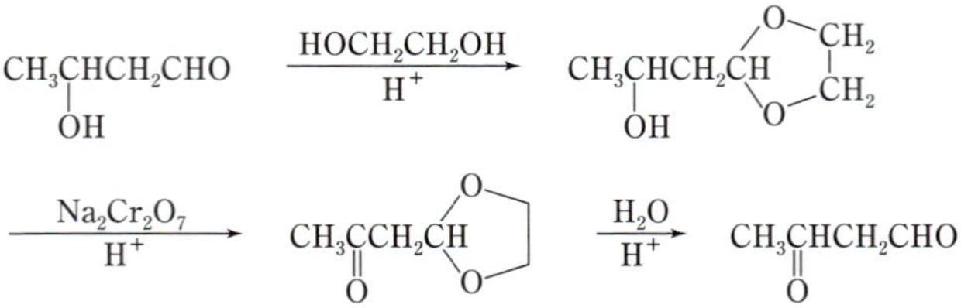

アルデヒド基を保護してから酸化する.

c ） a) から $CH_3CH{=}CHCHO \xrightarrow[Pt]{H_2} CH_3CH_2CH_2CH_2OH$

d ） 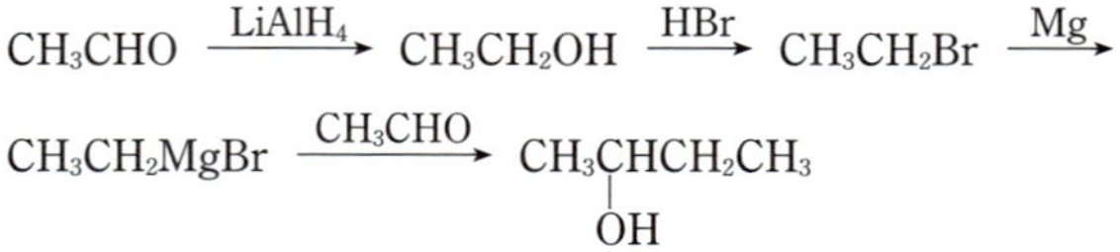

10 Ⅰのカルボアニオンの方が，シアノ基の電子求引効果およびフェニル基との共鳴により，Ⅱよりも安定である.

11 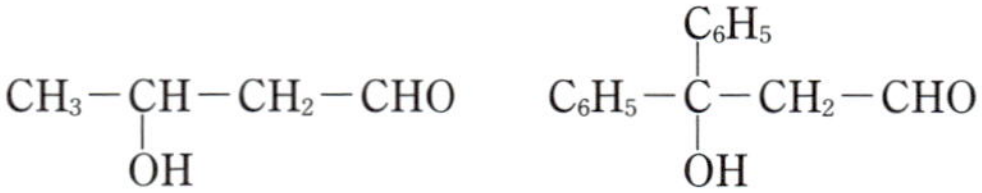

第 12 章

1 a ） 2-クロロペンタン酸　2-chloropentanoic acid

b） 4-メチル-2-ペンテン酸　　4-methyl-2-pentenoic acid

c） シクロプロパン-1,2-ジカルボン酸　　cyclopropane-1,2-dicarboxylic acid

環式構造に COOH 基をもつカルボン酸は，このように COOH を置換基として命名する方がよい．

d） 3,4,5-トリヒドロキシ-1-シクロヘキセンカルボン酸

e） 酪酸 s-ブチル　　s-butyl lactate

f） 安息香酸フェニル　　phenyl benzoate

2　a） $Cl-CH_2CH_2CH_2CH_2CH_2CH_2COOH$

b） $CH_3CH_2-\underset{CH_3}{N}-CO-\phenyl$　　c） $\phenyl-O-CH_2-COOC_2H_5$

d） $Cl-\phenyl-COCl$

e） $HC\equiv C-COOH$　　f） $HOCOCH_2\underset{CH_3}{CH}CH_2COOH$

3　a） FCH_2COOH (2.58) $<$ $ClCH_2COOH$ (2.86)

　　　$<$ $BrCH_2COOH$ (2.90) $<$ ICH_2COOH (3.17)

ハロゲンの電子求引性誘起効果が大きいほど，カルボキシラート陰イオンは安定化する．

b） $CH_3CH_2\underset{Cl}{CH}COOH$ (2.8) $<$ $CH_3\underset{Cl}{CH}CH_2COOH$ (4.1)

　　　$<$ $Cl-CH_2CH_2CH_2COOH$ (4.5)

塩素の電子求引性誘起効果は，カルボキシル基から遠ざかるにつれて伝わりにくくなる．

c） m-ニトロ安息香酸 (3.45) $<$ 安息香酸 (4.21)

　　　$<$ m-メチル安息香酸 (4.28)

メタ置換体だからメソメリー効果は作用しない．カルボキシラート陰イオンの安定性は電子求引性誘起効果の強さに支配される．

d） m-ヒドロキシ安息香酸 (4.08) $<$ 安息香酸 (4.21)

　　　$<$ p-ヒドロキシ安息香酸 (4.58)

メタ置換体では OH 基の電子求引性誘起効果が働く．パラ置換体では非解離の状態で，メソメリー効果による安定化がある．

$$H-O-\underset{}{\bigcirc}-\underset{O-H}{\overset{O}{\underset{\|}{C}}} \longleftrightarrow H-\overset{+}{O}=\underset{}{\bigcirc}=\underset{O-H}{\overset{O^-}{\underset{|}{C}}}$$

4 a) $\bigcirc\!-\!Br \xrightarrow{Mg} \xrightarrow{CO_2} \xrightarrow[H^+]{H_2O} \bigcirc\!-\!COOH \xrightarrow{SOCl_2} \bigcirc\!-\!COCl$

b) $CH_3I \xrightarrow[NaOC_2H_5]{CH_2(CO_2C_2H_5)_2} CH_3-\underset{COOC_2H_5}{\underset{|}{CH}}-COOC_2H_5 \xrightarrow[H^+]{H_2O} \xrightarrow[-CO_2]{加熱}$

CH_3CH_2-COOH

c) $CH_3I \longrightarrow CH_3-\underset{COOC_2H_5}{\underset{|}{CH}}-COOC_2H_5 \xrightarrow[NaOC_2H_5]{CH_3I} CH_3\underset{COOC_2H_5}{\overset{CH_3}{\underset{|}{\overset{|}{C}}}}COOC_2H_5$

$\xrightarrow[H^+]{H_2O} \xrightarrow[-CO_2]{加熱} CH_3\underset{CH_3}{\underset{|}{CH}}COOH$

d) $BrCH_2CH_2Br \xrightarrow{NaCN} NC-CH_2CH_2-CN \xrightarrow[H^+]{H_2O} HOCO-CH_2CH_2-COOH$

$\xrightarrow{LiAlH_4} HO-CH_2CH_2CH_2CH_2-OH$

e) $CH_3CH_2I \xrightarrow{NaCN} CH_3CH_2CN \xrightarrow[H^+]{H_2O} CH_3CH_2CONH_2$

5 $CH_3CO-CH_2-COOC_2H_5 \xrightarrow{NaOC_2H_5} CH_3CO-\overset{-}{C}H-COOC_2H_5 \xrightarrow{RX}$

$CH_3CO-\underset{R}{\underset{|}{CH}}-COOC_2H_5 \xrightarrow[H^+]{H_2O} \xrightarrow[-CO_2]{加熱} CH_3-CO-CH_2R$

6 a) $HO-CH_2CH_2CH_2-COO^-Na^+$

b) $CH_3CH_2CH_2OH$

c) フタル酸無水物構造 d) ベンゾ縮環ケトン構造 e) $\bigcirc\!-\!COOH$ (シクロヘキサン)

7 アセトアミドにはN−H結合があり,これがカルボニル基の酸素と分子間で水素結合をする.N,N-ジメチルアセトアミドにはN−H結合が存在しないので,水素結合がなく,沸点が低くなる.

8 N,N-ジメチルアセトアミドは次のような共鳴混成体で表される.これにより,

問題解答   247

N−CO 結合は二重結合性をもつ．トリメチルアミンの C−N 結合の方が長い．

$$(CH_3)_2N-C(=O)CH_3 \leftrightarrow (CH_3)_2N^+=C(O^-)CH_3$$

9 エステル化の中間体は次の構造となり（p.155），

$$\left[\begin{array}{c}CH_3-{}^{18}O^*-H \\ C_6H_5-\underset{OH}{\overset{|}{C}}-OH\end{array}\right]^+ \longrightarrow C_6H_5-\underset{O}{\overset{||}{C}}-{}^{18}O-CH_3 + H_2O$$

エーテル結合の酸素が ^{18}O で標識される．水に ^{18}O は含まれない．

第 13 章

1 一例を示す．

a) $CH_3-CH_2-CH_2-CH_2-NH_2$

b) piperidinium with two CH_3 groups on N$^+$, Cl^-

c) cyclohexyl−NH−NO

d) CH_2-O-NO_2
   $CH-O-NO_2$
   CH_2-O-NO_2

2 a) $CH_3CH_2CH_2COOH \xrightarrow{NH_3} CH_3CH_2CH_2CONH_2 \xrightarrow{LiAlH_4}$
     $CH_3CH_2CH_2CH_2NH_2$

 b) $CH_3CH_2Br \xrightarrow{NaCN} CH_3CH_2CN \xrightarrow{LiAlH_4} CH_3CH_2CH_2NH_2$

 c) piperidine(N−H) $\xrightarrow{2\,CH_3I}$ N,N-dimethylpiperidinium I^- $\xrightarrow{AgOH}$ N,N-dimethylpiperidinium OH^-

$\xrightarrow{加熱}$ $CH_2=CH-CH_2CH_2CH_2-N(CH_3)_2$ $\xrightarrow{CH_3I}$ $\xrightarrow{AgOH}$ $\xrightarrow{加熱}$ $CH_2=CH-CH_2-CH=CH_2$

ホフマン分解を2回行う．

d) benzene $\xrightarrow{\text{HNO}_3/\text{H}_2\text{SO}_4}$ → $\xrightarrow{\text{Sn, HCl}}$ C$_6$H$_5$—NH$_2$ $\xrightarrow{\text{NaNO}_2/\text{HCl}}$ $\xrightarrow{\text{Cu}_2(\text{CN})_2/\text{HCl}}$ C$_6$H$_5$—CN

$\xrightarrow{\text{LiAlH}_4}$ C$_6$H$_5$—CH$_2$NH$_2$ $\xrightarrow{\text{CH}_3\text{COCl}}$ C$_6$H$_5$—CH$_2$NHCOCH$_3$

e) benzene → C$_6$H$_5$—NH$_2$ $\xrightarrow{\text{CH}_3\text{COCl}}$ C$_6$H$_5$—NHCOCH$_3$

3 a) ジアゾニウム塩の安定性を調べる．シクロヘキシルアミンにジアゾ化を試みると，分解して窒素を発生する．

b) 塩化ベンゼンスルホニルとの反応で生成するスルホンアミドのアルカリ水溶液に対する溶解度を調べる．

C$_6$H$_5$CH$_2$NH$_2$ のスルホンアミド C$_6$H$_5$CH$_2$NHSO$_2$C$_6$H$_5$ は溶解する．

c) (CH$_3$)$_3$N は C$_6$H$_5$SO$_2$Cl と反応しないが，(CH$_3$)$_2$CHNH$_2$ は反応する．または，亜硝酸ナトリウムと塩酸でジアゾ化を試みる．(CH$_3$)$_3$N は塩酸塩となって溶けるだけであるが，(CH$_3$)$_2$CHNH$_2$ は窒素を発生する．

d) HCO−C$_6$H$_4$−NH$_2$ は希塩酸に溶けるが，C$_6$H$_5$−NHCHO は溶けない．

4 (C$_6$H$_5$)$_2$NH の窒素原子上の非共有電子対は，二つのフェニル基にまたがって非局在化する．この共鳴安定化は，フェニル基が1個のアニリンにおける共鳴安定化より大きい．その分だけ，プロトン付加は起こりにくい．

5 イミノ基 =NH の窒素原子に H$^+$ が付加すると，次のように正電荷が非局在化し，共鳴による安定化が大きい．等価な三つの極限構造式を含む共鳴混成体であるから，かなり大きな安定化がある．

6 第一級アミンから生じるスルホンアミドの N 上の H は，隣接するスルホン −SO$_2$− の強い電子求引性のため，アルカリにより H$^+$ として引き抜かれる．この

ため，塩をつくって溶ける．第二級アミンのスルホンアミドには，N 上に H がないので塩はつくれない．

7 2位

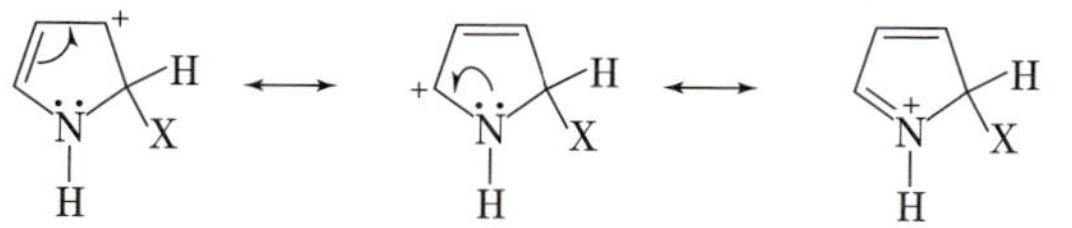

[構造式: ピロールの2位置換σ錯体の3つの共鳴構造]

3位

[構造式: ピロールの3位置換σ錯体の2つの共鳴構造]

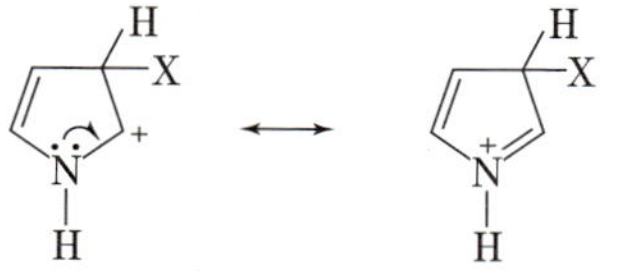

2 位置換の σ 錯体の方が共鳴安定化が大きいので，2 位の置換が起こりやすい．

8 18 個の π 電子が環の周辺を巡る環状共役系であり，ヒュッケル則を満たす．したがって複素環式芳香族化合物である．

第 14 章

1 a) [糖の構造式 2つ]

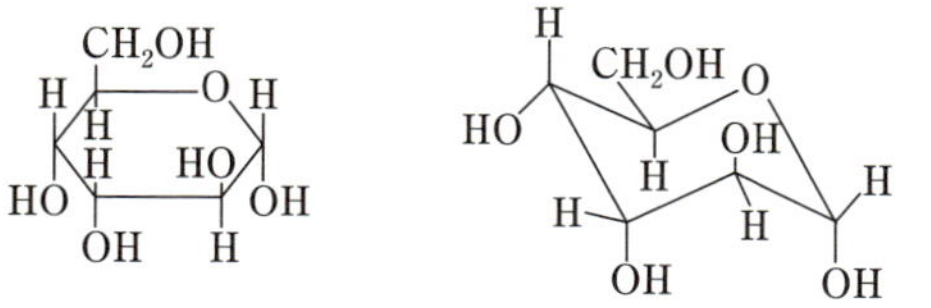

b) [糖の構造式 2つ]

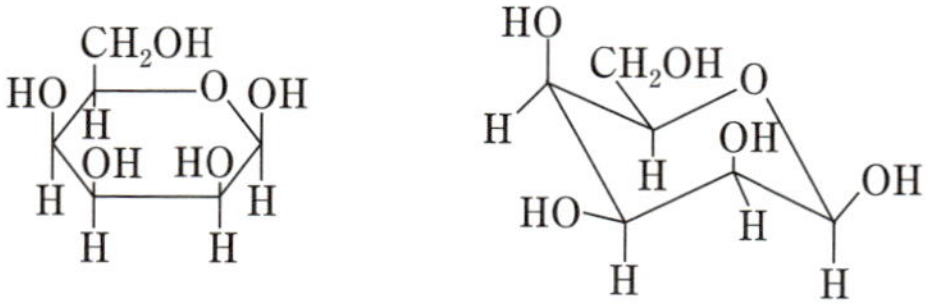

2 a)
```
      CHO
   H─┼─OH
  HO─┼─H
  HO─┼─H
   H─┼─OH
      CH₂OH
```
b)
```
      CH₂OH
      C=O
   H─┼─OH
   H─┼─OH
   H─┼─OH
      CH₂OH
```

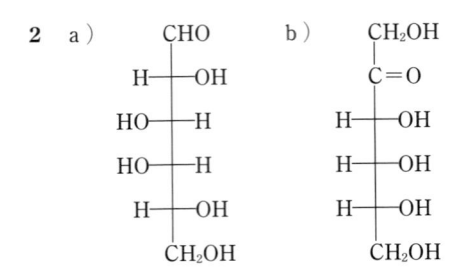

3 a) ヘミアセタール性の OH 基が存在しないので，還元性はない．

b) トレハロースは α-D-グルコースが 2 分子縮合した構造の二糖である．

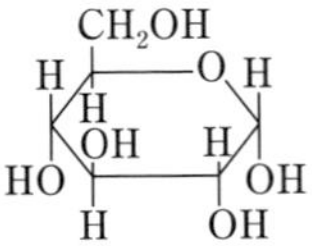

4 いずれもエノール化により共通のエンジオール構造をとる．

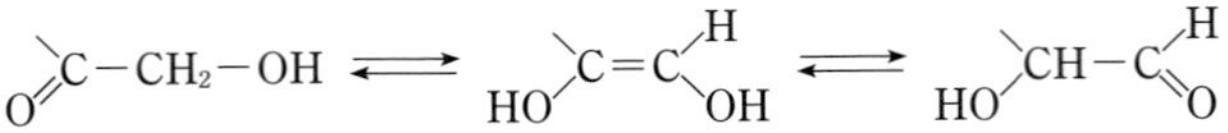

$$\text{C-CH}_2\text{-OH} \rightleftharpoons \text{C=C(OH)} \rightleftharpoons \text{CH-CHO}$$

5 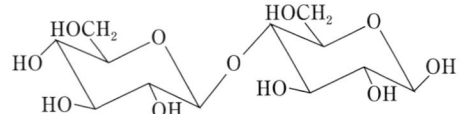 1,4′-β-グリコシド結合

6 $\dfrac{\alpha}{100} \times 113 + \dfrac{(100-\alpha)}{100} \times 19 = 52$ より，α 形が 35 %，β 形が 65 % の割合で存在する．

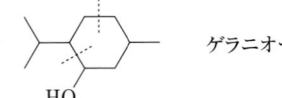

7 ミルセン　ショウノウ 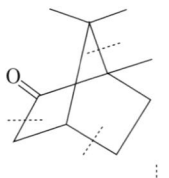　メントール　ゲラニオール

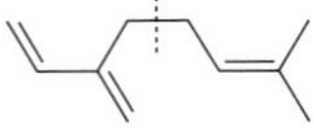

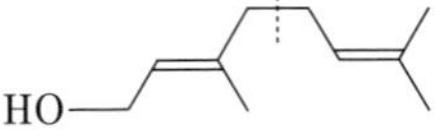

8

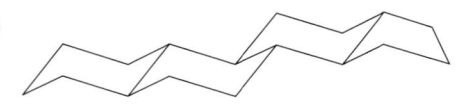

9 グリシンを基準にすると,ほかのアミノ酸組成は次のようになる.

Ala 3.07　　Gly 1.00　　Tyr 2.086

これらを,最も近い整数比で表すと,Ala 3 Gly Tyr 2 の実験式となる.

10 a) H$_2$N−CH$_2$−CO−NH−CH−CO−NH−CH−COOH
　　　　　　　　　　　　　　　｜　　　　　　　　｜
　　　　　　　　　　　　　　　CH$_3$　　　　　CH$_2$−CH−CH$_3$
　　　　　　　　　　　　　　　　　　　　　　　　　　　｜
　　　　　　　　　　　　　　　　　　　　　　　　　　　CH$_3$

　b) Gly-Leu-Ala　　Ala-Gly-Leu　　Leu-Gly-Ala

　　Ala-Leu-Gly　　Leu-Ala-Gly

第 15 章

1 π分子軌道の構成要素である p 軌道について,電子の数を合計する.

a) 6 個

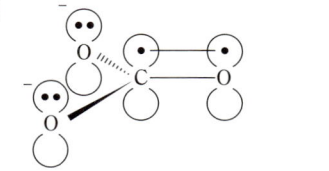

b) 6 個

c) 3 個

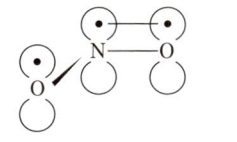

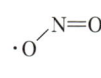

酸素原子の p 軌道には不対電子があり,NO$_2$ はラジカルである.

d) 2 個

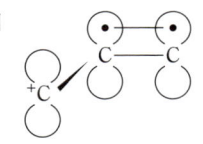

カルボカチオンの炭素原子の p 軌道は空である.

2

ベンゼン　　　　　　　　　　　シクロペンタジエニルアニオン

ベンゼンのアニオンラジカル

3

キノイド構造 →(e⁻)→ フェノキシド・ラジカル構造（あるいは）

キノノイド構造は芳香環に変化して安定化される.

4 アルカリ性 (pH 8.3～11.0) では sp^3 炭素が sp^2 炭素に変り，三つの環にまたがる π 共役が可能になる．共役系が伸びるため赤色を呈する．この化合物はフェノールフタレインである．

5 いずれも 3 原子からなる π 軌道に 4 個の π 電子が含まれ，1,3-ブタジエンと等電子構造である．

$X=Y^+-\ddot{Z}^-$ の構造で一般に表される化合物とアルケンとの付加環化反応は，1,3-双極子付加 (1,3-dipolar addition) とよばれる．

6 ノリッシュ I 型の反応により C–CO 結合のラジカル開裂が起こったのち，ラジカルの分子内再結合のさい cis 体とともに trans 体が生成する．

7 a) [2＋2]　　b) [6＋4]

8 二つの二重結合の π 電子のほか，σ 結合の共有電子対も分かれて新たな二重結合

のπ電子となる．合計6個．

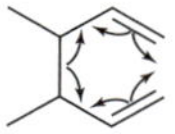

コープ転位のように，σ結合の移動とπ結合の移動がすべて協奏的に起こるペリ環状反応は，シグマトロピー反応とよばれる．

9　化合物 I から N_2 と CO_2 が脱離して，ベンザインとよばれる中間体が生成する．

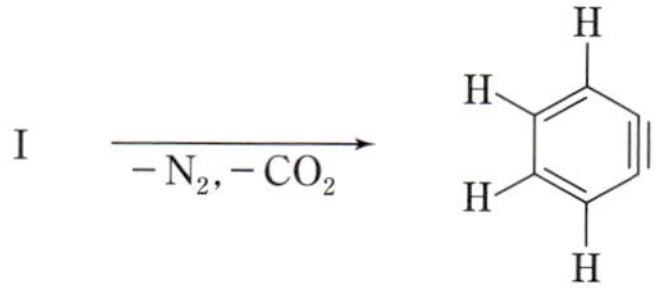

$$I \xrightarrow{-N_2, -CO_2} \text{ベンザイン}$$

形式的に三重結合で記される結合が2π成分として付加環化反応を起こす．

第 16 章

1

a) シクロペンチル-Br $\xrightarrow{Mg}$ $\xrightarrow{H-CHO}$ シクロペンチル-CH_2OH

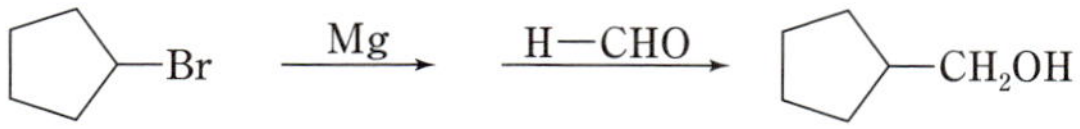

b) C_6H_5-CH_2OH $\xrightarrow{KMnO_4}$ C_6H_5-COOH $\xrightarrow{C_2H_5OH}$ C_6H_5-COC_2H_5 $\xrightarrow{CH_3MgI}$ C_6H_5-C(CH_3)$_2$-OH

c) C_6H_5-CH_2CH_2-OH $\xrightarrow{PBr_3}$ C_6H_5-CH_2CH_2-Br $\xrightarrow{Mg}$ $\xrightarrow{HCOOC_2H_5}$ (C_6H_5-CH_2CH_2-)$_2$CH-OH

d) C_6H_6 $\xrightarrow[AlCl_3]{CH_3-CO-Cl}$ C_6H_5-$COCH_3$ $\xrightarrow{C_6H_5MgBr}$ C_6H_5-C(CH_3)(C_6H_5)-OH $\xrightarrow{H^+}$ C_6H_5-C(=CH_2)-C_6H_5

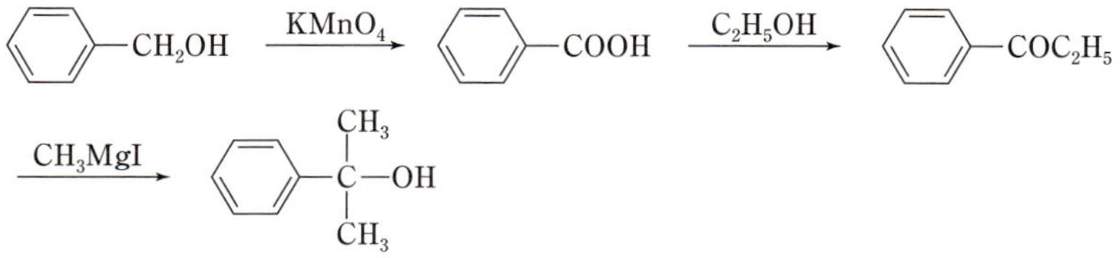

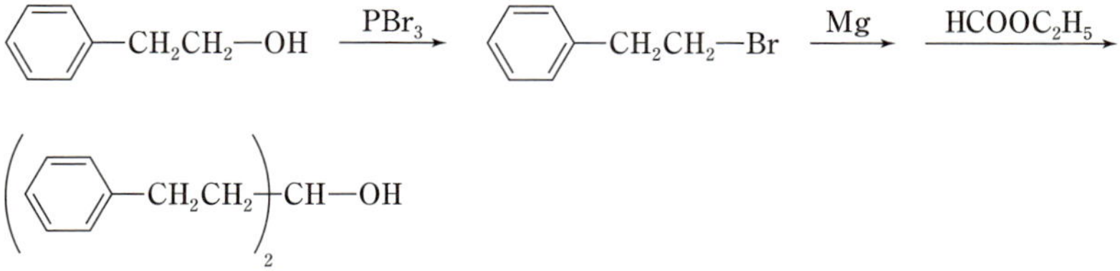

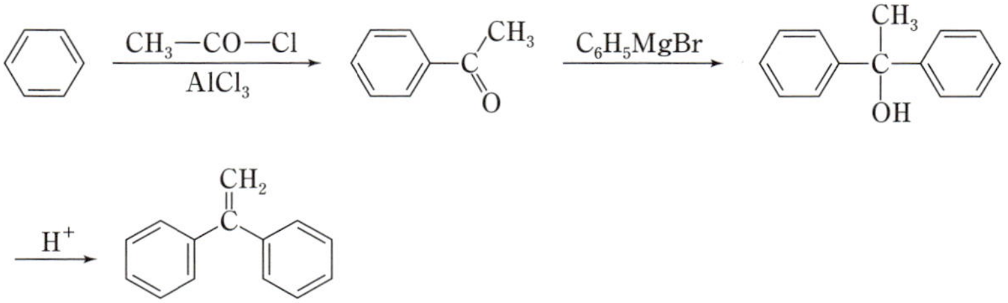

e) CH$_3$-C(O)-CH$_2$-C(O)-O-C$_2$H$_5$ $\xrightarrow{\text{NaOC}_2\text{H}_5}$ $\xrightarrow{\text{C}_6\text{H}_5-\text{CH}_2\text{CH}_2-\text{Br}}$ $\xrightarrow[\text{H}^+]{\text{H}_2\text{O}}$ $\xrightarrow{\text{加熱}}$

CH$_3$-C(O)-CH$_2$CH$_2$CH$_2$-C$_6$H$_5$

f) C$_2$H$_5$-O-C(O)-CH$_2$-C(O)-O-C$_2$H$_5$ $\xrightarrow{\text{NaOC}_2\text{H}_5}$ $\xrightarrow{\text{Br-CH}_2\text{CH}_2\text{CH}_2-\text{Br}}$

cyclobutane-C(CO$_2$C$_2$H$_5$)(CO$_2$C$_2$H$_5$)

g) CH$_3$-CH(CH$_3$)-CH$_2$-OH $\xrightarrow{\text{CrO}_3}$ CH$_3$-CH(CH$_3$)-CHO $\xrightarrow{\text{HCN}}$ CH$_3$-CH(CH$_3$)-C(OH)(H)-CN

$\xrightarrow{\text{H}_2\text{SO}_4}$ CH$_3$-C(CH$_3$)=CH-CN $\xrightarrow[\text{H}^+]{\text{H}_2\text{O}}$ CH$_3$-C(CH$_3$)=CH-COOH

h) phthalic acid (1,2-C$_6$H$_4$(CO$_2$H)$_2$) $\xrightarrow{\text{P}_4\text{O}_{10}}$ phthalic anhydride $\xrightarrow[\text{AlCl}_3]{\text{C}_6\text{H}_6}$ 2-benzoylbenzoic acid $\xrightarrow{\text{H}_2\text{SO}_4}$

anthraquinone

i) 1,2-C$_6$H$_4$(CHO)$_2$ $\xrightarrow{\text{CH}_2=\text{P}(\text{C}_6\text{H}_5)_3}$ 1,2-divinylbenzene (1,2-C$_6$H$_4$(CH=CH$_2$)$_2$)

j)
$$\underset{S}{\overset{S}{\bigcirc}} \xrightarrow{\text{BuLi}} \xrightarrow{\text{CH}_3\text{CH}_2\text{CH}_2\text{CH}_2-\text{Br}} \xrightarrow{\text{BuLi}} \xrightarrow{\text{CH}_3\text{CH}_2\text{CH}_2\text{CH}_2-\text{Br}}$$

$$\underset{\text{CH}_3\text{CH}_2\text{CH}_2\text{CH}_2}{\overset{\text{CH}_3\text{CH}_2\text{CH}_2\text{CH}_2}{\bigg\rangle}}\underset{S}{\overset{S}{\bigcirc}} \xrightarrow{\text{HgCl}_2} \text{CH}_3\text{CH}_2\text{CH}_2\text{CH}_2-\underset{\overset{\|}{O}}{C}-\text{CH}_2\text{CH}_2\text{CH}_2\text{CH}_3$$

2 a) $\xrightarrow[\text{液体アンモニア}]{\text{CH}\equiv\text{CNa}}$ b) $\xrightarrow[\text{Pd}-\text{Pb}]{\text{H}_2}$ c) $\xrightarrow{\text{HBr, P(C}_6\text{H}_5)_3}$

$$\underset{H}{\overset{}{\text{H}}}\underset{\overset{\|}{O}}{\overset{\text{CH}_3}{C}}=\underset{H}{\overset{\text{COOH}}{C}}$$

d) $\xrightarrow{\text{P(C}_6\text{H}_5)_3}$ e) $\xrightarrow{\text{NaOC}_2\text{H}_5}$ f) $\xrightarrow[\text{H}^+]{\text{C}_2\text{H}_5\text{OH}} \xrightarrow{\text{LiAlH}_4}$

b) アルケンへの還元で止めるため，Pbを併用．

c) アリル転位をともなう求核置換反応．

f) カルボン酸の第一級アルコールへの還元はエステルに変換してから行うのが普通．

3 必ずしも現実に行われた反応というわけではないが，ここでは，学習材料として，各段階について一般的な反応例を示す．

A $\xrightarrow[\text{NaOC}_2\text{H}_5]{\text{CH}_3-\text{I}}$ OH基の保護   B $\xrightarrow{\text{CH}_2=\text{CHMgBr}}$ グリニャール反応

C $\xrightarrow{\text{H}^+}$ 脱水   D $\xrightarrow{\text{O}=\bigcirc=\text{O}}$ ディールス-アルダー反応

E $\xrightarrow{\text{H}_2}$ 水素化   F $\xrightarrow{\text{CH}_3\text{OH, H}^+}$ アセタール化

G $\xrightarrow{\text{Al(O}i\text{-Pr})_3, \ i\text{-Pr}-\text{OH}}$ カルボニル基のメチレンへの還元．ここでは，メアワインポンドルフ還元が用いられている

H $\xrightarrow{\text{C}_6\text{H}_5\text{CHO}}$ アルドール型縮合   I $\xrightarrow[\text{NaOC}_2\text{H}_5]{\text{CH}_3\text{I}}$ カルボアニオンの求核置換

J $\xrightarrow{\text{H}_2}$ 水素化   K $\xrightarrow[\text{H}^+]{\text{C}_2\text{H}_5\text{OH}}$ エステル化

L $\xrightarrow{\text{NaOC}_2\text{H}_5}$ ディークマン縮合   M $\xrightarrow[\text{H}^+]{\text{H}_2\text{O}}$ 加水分解

N $\xrightarrow{\text{加熱}}$ 脱炭酸   O $\xrightarrow{\text{HI}}$ 脱保護基

索　引

ア

I 効果　29
アイソタクチック重合　226
IUPAC　40
アキシアル結合　51
アシル化　112, 169
アシル基　134
アズレン　108
アセタール　136
アセチリド　67
アセチルアセトン　141
アセチレン　18, 65
　——系炭化水素　65
アセトアミド　125, 163
アセトアルデヒド　133
アセト酢酸エステル　162
アセトリシス　88
アセトン　135
アゾ化合物　126
アゾ基　127
アゾキシベンゼン　174
アゾベンゼン　174
アニオンラジカル　198
アニリン　124, 167, 174
アノマー　179
　——性炭素原子　179
アミド　158, 159, 160
アミノ酸　75, 187
アミロース　181
アミロペクチン　181
アミン　164, 168

アラニン　188, 191
アリザリン　200
亜硫酸水素ナトリウム　137
RS 表示　73
アルカロイド　173
アルカン　39
アルキル化　112
アルキル基　41
アルキン　65
アルケン　54, 97
アルコキシド　96, 100, 121
アルコール　92
アルコールカリ　56, 84
アルデヒド　131, 132
アルドース　177
アルドール縮合　146
α 形　179
α-らせん　191
アレン　77
安息香酸　147, 151
アンチ形　21
アントラセン　108, 237
第四級アンモニウム塩　164, 169

イ

E1 反応　89
E2 反応　88
イオン化エネルギー　197
イオン反応　35, 142
いす形　49

イソプレン　64, 186
一次構造　190
位置選択性　213
一分子的求核置換反応　86
一分子的脱離反応　89
イミダゾール　171
イミン　214
イリド　217
インジゴ　199
インドール　171

ウ

ウィッティヒ反応　217
ウィリアムソン合成　100
ウォルフーキッシュナー還元　132
右旋性　72
ウンポールング　218

エ

エーテル　93, 99
エクアトリアル結合　51
$S_N 1$ 反応　86
$S_N 2$ 反応　86
エステル　97, 121, 154
エステル化　155
エストロン　221
sp 混成軌道　18, 29, 77
sp^2 混成軌道　16, 31, 33
sp^3 混成軌道　15, 166
エタノリシス　88, 234

索　引

エタノール　93
エチレン　16
　──系炭化水素　54
エチレンオキシド　101
エチレングリコール　137
エドマン分解　191
エナミン　215
エナンチオ区別反応　80
n-π^* 遷移　202
n 軌道　201
N-末端残基　190
エネルギー準位　12
エノラートイオン　141
エノール形　66, 141
エフェドリン　173
エポキシド　61, 101
M 効果　31
エリトロース　76
LCAO 近似　196
塩化アシル　156
塩化チオニル　83
塩化ベンゼンジアゾニウム　126
塩化ベンゼンスルホニル　170
塩基　89
塩基解離指数　166
塩素化イソシアヌル　145

オ

オキシム　138, 159
オキシラン　101
オキソニウム塩　101, 224
オゾニド　62

オゾン分解　62
オリゴ糖　177
オルト・パラ配向性　113, 116

カ

回転異性体　22
重なり形　20
過酸化物　101
加水分解　60, 88, 96, 155
ガスクロマトグラフィー　4
カチオンラジカル　198
活性化エネルギー　46, 114
活性化効果　112, 126
活性メチレン　173
活性メチレン基　141
カテコール　120
カフェイン　173
ε-カプロラクタム　159
ガラクトース　178
カラムクロマトグラフィー　4
カリウム-t-ブトキシド　84, 89
カリックスアレーン　139, 140
カルベニウムイオン　34
カルベン　100
カルボアニオン　34, 152
カルボカチオン　34, 56, 59, 87, 89, 97
カルボキシラート　149, 150
カルボニル基　130

カルボニル試薬　139
カルボン酸　147
　──塩化物　156
　──無水物　157
　──誘導体　153
β-カロテン　64
還元　60, 95, 130, 153, 168, 197
官能基　5
慣用名　42, 147

キ

幾何異性　24
ギ酸　148, 151
キシレン　105, 108
基底状態　200
キノン　135
逆合成　209
逆マルコフニコフ付加　60
求核試薬　85
求核置換反応　67, 85, 122, 155
求核付加反応　67, 96, 136, 139
求電子試薬　57
求電子置換反応　111, 113
求電子付加反応　57, 135
鏡像異性体　23, 70
協奏反応　64
共鳴　33
共鳴エネルギー　34, 107
共鳴構造　33
共鳴混成体　33, 106
共役ジエン　62

共役ポリエン　64
共有結合　13
極限構造　33
極性　26
極性分子　28
極性変換　218
キラル　70, 78
銀鏡反応　131

ク

グアニジン　175
クメン法　122
クラウンエーテル　102
クラッキング　43
グリコシド結合　181
グリコール　61
グリシン　188
グリセリド　184
グリセルアルデヒド　75
グリニャール試薬　67, 84, 95, 123, 152
グリニャール反応　95
グルコース　178
グルタミン酸　188
クレメンゼン還元　131
クロマトグラフィー　3
クロロクロム酸ピリジニウム　99
クロロホルム　82

ケ

蛍光　201
軽油　40
ケクレ構造式　105
結合解離エネルギー　19, 45
結合次数　19
結合性軌道　196
結合モーメント　27
ケト形　141
ケトース　177
ケトン　131, 134
ケミカル・アブストラクツ・サービス　1
減圧蒸留　3
けん化　156, 185
原子軌道　11, 195
元素分析　4

コ

光化学反応　202
光学活性　72, 79
光学分割　78
高希釈法　214
光合成　204
合成　1
合成等価体　209
構造異性体　5
構造式　5
五塩化リン　83
ゴーシュ形　21
コープ転位　208
コカイン　173
固相ペプチド合成　192
互変異性体　141
コレステロール　187
混合アルドール縮合　143
混酸　110
混成軌道　15

サ

再結晶　3
最高被占軌道　196
ザイツェフ則　56, 89, 98
最低空軌道　196
酢酸　147, 151
左旋性　72
酸化　98, 109, 121, 145, 152, 153, 180, 197
酸解離指数　149
三酸化クロム　98
三糖　177
サンドマイヤー反応　123
酸塩化物→カルボン酸塩化物
酸無水物→カルボン酸無水物

シ

ジアステレオ異性体　23, 76
ジアステレオ区別反応　233
ジアステレオマー　23, 76, 78
ジアゾ化　126
ジアゾカップリング　127
ジアゾニウム塩　123, 126, 170
ジアゾメタン　100
シアノヒドリン　136
C-末端残基　190
CAS→ケミカル・アブストラクツ・サービス
ジエノフィル　64, 205, 207
ジオキサン　102
紫外・可視スペクトル　199
脂環式化合物　7

脂環式炭化水素　48
σ結合　14, 19
σ錯体　110, 114
シグマトロピー反応　253
シクロアルカン　48
シクロオクタテトラエン　107
シクロデキストリン　182
シクロブタジエン　107
シクロブタン　48
シクロプロパン　48
シクロヘキサン　49, 107, 109
シクロペンタジエニルアニオン　207
シクロペンタン　48
ジシクロヘキシルカルボジイミド　192
脂質　183
シス-トランス異性体　23, 51
システイン　188
シス付加　61, 63
示性式　5
1,3-ジチアン　218
ジチオアセタール　132
実験式　4
脂肪酸　147, 184
脂肪族化合物　8
ジメチルアセトアミド　163
臭化フェニルマグネシウム　123
臭素化　111, 123
重油　40
縮合重合　139

縮合多環芳香族炭化水素　108
縮合反応　138
酒石酸　77
順位規則　73
昇位　15
昇華　3
ショウノウ　186
蒸留　3
シリルエノールエーテル　215
深色効果　202

ス

水蒸気蒸留　3
水素化　60, 65, 94, 185, 191
——熱　107
水素化アルミニウムリチウム　94, 153, 168
水素化ホウ素ナトリウム　95
水素結合　35, 93, 100
水和　136
スクロース　181
スチレン　108
ステロイド　64, 186
スルホキシド　233
スルホン化　111

セ

青色移動　202
精製　2
セイチェフ→ザイツェフ
赤色移動　202
石炭酸　119
石けん　185
接触還元　60

絶対立体配置　75
セリン　76
セルロース　182
遷移状態　45
旋光性　72
浅色効果　202

ソ

相間移動触媒　102
双極子-双極子相互作用　36
1,3-双極子付加　252
双極子モーメント　27, 226
双性イオン　188, 217
相対立体配置　75
ソルボリシス　88

タ

第一級炭素　43
第二級炭素　43
第三級炭素　45
第四級アンモニウム塩　164, 169
対掌体　70
脱水反応　97
脱炭酸　153
脱ハロゲン化水素　84
脱離基　85
脱離反応　55, 88
多糖　177
炭化水素　8, 39
炭水化物　177
炭素環式化合物　7
単糖　177
タンパク質　187
単離　2

索引

チ

チーグラー–ナッタ触媒　226
置換基　8, 121, 198
置換反応　44, 83, 157, 168
抽出　3

テ

DCC → ジシクロヘキシルカルボジイミド
dl 体　72
DL 表示　75
ディークマン反応　214
ディールス–アルダー反応　63, 206
デオキシ糖　178
デキストリン　182
テトラヒドロフラン　102
デュワーベンゼン　238
テルペン　64, 186
転位反応　159
電気陰性度　27
電子環状反応　204
電子求引性　30
電子供与性　30
電子親和力　197
電子スペクトル　199
電子遷移　198
電子励起　198
デンプン　181

ト

同族体　39
同族列　39
等電点　188

灯油　40
糖類　177
特性基　5
トシル基　211
トランス形　24, 51
トランス付加　58
トリプチセン　208
トルエン　108, 109, 113
トレオース　76
トレハロース　193
トロポン　208

ナ

ナイロン6　159
ナフサ　40, 43
ナフタレン　108, 117

ニ

二クロム酸カリウム　98
二次構造　191
二糖　177
ニトリル　160, 168
ニトリルイオン　110
p-ニトロアニリン　125
ニトロイルイオン　110
ニトロ化　110
ニトロ化合物　173
ニトロ形　174
ニトログリセリン　173
ニトロセルロース　173
ニトロソアミン　171
ニトロベンゼン　110, 124, 174
二分子的求核置換反応　86
二分子的脱離反応　88
乳酸　70

ニューマン投影式　20, 49
尿素樹脂　139
ニンヒドリン反応　189

ネ, ノ

ねじれ形　20, 185
熱分解　43
ノリッシュ I 型反応　203
ノリッシュ II 型反応　201

ハ

π 結合　18, 19
配向性　113
配座異性体　22
π 電子近似　195
バイヤー–ビリガー反応　131
薄層クロマトグラフィー　4
ハース投影式　179
パラフィン　39
ハロゲン化　44, 83, 111, 142
　——アルキル　83, 123
ハロゲン置換体　82
ハロホルム反応　131, 142
反結合性軌道　196
反転　50, 166
反応機構　44
反応中間体　35

ヒ

PCC → クロロクロム酸

ピリジニウム
非環式化合物　7
非局在化　32, 106
　——エネルギー　107
ピクリン酸　120
非結合性軌道　201
ビシクロ炭化水素　48
ビタミンA　220
ヒドラジン　132
ヒドラゾベンゼン　174
ヒドラゾン　132
ヒドロキシルアミン　133
ヒドロキノン　119, 121, 135
ヒドロホウ素化　96
ビフェニル　78
ピペリジン　171
ヒュッケル則　107
ヒュッケル分子軌道法　195
ピラノース　179
ピリジン　172
ビルスマイヤー反応　112
ピレン　108
ピロール　172, 175
ピロガロール　119
ピロリジン　171
ヒンスベルグ試験　170

フ

ファンデルワールス力　36
ファンミンロン反応　132
フィッシャー投影式　71

フェーリング液　131
フェナントレン　108, 237
フェニルイソチオシアナート　191
フェニルヒドラジン　138
フェニルヒドラゾン　138
フェノール　119
　——樹脂　139
フェノキシド　119
付加環化反応　205
付加重合　64
付加反応　57, 58, 60, 66, 109
　1, 4-——　62, 138
不均斉　70
複素環式アミン　171
複素環式化合物　8, 171
複素環式芳香族化合物　172
不斉合成　79
不斉炭素原子　71
1, 3-ブタジエン　196
ブタン　21
舟形　49
$α, β$-不飽和カルボニル　138
フラーレン　200
フラノース　180
フリーデル-クラフツ反応　112, 157
ブルーシフト　202
フルオレセイン　201
フルクトース　180
プロトン付加　56, 97, 155

ブロモニウムイオン　58
フロン　83
分極　26
分光法　7
分散力　36
分子間水素結合　93
分子間力　35
分子軌道　13, 106, 195
分子式　4
分子内水素結合　36, 141
分子内転位　160
分留　40

ヘ

$β$ 形　179
$β$-シート　191
ヘキスト-ワッカー法　134
ヘキソース　177
ベックマン転位　159
ヘテロ原子　8, 171
ヘテロ芳香族化合物　172
ヘテロリシス　34
ペプチド結合　187
ヘミアセタール　136, 178
ペリ環状反応　206
ベンザイン　253
ベンズアルデヒド　143
ベンズピナコール　203
ベンゼン　105, 106, 207
　——スルホンアミド　170
　——スルホン酸　111
変旋光　180

ベンゾイル　135
ベンゾイン縮合　140
ベンゾキノン　122, 135
ペントース　177

ホ

芳香族アミン　124
芳香族化合物　7
芳香族求核置換反応　122
芳香族求電子置換反応　111, 126, 198
芳香族性　107
芳香族炭化水素　108
飽和炭化水素　39
保護基　125, 137, 191
ホスホラン　217
ホフマン分解　169
HOMO　196
ホモリシス　35
ボラン　96
ポリペプチド　187, 190
ポルフィン　176
ホルマリン　133
ホルミル　132, 135
ホルミル化　112
ホルムアルデヒド　133, 136, 139
ホワンミンロン→ファンミンロン

マ, ム

マイケル付加　212
マイゼンハイマー錯体　123, 127
マルコフニコフ則　59, 66, 94

マルトース　180
マロン酸エステル合成　153
マロン酸ジエチル　152
マンノース　178
無極性分子　28, 36

メ, モ

メソ形　76
メソメリー効果　31, 15, 140, 151
メタノール　93
メタ配向性　113
メタン　14, 40
メラミン樹脂　139
メントール　186
モルヒネ　173

ユ

有機金属化合物　84, 137
誘起効果　29, 115, 150
遊離基　35
油脂　184

ヨ

溶媒和　88
ヨードホルム　82, 142
　──反応　142

ラ

ラクタム　190
ラクトン　156
ラジカル反応　35, 44
ラセミ化　87, 145, 243
ラセミ化合物　72
ラセミ混合物　72

ラセミ体　72, 87
ラネーニッケル　132

リ

リチウムジイソプロピルアミド　91
立体異性体　7, 23, 70, 178
立体障害　78, 102, 235
立体選択的反応　213
立体特異的反応　64, 69
立体配座　20, 49
立体配置　23, 52, 63, 71, 73, 86, 178, 185, 188
リノール酸　184
リホーミング　43
両性　188
りん光　201
リン脂質　186

ル, レ

LUMO　197
励起状態　198
レッドシフト　202
連鎖反応　44

ロ

ロイシン　188
ろう　184
ローゼンムント還元　133
ロンドン力　36

ワ

ワンポット反応　212

著者略歴

小林 啓二(こばやし けいじ)

1941年　兵庫県に生まれる
1965年　東京大学理学部化学科卒業
1970年　教養学部助手
1979年　教養学部助教授
1987年　教養学部教授
1996年　大学院総合文化研究科教授
2003年　東京大学名誉教授
2004年　城西大学教授
2015年　城西大学退職
専門　構造有機化学　理学博士

有機化学（三訂版）

1989年 2月10日　　第 1 版発行
1997年11月 5日　　改訂第10版発行
2008年11月20日　　三訂第20版発行
2022年 7月25日　　第22版 1 刷発行

検印省略

定価はカバーに表示してあります．

著作者　　小林　啓二
発行者　　吉野　和浩
発行所　　東京都千代田区四番町 8-1
　　　　　電話　　03-3262-9166（代）
　　　　　郵便番号　102-0081
　　　　　株式会社　裳華房
印刷所　　三報社印刷株式会社
製本所　　株式会社　松岳社

一般社団法人
自然科学書協会会員

JCOPY〈出版者著作権管理機構 委託出版物〉
本書の無断複製は著作権法上での例外を除き禁じられています．複製される場合は，そのつど事前に，出版者著作権管理機構（電話03-5244-5088，FAX 03-5244-5089，e-mail: info@jcopy.or.jp）の許諾を得てください．

ISBN 978-4-7853-3079-8

ⓒ 小林啓二，2008　　Printed in Japan

有機化学スタンダード　各B5判, 全5巻

裾野の広い有機化学の内容をテーマ（分野）別に学習することは、有機化学を学ぶ一つの有効な方法であり、専門基礎の教育にあっても、このようなアプローチは可能と思われる。本シリーズは、有機化学の専門基礎に相当する必須のテーマ（分野）を選び、それぞれについて、いわばスタンダードとすべき内容を盛って、学生の学びやすさと教科書としての使いやすさを最重点に考えて企画した。

基礎有機化学
小林啓二 著　184頁／定価 2860円（税込）

立体化学
木原伸浩 著　154頁／定価 2640円（税込）

有機反応・合成
小林 進 著　192頁／定価 3080円（税込）

生物有機化学
北原 武・石神 健・矢島 新 共著
192頁／定価 3080円（税込）

有機スペクトル解析入門
小林啓二・木原伸浩 共著　240頁／定価 3740円（税込）

テキストブック　有機スペクトル解析
－1D, 2D NMR・IR・UV・MS－

楠見武徳 著　B5判／228頁／定価 3520円（税込）

理学・工学・農学・薬学・医学および生命科学の分野で、「有機機器分析」「有機構造解析」等に対応する科目の教科書・参考書．ていねいな解説と豊富な演習問題で、最新の有機スペクトル解析を学ぶうえで最適である．有機化学分野の学部生、大学院生だけでなく、他分野、とくに薬剤師国家試験や理科系公務員試験を受ける学生には、最重要項目を随時まとめた【要点】が試験直前勉強に役立つであろう．

【主要目次】1. ^1H核磁気共鳴（NMR）スペクトル　2. ^{13}C核磁気共鳴（NMR）スペクトル　3. 赤外線（IR）スペクトル　4. 紫外・可視（UV-VIS）吸収スペクトル　5. マススペクトル（Mass Spectrum：MS）　6. 総合問題

最新の有機化学演習
－有機化学の復習と大学院合格に向けて－

東郷秀雄 著　A5判／274頁／定価 3300円（税込）

有機化学の基本から応用まで幅広く学習できるように演習問題を系統的に網羅し、有機化学全般から出題した総合演習書．特に反応機構や、重要な有機人名反応、および合成論を幅広く取り上げているので、有機合成の現場でも参考になる．最近の論文からも多くの反応例を引用しており、大学院入試の受験勉強にも最適な演習書である．

【主要目次】1. 基本有機化学　2. 基本有機反応化学　3. 重要な有機人名反応：反応生成物と反応機構　4. 有機合成反応と反応機構　5. 天然物合成反応　－最近報告された学術論文から－

裳華房ホームページ　https://www.shokabo.co.jp/

エネルギーの単位の換算表

単　位	J	cal	$1\,\mathrm{dm^3\,atm}$
$1\,\mathrm{J}$	1	0.239 01	$9.869\,2 \times 10^{-3}$
$1\,\mathrm{cal}$	4.184	1	$4.129\,3 \times 10^{-2}$
$1\,\mathrm{dm^3\,atm}$	101.325	24.217	1

$1\,\mathrm{J} = 1\,\mathrm{VC} = 10^7\,\mathrm{erg}$

単　位	J	eV	$\mathrm{kJ\,mol^{-1}}$
$1\,\mathrm{J}$	1	$6.241\,5 \times 10^{18}$	$6.022\,0 \times 10^{20}$
$1\,\mathrm{eV}$	$1.602\,19 \times 10^{-19}$	1	96.485
$1\,\mathrm{kJ\,mol^{-1}}$	$1.660\,57 \times 10^{-21}$	$1.036\,4 \times 10^{-2}$	1

直鎖アルカンの名称

C_1	メタン	methane	C_7	ヘプタン	heptane
C_2	エタン	ethane	C_8	オクタン	octane
C_3	プロパン	propane	C_9	ノナン	nonane
C_4	ブタン	butane	C_{10}	デカン	decane
C_5	ペンタン	pentane	C_{11}	ウンデカン	undecane
C_6	ヘキサン	hexane	C_{12}	ドデカン	dodecane

基の接頭語

CH_3-	メチル (Me)	methyl
CH_3CH_2-	エチル (Et)	ethyl
$(CH_3)_2CH-$	イソプロピル (i-Pr)	isopropyl
$CH_3CH_2CH(CH_3)-$	sec-ブチル (s-Bu)	sec-butyl
$(CH_3)_2CHCH_2-$	イソブチル (i-Bu)	isobutyl
$(CH_3)_3C-$	$tert$-ブチル (t-Bu)	tert-butyl
$(CH_3)_3CCH_2-$	ネオペンチル	neopentyl
$-CH_2CH_2-$	エチレン	ethylene
$CH_2=CH-$	ビニル	vinyl
$CH_2=CH-CH_2-$	アリル	allyl
C_6H_5-	フェニル (Ph)	phenyl
$C_6H_5-CH_2-$	ベンジル	benzyl
$-OH$	ヒドロキシ	hydroxy
$-OCH_3$	メトキシ (MeO)	methoxy
$-OC_6H_5$	フェノキシ (PhO)	phenoxy
$-O-COCH_3$	アセトキシ	acetoxy
$-CHO$	ホルミル	formyl
$-COCH_3$	アセチル (Ac)	acetyl
$-COC_6H_5$	ベンゾイル (Bz)	benzoyl
$-COOH$	カルボキシル	carboxyl
$-COOCH_3$	メトキシカルボニル	methoxycarbonyl

置換基として命名する場合の接頭語のうち，よく用いられる例を示す．いずれもIUPAC名として認められている．カッコ内は略号．